全国技工教育和职业培训“十四五”规划教材
首批“十四五”广东省职业教育规划教材

职业教育信息技术类专业创新型系列教材

Linux 网络操作系统（Rocky 9）

（第三版）

主　编　刘　猛　张文库

副主编　苏伟斌　王　浩　黄超强

科 学 出 版 社

北　京

内 容 简 介

本书以 Linux 发行版本 Rocky 9.3 为对象，以岗位技能为导向，将理论与实践相结合，按照项目—任务的形式编写，力求做到理论够用、依托实践、深入浅出。

本书共 16 个项目 58 个任务，主要介绍如何通过虚拟机安装与使用 Rocky 9.3，如何管理文件系统、用户和组、磁盘、软件包、Linux 文件共享，另外，还讲解了 Systemd 概述与进程管理，网络基础设置，配置与管理 DHCP 服务器、DNS 服务器、Web 服务器、FTP 服务器、邮件服务器、MariaDB 服务器，远程访问 Linux 服务器，磁盘高级管理——LVM 和 RAID 等相关知识。

本书配有 61 个操作微课及全书教学课件，既可作为职业院校计算机网络技术及相关专业学生的教材，也适合作为技能竞赛培训和 Linux 应用技术培训的指导书。

图书在版编目（CIP）数据

Linux 网络操作系统：Rocky 9/刘猛，张文库主编. —3 版. —北京：科学出版社，2024.11

ISBN 978-7-03-078079-9

Ⅰ. ①L… Ⅱ. ①刘… ②张… Ⅲ. ①Linux 操作系统 Ⅳ. ①TP316.85

中国国家版本馆 CIP 数据核字（2024）第 040057 号

责任编辑：陈砺川 李 莎 / 责任校对：马英菊
责任印制：吕春珉 / 封面设计：东方人华设计部

科学出版社出版
北京东黄城根北街 16 号
邮政编码：100717
http://www.sciencep.com

天津市新科印刷有限公司印刷
科学出版社发行 各地新华书店经销
*
2016 年 7 月第 一 版 2024 年 11 月第八次印刷
2021 年 6 月第 二 版 开本：787×1092 1/16
2024 年 11 月第 三 版 印张：19 1/4
字数：456 000

定价：56.00 元

（如有印装质量问题，我社负责调换）
销售部电话 010-62136230 编辑部电话 010-62147541-1028

第三版前言

1. 写作背景

2023 年 2 月，习近平主持中共中央政治局第三次集体学习并发表重要讲话。习近平强调：“要打好科技仪器设备、操作系统和基础软件国产化攻坚战，鼓励科研机构、高校同企业开展联合攻关，提升国产化替代水平和应用规模，争取早日实现用我国自主的研究平台、仪器设备来解决重大基础研究问题。”《中华人民共和国国民经济和社会发展第十四个五年规划和 2035 年远景目标纲要》提出，要聚焦高端芯片、操作系统、人工智能关键算法、传感器等关键领域，打造数字经济新优势。

我国一些科技企业在操作系统的研发上取得了重大进展，如华为的鸿蒙操作系统（HarmonyOS）、欧拉操作系统（EulerOS），中兴通讯的新支点操作系统（NewStartOS），以及麒麟软件的银河麒麟操作系统（KylinOS），这些操作系统，在一定程度上已实现了自主可控。

这些操作系统多数基于 Linux 内核。Linux 在系统安全方面的天然优势，使越来越多的企事业单位选择在关键业务上使用 Linux 操作系统。Linux 是免费使用和自由传播的类 UNIX 操作系统，继承了 UNIX 以网络为核心的设计思想，是一种性能稳定的多用户网络操作系统。同时，Linux 操作系统扮演网络服务器的领军角色，在金融、电信等领域被广泛使用；Linux 的另一个应用是嵌入式系统，智能手机操作系统 Android 就是基于 Linux 内核开发的。

2020 年 12 月，作为 RHEL 的重要分支，CentOS 发布公告称该系列将不再更新维护，转而支持该操作系统更新的上游开发变体，称为 CentOS Stream。Rocky Linux 作为 CentOS 停止维护后 RHEL 的下游 Linux 操作系统替代方案，继承了原 CentOS 的开源免费特点。由于其发展前景良好，近年的全国职业院校技能大赛“网络建设与运维”赛项使用 Rocky Linux 作为比赛操作系统。

本书编写团队曾先后在科学出版社出版了《Linux 操作系统——CentOS 6.5》和《Linux 网络操作系统（CentOS 8.0）》两个版本的教材，受到了广大用书学校及社会读者的好评，其中《Linux 网络操作系统（CentOS 8.0）》还获评为全国技工教育和职业培训“十四五”规划教材、首批“十四五”广东省职业教育规划教材。本书为《Linux 网络操作系统（CentOS 8.0）》的修订及软件迭代版本，做到内容与时俱进，紧跟大赛及企业应用实际。

2. 编写主旨

为适应新技术的发展，培养一批适应市场需求的德技双修的应用型技能人才，我们特编写本书。随着以 Linux 为内核的各类国产操作系统的市场化进程的推进，Linux 成为职业院校计算机及网络技术相关专业必修的专业核心课程。作为此类专业的学生，掌握本书中所讲述的 Linux 操作系统的系统管理和网络服务搭建相关知识技能，必将在多款操作系统中融会贯通，提升自身的竞争力。

本书以适应职业院校教学改革为目标，以岗位技能为导向，充分吸收国内外同类教材的优点，结合职业院校教学现状，打造精品教材。

本书选用较新且与 RHEL 关系密切的 Linux 发行版本 Rocky 9.3 为对象，读者了解并掌握后，在学习 Red Hat 系列及其他 Linux 发行版本时都具有一定优势。

3. 本书特色

本书在内容的编排上充分体现了先进性、系统性和实用性。本书按照项目—任务形式进行编写，但又尽可能避免案例不够实用、知识不够系统等问题，将理论与实践相结合，深入浅出，力求为职业院校学生将来的成长打好基础。另外，本书在每个项目的首页依据项目内容设定了合理的思政目标，以培养学生学科素养和职业素养，使其树立正确的价值观，实现全课程育人。

本书每个任务都有较为详尽的知识指南，通过案例实施让读者跟着一步一步完成任务，以掌握知识和技能。每个项目的总结提高环节给学有余力的读者指明努力方向，丰富的项目实训便于读者巩固所学技能。

本书配有丰富的数字化资源，利于推进教育的数字化，探索课程的数字化，提升教材的实用性。学生可通过扫描书中二维码随时观看微课学习；为方便教学，本书还配有教学课件。

本书的编者都是在一线从事多年 Linux 教学的职业院校教师，有些是全国职业院校技能大赛的金牌教练，熟悉 Linux 的使用，了解职业院校学生的特点，能够较好地以赛促教。在本书编写过程中，广东天亿马信息产业股份有限公司的方火生工程师提供了案例原型，并对教材的适用性进行了审核。书中所有实验都已在虚拟机上调试通过。

4. 内容及学时安排

全书共 16 个项目 58 个任务，建议安排 72 学时。本课程为理实一体化课程，以讲练结合为主要授课形式，建议理论与实训各 36 学时。项目主要内容及学时安排如下表。

项目	主要内容	建议学时
1	介绍 Linux 的发展，虚拟机软件 VMware Workstation 的使用方法和基本操作，Linux 的安装，以及命令行和 X Window 的初步体验	4
2	介绍常用文件和目录操作命令、权限的管理及 vi 工具的使用方法	6
3	介绍使用命令行进行用户和组的管理	4
4	介绍磁盘分区、文件系统和配额的管理	4
5	介绍 RPM 包、TAR 包，使用 DNF 管理软件	4
6	介绍 Systemd 与进程管理	4
7	介绍 Linux 网络的配置文件及网络基础配置方法	2
8	介绍 SAMBA 和 NFS 的基本原理和配置方法	4
9	介绍 DHCP 服务的基本原理和配置、测试方法	4
10	介绍 DNS 服务的基本工作原理和主、辅助服务器的配置、测试方法	6
11	介绍 Apache 服务的基本配置、虚拟主机配置及虚拟目录的配置方法	6
12	介绍 vsftpd 服务器的匿名用户和实名用户配置、验证方法	4
13	介绍 sendmail 和 postfix 邮件服务器的架设，并在 Thunderbird 中进行测试	6
14	介绍 Linux 下的 telnet 和 SSH 服务的使用方法	4
15	介绍 LVM 和 RAID	6
16	介绍 MariaDB 服务器的管理与使用	4
总计		72

5. 阅读指南

本书所有命令注释以“//”开头，写在命令行下方；所有配置文件注释以“#”开头，请读者注意小提示中的内容。所有的命令和配置项均已通过测试，请读者注意知识的连贯性。

请读者注意，本书所有实验都是基于虚拟机的 Bridged Networking 网络模式进行的，所有的网络服务都是在关闭 firewalld 和 SELinux 模式下进行的。如需书中代码资源，可登录网站 http://www.abook.cn 下载。

6. 编写分工

本书由东莞理工学校刘猛、珠海市技师学院张文库担任主编，东莞理工学校苏伟斌、北京市信息管理学校王浩、深圳市宝安职业技术学校黄超强担任副主编，参与编写的还有鲁北技师学院代树强、深圳市宝安职业技术学校刘春影。本书具体编写分工如下：项目 1、项目 2、项目 4 由张文库负责编写，项目 3、项目 5～项目 7、项目 15 由刘猛负责编写，项目 8、项目 12 由王浩负责编写，项目 9 由刘春影负责编写，项目 10、项目 11、项目 13 由苏伟斌负责编写，项目 14 由黄超强负责编写，项目 16 由代树强负责编写。刘猛负责全书的统稿工作，张文库负责配套资源的整理工作。

7. 致谢

感谢科学出版社的编辑在本书编写过程中给予的悉心指导和大力支持，感谢全体参与编写人员的努力和辛勤耕耘，感谢在编写本书过程中给予关怀和支持、提出宝贵意见的各位朋友、同事。

由于编者水平有限及时间仓促，书中疏漏之处在所难免，恳请广大读者批评指正并提出宝贵意见，主编邮箱为 leumoon@vip.163.com。

第一版前言

1. 写作背景

Linux 是免费使用和自由传播的类 UNIX 操作系统，继承了 UNIX 以网络为核心的设计思想，是一种性能稳定的多用户网络操作系统。Linux 系统可安装在各种计算机硬件设备中，如手机、平板电脑、路由器、视频游戏控制台、个人计算机、小型计算机、大型计算机和超级计算机。Linux 系统扮演网络服务器的领军角色，在金融、电信等领域被广泛使用；Linux 的另一个应用是嵌入式系统，智能手机操作系统 Android 就是基于 Linux 内核开发的；新版本的 Linux 桌面的应用越来越丰富，用户体验越来越好，市场占有率不断提高。

随着近年贸易战的进行，以及国外竞争对手对我国一些高新技术的压制，国家越来越注重网络安全保障体系的建设。为实现高水平科技自立自强，我国自主研发的 HarmonyOS（鸿蒙操作系统）、EulerOS（欧拉操作系统），以及 KylinOS（银河麒麟操作系统），都在操作系统自主可控方面走出了坚实的脚步，这些操作系统多数基于 Linux 内核。Linux 在系统安全方面的天然优势，使得越来越多的企事业单位选择在关键业务上使用 Linux 操作系统。

2. 编写主旨

Linux 操作系统的迅速普及和广泛应用，使其成为职业院校计算机及网络技术相关专业必修的专业核心课程。作为此类专业的学生，掌握 Linux 操作系统的系统管理和网络服务搭建技术，必将提升自身的竞争力。

为全面贯彻党的教育方针，落实立德树人根本任务；为适应新技术的发展，培养一批适应市场需求的德技双修的应用型技能人才，我们特编写本书。本书以适应职业院校教学改革为目标，以岗位技能为导向，充分吸收国内外同类教材的优点，结合职业院校教学现状，打造精品教材。

本书选用较新且应用较为广泛的 Linux 发行版本 CentOS 8.0 为对象，读者了解并掌握了 CentOS 8.0 后，在学习 Red Hat 及其他 Linux 发行版本时都具有一定优势。

3. 本书特色

本书在内容的编排上充分体现了先进性、系统性和实用性。本书按照项目—任务方式进行编写，但又尽可能避免案例不够实用、知识不够系统等问题，将理论与实践相结合，深入浅出力求为职业院校学生将来的成长打好基础。另外，本书在每个项目的首页依据项目内容设定了合理的思政目标，以培养学生学科素养和职业素养，使其树立正确的价值观，实现全课程育人。

本书每个任务都有较为详尽的知识指南，通过案例实施让读者跟着一步一步完成任务，以掌握知识和技能。每个项目的总结提高环节给学有余力的读者指明努力方向，丰富的项目实训便于读者巩固所学技能。

本书配有丰富的数字化资源，推进教育数字化，探索课程的数字化。学生可通过扫描书中二维码随时观看微课学习；为方便教学，本书还配有教学课件，这些数字化教学资源提升了教材的实用性。

本书的编者都是在一线从事多年 Linux 教学的职业学校教师，有些是全国中等职业学校学生技能大赛的金牌教练，熟悉 Linux 的使用，了解职业学校学生的特点，能够较好地以赛促教。书中所有实验都已在 CentOS 8.0 上调试通过，有些测试使用 Windows 7 或者 Windows 10 系统。

4. 内容及学时安排

全书共 16 个项目、58 个任务，建议为 72 学时。本课程为理实一体化课程，以讲练结合为主要授课形式，建议理论与实训各 36 学时。项目主要内容及学时安排如下表。

项目	主要内容	建议学时
1	介绍 Linux 的发展，虚拟机软件 VMware Workstation 的使用方法和基本操作，Linux 的安装以及命令行和 X Window 的初步体验	4
2	介绍常用文件和目录操作命令、权限的管理以及 vi 工具的使用方法	6
3	介绍使用命令行进行用户和组的管理	4
4	介绍磁盘分区、文件系统和配额的管理	4
5	介绍 RPM 包、TAR 包，使用 YUM 和 DNF 管理软件	4
6	介绍 Systemd 与进程管理	4
7	介绍 Linux 网络的配置文件以及网络基础管理方法	2
8	介绍 SAMBA 和 NFS 的基本原理和配置方法	4
9	介绍 DHCP 服务的基本原理和配置、测试方法	4
10	介绍 DNS 服务的基本工作原理和主、从服务器的配置、测试方法	6
11	介绍 Apache 服务的基本配置、虚拟主机配置以及虚拟目录的配置	6
12	介绍 vsftpd 服务器的匿名用户和实名用户配置、验证方法	4
13	介绍 sendmail 和 postfix 邮件服务器的架设，并在 Outlook 2013 中进行测试	6
14	介绍 Linux 下的 telnet 和 SSH 远程服务的使用方法	4
15	介绍 LVM 和 RAID	6
16	介绍 MySQL 的管理与使用	4
总计		72

5. 阅读指南

本书所有命令注释以“//”开头，写在命令行下方；所有配置文件注释以“#”开头，请读者注意小提示中的内容。所有的命令和配置项均已通过测试，请读者注意知识的连贯性。

请读者注意，本书所有实验都是基于虚拟机的 Bridged Networking 网络模式进行的，所有的网络服务都是在关闭 iptables 和 SELinux 模式下进行的。如需书中代码资源，可登录网站 http://www.abook.cn/下载。

6. 编写分工

本书由东莞理工学校刘猛、珠海市技师学院张文库担任主编，东莞理工学校苏伟斌、北京市信息管理学校王浩、深圳市宝安职业技术学校黄超强担任副主编，参与编写的还有鲁北技师学院代树强、吉林省工业技师学院田鑫瑶、深圳市宝安职业技术学校刘春影。本书具体编写分工如下：项目 1 由田鑫瑶负责编写，项目 2、项目 4 由张文库负责编写，项目 3、项目 5～项目 7、项目 15 由刘猛负责编写，项目 8、项目 12 由王浩负责编写，项目 9 由刘春影负责编写，项目 10、项目 11、项目 13 由苏伟斌负责编写，项目 14 由黄超强负责编写，项目 16 由代树强负责编写。刘猛负责全书的统稿工作，张文库负责配套资源的整理工作。

7. 致谢

感谢科学出版社的编辑在本书编写过程中给予的悉心指导和大力支持，感谢全体参与编写人员的努力和辛勤耕耘，感谢在编写本书过程中给予关怀和支持、提出宝贵编写意见的各位朋友、同事。

由于编者水平有限及时间仓促，书中疏漏之处在所难免，恳请广大读者批评指正并提出宝贵意见，主编邮箱为 leumoon@vip.163.com。

编　者

目　录

项目 1

通过虚拟机安装与使用 Rocky 9.3

案例需求

某公司购买了一台高性能服务器，作为公司内部各种网络服务的服务器使用。为了提高服务器的使用效率，避免资源浪费，同时让各个网络服务器之间相互隔离、便于管理，公司决定使用虚拟机来管理 Linux 各个服务器。

需求分析

Linux 是 20 世纪 90 年代出现的一种开源、类 UNIX 的操作系统，可免费获取并使用。虚拟机（virtual machine，VM）是指通过软件模拟的、具有完整硬件系统功能的、运行在一个完全隔离环境中的完整计算机系统。为避免对物理机造成破坏，对于初学者来说，通过虚拟机软件安装和管理 Linux 是较好的选择。

知识目标

- ⊙ 了解 Linux 的发展历史、特点及应用。
- ⊙ 了解 Linux 的版本（内核版本、发行版本）及 Rocky 9.3。
- ⊙ 了解虚拟机的概念、特点和作用。

技能目标

- ⊙ 掌握虚拟机的新建、克隆和快照。
- ⊙ 掌握 Linux 操作系统的安装方法。
- ⊙ 熟悉 Linux 的命令行界面和 X Window 操作界面。
- ⊙ 熟练掌握 Linux 的启动、关闭和登录。

思政目标

- ⊙ 养成系统的规划意识。
- ⊙ 能够找准用户需求和定位。
- ⊙ 养成保护知识产权的意识。
- ⊙ 了解国产操作系统和国产软件的现状，阐述实现软件自主的必要性，坚定科技报国的决心。

任务 1.1 认识 Linux 操作系统

知识指南

1.1.1 从 UNIX 到 Linux 的发展历程

Linux 操作系统通常称为类 UNIX 系统，这是因为 Linux 和 UNIX 有着很深的渊源。要了解 Linux 操作系统，需要从 UNIX 系统谈起。

1969 年，美国贝尔实验室的研究人员肯・汤普森（Ken Thompson，Multics 项目的研究人员之一。Multics 项目试图建立一个支持多用户对大型计算机的分时使用的系统，但以失败告终）和丹尼斯・麦卡利斯泰尔・里奇（Dennis MacAlistair Ritchie，C 语言的发明者）在 Multics 的基础上开发了 UNIX 系统。UNIX 最初运行在小型机上，从设计之初就是一个高效、稳定、多用户和多任务的操作系统。

1973 年，汤普森和里奇又用 C 语言重新编写了 UNIX 源代码。C 语言的跨平台特性使 UNIX 能够轻易地移植到各种不同硬件的机器上，为 UNIX 的迅速普及创造了强有力的条件。

在 UNIX 的发展过程中，UNIX 作为科研产品被免费提供给很多研究机构使用，其中包括美国加州大学伯克利分校。汤普森在此教学，这更为 UNIX 的研究注入了强劲活力。1977 年，加州大学伯克利分校由比尔・乔伊（Bill Joy）管理的实验室发布了第一版的伯克利系统分布（Berkeley system distribution，BSD）系统。

1986 年，安德鲁・斯图尔特・塔能鲍姆（Andrew Stuart Tanenbaum）开发了 Minix 系统，这是 UNIX 系统的一个变体。1991 年，林纳斯・本纳第克特・托瓦兹（Linus Benedict Torvalds）还是芬兰赫尔辛基大学的一名学生，由于对课堂上使用的 Minix 系统不太满意，于是开始在一台 386 位个人计算机（personal computer，PC）上开发自己的操作系统。

托瓦兹最初为自己的这套系统取名为 Freax，他将源代码放在了芬兰的一个文件传输协议（file transfer protocol，FTP）服务器上供大家下载。该站点的 FTP 管理员认为这个系统是托瓦兹的 Minix 系统，因此建立了一个名为 Linux（Linus'UNIX）的目录来存放这个新系统的源代码。于是就有了功能强大且价格低廉的 Linux 操作系统。

托瓦兹于 1991 年 10 月 5 日发布了 Linux 的第一个版本——Linux 0.0.2，并在网络上公布了 Linux 核心程序的源代码，同时决定以 GPL（大众所有版权，GNU 的简称，GNU 即通用公共许可证）的方式来发行传播，也就是说，这个软件允许任何人以任何形式进行修改和传播。

随着网络化进程的加快，越来越多技术高超的程序员加入 Linux 的开发与完善工作中。在这个过程中，无数富有个性和开创性的程序员在不计较任何报酬的前提下，完全自发地加入开发行列。某个程序员一旦完成了其中的部分程序，便会立即将其进行发布，并免费将它发给任何一个需要这个程序的人，而其他一些程序员研究后会立即发布并发回这个程序的修正和改良程序。这个过程周而复始，因此 Linux 的改进速度非常快，同时它的稳定性也非常强，这种集市型的开发模式促成了 Linux 系统的繁荣。可以说，Linux 完全是一个热情、自由、开放的网络产物。

今天，Linux 已经成为一个功能完善的主流网络操作系统。作为服务器的操作系统，它可以配置和管理各种网络所需的工具，并且得到 Oracle、IBM、惠普、戴尔等大型 IT 企业的支持，越来越多的企业开始采用 Linux 作为服务器的操作系统，也有越来越多的用户采用 Linux 作为桌面操作系统。

1.1.2　Linux 的特点及其应用

提到 Linux 广受欢迎的原因，人们首先想到的会是 Linux 几乎是免费的，但这不是最主要的原因，更重要的是 Linux 还具有良好的性能、完善的功能、超强的稳定性和可靠性。

Linux 不仅包含 Windows 的所有功能，而且在很多方面要比 Windows 系统稳定，这一点在连续工作的服务器类型的系统中表现得尤为明显。另外，Linux 属于开源操作系统，程序的源代码一目了然，所以从可靠性和安全性上来讲，更适合政府、军事、金融等机构使用。

1. Linux 可以进行内核定制

不管是 Windows 还是 Linux，其操作系统的核心都是系统内核。系统内核控制着系统运行的各个方面，影响着一个系统的整体性能。Linux 允许用户根据自己的需要对系统内核进行定制，从而构建一个新的符合服务器角色的内核，减少不必要的内存占用率，提升系统的整体性能。Windows 不允许用户进行系统内核的定制，因此在整体性能上不如 Linux。

2. Linux 的角色灵活

由于 Linux 是以“内核+系统组件”的形式存在的，因此可以简便地转换系统的角色。虽然现在很多 Linux 的发行版本往往分为专门的服务器版本和客户机版本，但两者并无本质区别。如果需要将客户机版本转变成服务器版本，只需要安装相应的系统组件即可。Windows 无法将系统从工作站角色转变成服务器角色，一旦系统安装完毕，除非购买新的操作系统进行安装，否则无法改变系统角色。

3. Linux 的 GUI 是可选组件

图形化操作系统虽然友好、简便，但毕竟是以牺牲系统整体性能来换取的。Linux 不仅有图形化用户界面（graphical user interface，GUI），还有命令行操作界面，根据用户的需要，两者可以进行切换，做到根据不同情况使用不同界面，这一点对于提高服务器的性能和稳定性来讲尤为重要。而 Windows 的 GUI 是不可选的，且永远没有办法关闭。

4. Linux 拥有完善的功能和卓越的稳定性

Linux 继承了 UNIX 卓越的稳定性表现，成为企业中重要服务器的首选系统之一。另外，由于 Linux 的源代码开放的特点，使其得到了程序开发者和软件社区的广泛支持。因此，Linux 平台下的应用软件也极其丰富。

1.1.3 Linux 在企业中的应用

Linux 正在得到越来越多的应用，尤其在企业应用中更是逐渐显现出巨大的优势。下面简单介绍 Linux 操作系统在企业中的应用。

1. Linux 作为 Internet 网络服务器使用

Linux 是一种类 UNIX 操作系统，因此很容易成为 UNIX 操作系统的替代品，承担起原有 UNIX 操作系统的角色，尤其是在充当 Internet 网络服务器方面更是显示出了巨大的优势。

从严格意义上讲，Linux 操作系统并不能提供太多的网络服务，但能为各种网络服务器提供一个稳定的运行平台。在 Linux 操作系统上可运行大多数常用的 Internet 服务，其中：

1）使用 BIND 服务可以实现 DNS 服务器的功能。

2）使用 Apache、Nginx 服务可以实现 Web 服务器的功能。

3）使用 vsftpd 服务可以实现 FTP 服务器的功能。

4）使用 sendmail、postfix 服务可以实现电子邮件服务器的功能。

2. Linux 作为中小企业内部服务器使用

Linux 操作系统同样适用于架设中小企业的内部服务器，具有如下典型的应用。

1）使用 Linux 操作系统作为网络防火墙。

2）通过 Squid 服务，Linux 操作系统可作为代理服务器使用。

3）作为 DHCP 服务器，用于管理内部网络的 IP 地址。

4）使用 NFS 或 SAMBA 服务器实现企业内部的文件和打印共享。

作为中小企业内部的服务器使用，用户会存在各种各样的需求，Linux 除了可以独立提供服务外，还可以和其他服务器系统配合，构建多操作系统的混合运用环境，如使用 Linux 作为服务器，使用 Windows 作为桌面环境。

3. Linux 作为桌面环境使用

除了在服务器领域具有应用优势外，随着开源软件桌面技术的发展，特别是 GNOME 和 KDE 两种桌面环境的迅速发展，Linux 在桌面应用领域也有不错的表现。随着 Linux 桌面时代的到来，在个人桌面和企业桌面应用中越来越多地看到 Linux 的身影。

4. Linux 作为软件开发环境使用

Linux 作为软件开发环境具有独特的优势，对于有软件开发需求的企业，能够在满足开发需求的条件下实现跨平台的开发和应用，可以大大降低开发环境的成本。

Linux 系统广泛支持各种类型的开发语言，其中包括如下几类。

1）编译型语言，支持包括 C、C++、Pascal、Fortran 等在内的众多高级编程语言。

2）支持 Python、Perl、Ruby 等脚本语言，可实现跨平台的开发和运行。

3）支持 PHP 等网页编程语言的开发和运行。

4）完全支持 Java 语言的开发和运行，可实现跨平台的开发和运行。

任务 1.2　认识虚拟机

知识指南

虚拟机是指通过软件模拟的、具有完整硬件系统功能的、运行在一个完全隔离环境中的完整计算机系统。

认识虚拟机

1.2.1　虚拟机的常用概念

1. Host

Host 是指虚拟机所在的物理机，Host's OS 是指 Host 上运行的操作系统。

2. Guest OS

Guest OS 是指运行在虚拟机软件上的操作系统。

例如，在一台安装了 Windows 10 操作系统的计算机上安装了虚拟机软件，那么 Host 是指安装了 Windows 10 的这台物理机，Host's OS 则指这台物理机上的 Windows 10 操作系统。如果虚拟机上运行的是 Rocky 9.3 Linux 操作系统，那么 Guest OS 指的就是 Rocky 9.3。

1.2.2　虚拟机的特点和作用

虚拟机具有以下特点和作用。

1）可同时在同一台物理机上运行多个操作系统，这些操作系统可完全不同（Windows 各个版本及 Linux 各个发行版本等）。这些不同的虚拟机相互独立和隔离，如同网络上一台台独立的 PC，虚拟机和主机之间也相互隔离，即使虚拟机崩溃了，也不会影响主机的运行。

2）虚拟机可以直接使用物理硬盘，也可以以文件（虚拟硬盘）的方式安装，可以非常方便地进行复制、迁移，甚至可以安装在移动硬盘和网络文件系统（network file system，NFS）上。虚拟机映像可以复制到其他安装了虚拟机软件的计算机上直接使用。现在的虚拟机软件对于虚拟硬盘的相互支持也做得越来越好。

3）虚拟机软件基本都提供了克隆和快照功能，克隆可以快速地部署虚拟机；快照可以迅速地建立备份还原点。

4）虚拟机之间可以通过网络共享文件、应用、网络资源等，可以在一台计算机上部署多台虚拟机，实现只有一台计算机的网络。

1.2.3 虚拟机的网络模式

一般的虚拟机软件会提供以下网络模式。

1. 网络地址转换模式

网络地址转换（network address translation，NAT）模式实现虚拟机连接互联网，只能单向访问，虚拟机可以访问网络中的物理机，而网络中的物理机不可以访问虚拟机，虚拟机之间也不可以互相访问。

2. 桥接模式

桥接（bridged）模式是通过主机网卡架设一座桥，将虚拟机直接连入网络。因此，它使得虚拟机能被分配到一个网络中独立的 IP，所有网络功能和在网络中的真实机器完全一样。桥接模式既可以实现虚拟机和宿主机的相互访问，也可以实现虚拟机之间的相互访问。

3. 仅主机模式

仅主机（host-only networking）模式是指在主机中模拟出一张专供虚拟机使用的网卡，将所有虚拟机连接到该网卡上，可以通过设置这张网卡来实现虚拟机上网及很多其他功能，如网卡共享、网卡桥接等。

仅主机模式比较复杂，通过设置可以实现宿主机和虚拟机之间、虚拟机和虚拟机之间的相互访问。

4. 内网模式

内网（Internal）模式是指虚拟机与外网完全断开，虚拟机和网络中的物理机不可以互相访问，通过设置可以实现虚拟机与虚拟机之间的相互访问。

小提示

本书所有的网络实验，如无特别说明，都使用桥接模式。

案例实施

创建一个新的虚拟机，因软件不同，步骤会有一定的差别，但一般都包括以下步骤。

1）选择 Guest OS 类型，包括类型和版本。

2）设置 CPU 和内存。

3）设置硬盘的类型和大小。

4）设置网络类型。

5）其他设置。一般包括启动顺序、分配光驱、是否支持 USB、声卡等设置。

本书通过介绍 VMware Workstation 16 Pro 来介绍虚拟机的相关配置和操作。

01 打开虚拟机软件，单击“创建新的虚拟机”按钮。

02 选中“自定义（高级）”单选按钮，单击“下一步”按钮。

03 在“选择虚拟机硬件兼容性”界面中，单击“下一步”按钮。

04 选中“稍后安装操作系统”单选按钮，单击“下一步”按钮。

> **小提示**
>
> 若选中“安装程序光盘映像文件（iso）”单选按钮，并通过单击“浏览”按钮选择了 ISO 映像文件，则 VMware 自动开始安装操作系统。

05 选择客户机操作系统类型，如选中“Linux(L)”单选按钮，单击“下一步”按钮。

06 输入虚拟机名称“Rocky 9.3”，并确认虚拟机的保存位置，如“D:\Rocky 9.3”，然后单击“下一步”按钮。

> **小提示**
>
> 通过选择“编辑”→“首选项”菜单项可更改默认位置。

07 在“处理器配置”界面中设置“处理器数量”为 1 及“每个处理器的内核数量”为 1，单击“下一步”按钮。

08 在“此虚拟机的内存”界面中，将虚拟机内存设置为“2048”MB，单击“下一步”按钮。

09 在“网络类型”界面中，选中“使用桥接网络”单选按钮，然后单击“下一步”按钮。

10 在“选择 I/O 控制器类型”界面中，使用推荐的“LSI Logic”SCSI 控制器，单击“下一步”按钮。

11 在“选择磁盘类型”界面中，使用推荐的“SCSI”虚拟磁盘类型，单击“下一步”按钮。

12 在“选择磁盘”界面中，使用推荐的“创建新虚拟磁盘”，单击“下一步”按钮。

13 在“指定磁盘容量”界面中，设置最大磁盘大小，本例选择默认大小 20GB，如果保存虚拟机的磁盘文件系统是 NTFS，则选中“将虚拟磁盘存储为单个文件”单选按钮，单击“下一步”按钮。

14 在“指定磁盘文件”界面中，使用推荐的“Rocky 9.3.vmdk”磁盘文件会显示摘要界面，单击“下一步”按钮。

15 虚拟机新建完成，会显示摘要界面，如图 1.1 所示，在单击“完成”按钮之前，最好单击“自定义硬件”按钮，对硬件进行简单设置。

16 设置 CD/DVD 为“使用 ISO 映像文件”，单击“浏览”按钮，选择硬盘上的 ISO 文件，如图 1.2 所示。设置完成后单击“确定”按钮。

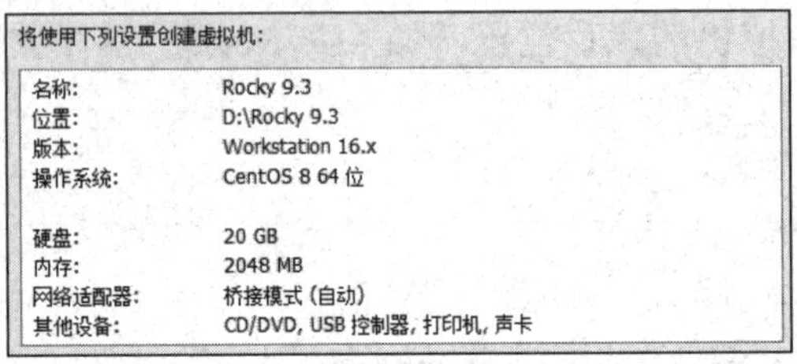

图 1.1　虚拟机摘要

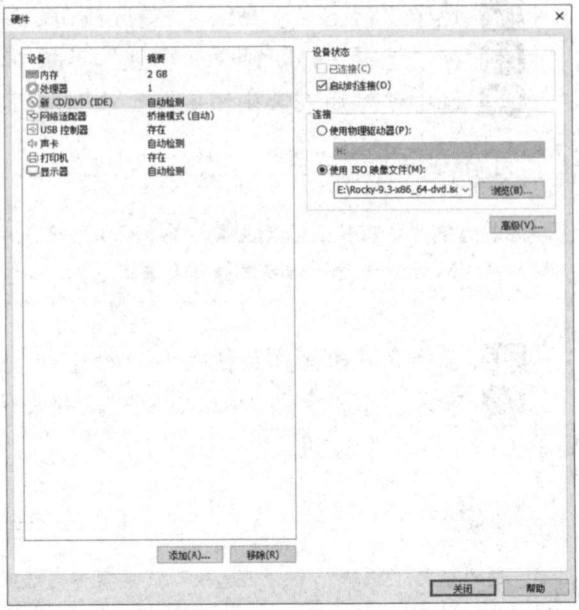

图 1.2　设置 CD/DVD

17 单击“完成”按钮完成虚拟机配置，虚拟机配置完成的界面如图 1.3 所示，准备安装 Linux 操作系统。

图 1.3　虚拟机配置完成

至此，虚拟机新建步骤全部完成。图 1.3 的左侧是虚拟机的硬件摘要信息，右侧是预览窗口。接下来单击该窗口左上角的“开启此虚拟机”按钮，即可启动虚拟机，开始 Linux 系统的安装。

任务 1.3 安装 Rocky 9.3

知识指南

1. Linux 内核版本

安装 Rocky 9.3

Linux 内核使用三种不同的版本编号方式。

1）1.0 版本之前（包括 1.0 版本）。第一个版本是 0.01，紧接着是 0.02、0.03、0.10、0.11、0.12、0.95、0.96、0.97、0.98、0.99 和之后的 1.0。

2）1.0 版本之后到 2.6 版本，编号方式为 A.B.C，A 代表主版本号，B 代表次主版本号，C 代表较小的末版本号。只有在内核发生很大变化时，A 才变化（1994 年推出 1.0 版本，1996 年推出 2.0 版本）。数字 B 用来判断 Linux 是否稳定，偶数的 B 代表稳定版，奇数的 B 代表开发版。C 代表一些 bug 修复、安全更新、添加新特性和驱动的次数。

3）从 2004 年的 2.6.0 版本开始，使用一种 time-based 的方式。3.0 版本之前，编号方式为 A.B.C.D。长达七年的时间，A.B 一直保持为“2.6”不变，C 随着新版本的发布而增加，D 代表一些 bug 修复、安全更新、添加新特性和驱动的次数。3.0 版本之后是 A.B.C 格式，B 随着新版本的发布而增加，C 代表一些 bug 修复、安全更新、添加新特性和驱动的次数。第三种方式中不再使用偶数代表稳定版、奇数代表开发版这样的命名方式，如 CentOS 8.0 的内核版本是 4.18.0，Rocky 9.3 的内核版本是 5.14.0。

小提示

查询内核版本可以使用 uname -a 或者 cat /proc/version 命令等。

2. Linux 发行版本

Linux 内核只负责控制硬件设备、文件系统、进程调度等工作，并不包含应用程序，如文件编辑软件、网络工具、系统管理工具或多媒体软件等。然而一个完整的操作系统，除了具有强大的内核功能外，还应该提供丰富的应用程序，以方便用户使用。

由于 Linux 内核是完全开放源代码的，因此很多公司和组织将 Linux 内核与应用软件和文档包装起来，提供了安装界面、系统设置及管理工具等，这就构成了发行套件。每种 Linux 发行套件都有自己的特点，其版本号也随着发行者的不同而不同，与 Linux 内核的版本号是相互独立的。目前全世界有上百种 Linux 发行套件，其中比较知名的有如下套件。

（1）Fedora Core

Fedora Core 的前身是 Red Hat Linux。2003 年 9 月，红帽公司（Red Hat）突然宣布不再推出个人使用的发行套件而专心发展商业版本（Red Hat Enterprise Linux）的桌面套件，但是红帽公司同时宣布将原有的 Red Hat Linux 开发计划和 Fedora 计划整合成一个新的 Fedora Project。Fedora Project 将由红帽公司赞助，以 Red Hat Linux 9 为范本加以改进，原本的开发团队将继续参与 Fedora 的开发计划，同时也鼓励开放原始码社群参与开发工作。

Fedora Core 被红帽公司定位为新技术的实验场，与 Red Hat Enterprise Linux 被定位为稳定性优先不同，许多新的技术都会在 Fedora Core 中检验，如果稳定，红帽公司则会考虑将其加入 Red Hat Enterprise Linux。

（2）Debian Linux

Debian Linux 也是古老的 Linux 发行版本之一，很多其他 Linux 发行版都是基于 Debian 发展而来的，如 Ubuntu、Google Chrome OS 等。Debian 主要分为三个版本：稳定版本（stable）、测试版本（testing）和不稳定版本（unstable）。

“Debian Linux 之父”伊恩・默多克（Ian Murdock），是 Debian GNU/Linux 发行版本的创始人。伊恩・默多克曾是 Linux 基金会的首席技术官（chief technology officer，CTO）。

Debian 于 1993 年 8 月 16 日由当时还在美国普渡大学读书的伊恩・默多克首次发表。伊恩・默多克最初把他的系统称为“Debian Linux Release”。Debian 的名称是由他的女友（后为其妻子）的名字 Debra 和他自己的名字 Ian Murdock 合并而成的。

（3）Slackware Linux

Slackware Linux 是由帕特里克・沃尔克丁（Patrick Volkerding）开发的 GNU/Linux 发行版本。与其他很多发行版本不同，它坚持 KISS（keep it simple stupid）的原则，即没有任何配置系统的图形界面工具。一开始，配置系统会有一些困难，但是有经验的用户会喜欢这种方式的透明性和灵活性。Slackware Linux 的另一个突出特性也符合 KISS 原则，即 Slackware 没有如 RPM 之类的成熟的软件包管理器，它的最大特点就是安装简单、目录结构清晰、版本更新快，适于安装在服务器端。Slackware 的软件包都是通常的 TGZ（TAR/GZIP）格式文件再加上安装脚本。TGZ 对于有经验的用户来说，比 RPM 更为强大，并且避免了 RPM 等存在的管理器依赖性问题。

（4）SuSE Linux

SuSE Linux 原是以 Slackware Linux 为基础，并提供完整德文使用界面的产品。SuSE 公司于 1992 年年末创办，专门为德国人推出量身定做的 SLS/Slackware 软件及 UNIX/Linux 说明文件。1994 年，SuSE 公司首次推出了 SLS/Slackware 的安装光盘，命名为 S.u.S.E. Linux 1.0。之后 SuSE 公司综合了一些其他发行版本的特点，于 1996 年推出一个完全由自家打造的发行版本——S.u.S.E. Linux 4.2。其后 SuSE Linux 吸收了不少 Red Hat Linux 的特点，如使用 RPM 包等。

小提示

S.u.S.E.后来改称为 SuSE，意为 Software-und System-Entwicklung，这是一句德文，英文译为 Software and System Development（软件和系统开发）。

2004 年 1 月，Novell 公司收购 SuSE 公司，并将公司内全部计算机的系统换成 SuSE Linux。2005 年 8 月，Novell 公司宣布 SuSE Linux Professional 系列的开发将变得更加开放，并让社群参与其中。新的开发计划命名为 openSuSE，目的是吸引更多的使用者及开发人员。2011 年 4 月，Attachmate 集团收购 Novell 公司，并把 SuSE 作为一个独立的业务部门。

（5）Rocky Linux

Rocky Linux 是一个开源、免费的企业级操作系统，旨在与 RHEL（Red Hat Enterprise Linux）完全兼容。

2020 年 12 月 8 日，Red Hat 宣布将停止开发 CentOS，转而支持该操作系统更新的上游开发变体，称为 CentOS Stream。CentOS 宣布停止开发后，CentOS 的原创始人格雷戈里·柯特泽（Gregory Kurtzer）在 CentOS 网站上发表评论，宣布他将再次启动一个项目以实现 CentOS 的最初目标，其项目名称是对早期 CentOS 联合创始人洛基·麦高（Rocky McGaugh）的致敬。截至 2020 年 12 月 12 日，Rocky Linux 的代码仓库已经成为 GitHub 上的热门仓库。

2021 年 6 月 21 日，Rocky Linux 社区发布了 Rocky Linux 8.4 稳定版本，代号为 Green Obsidian，作为首个稳定版本。2022 年 7 月 16 日，Rocky Linux 社区宣布 Rocky Linux 9.0 操作系统全面上市，可作为 CentOS Linux 和 CentOS Stream 的直接替代品。2023 年 11 月，Rocky Linux 9.3 正式发布。

（6）国产操作系统

20 世纪 80 年代末，个人计算机开始进入中国。当时几乎所有的个人计算机安装的都是微软的 DOS 操作系统。海湾战争和科索沃战争期间，多国部队成功运用信息战使对方几乎所有通信系统瘫痪。“棱镜门”事件的主角爱德华·斯诺登透露的资料显示，微软公司曾与美国政府合作，帮助美国国家安全局获得互联网上的加密文件数据。2014 年 4 月 8 日，微软公司宣布停止对 Windows XP SP3 操作系统提供服务支持，2020 年 1 月 14 日，微软公司又宣布停止对 Windows 7 系统提供安全更新和漏洞修复。这引起了社会和广大用户的广泛关注和对信息安全的担忧。中国如果有自己独立的计算机操作系统及相应的软件，在信息战中将不容易受到攻击。

国产操作系统多为以 Linux 为基础二次开发的操作系统，代表系统有 openEuler、红旗 Linux、中兴新支点操作系统（NewStartOS）、深度（Deepin）、银河麒麟（Kylin）等。

openEuler（简称欧拉或开源欧拉）是开放原子开源基金会（中国首个开源基金会）孵化运营的开源操作系统。openEuler 内核源于 Linux，与华为自主研发的服务器操作系统 EulerOS 渊源极深。2021 年 9 月华为推出 openEuler，同年 11 月，华为宣布将全量代码等捐赠给开放原子开源基金会。它支持鲲鹏及其他多种处理器，与鸿蒙互联互通，适用于数据库、大数据、云计算、人工智能等应用场景。openEuler 通常分为创新版本和稳定版（long term support，LTS，长生命周期支持），如较新的版本是 openEuler 24.03 LTS。

红旗 Linux 是由北京中科红旗软件技术有限公司开发的一系列 Linux 发行版，包括桌面版、工作站版、数据中心服务器版、HA 集群版和红旗嵌入式 Linux 等产品。最新的产品包括 Red Flag Asianux Server 7、桌面操作系统 V9.0、安全操作系统 4.0、Power Linux 7.0 等。

中兴新支点操作系统基于 Linux 稳定内核，分为嵌入式操作系统（NewStart CGEL）、服务器操作系统（NewStart CGSL）和桌面操作系统（NewStart NSDL）。

Deepin 原名 Linux Deepin，中文称深度操作系统。Deepin 团队基于 Qt/C++（用于前端）和 Go（用于后端）开发了全新的深度桌面环境（deepin desktop environment，DDE），以及音乐播放器、视频播放器、软件中心等一系列特色软件。Deepin 专注于使用者对日常办公、学习、生活和娱乐的极致操作体验，适用于笔记本、台式 PC 和一体机等。

银河麒麟是由中国人民解放军国防科技大学、中国软件与技术服务股份有限公司、联想集团、浪潮集团和北京民族恒星科技有限公司合作研制的闭源服务器操作系统。此操作系统是“863”计划重大攻关科研项目，目标是打破国外操作系统的垄断，是一套具有中国自主知识产权的服务器操作系统。银河麒麟完全版共包括实时版、安全版、服务器版三个版本，简化版是基于服务器版简化而成的。2010 年 12 月 16 日，银河麒麟与中标软件在上海宣布合并，并称为“中标麒麟”。

案例实施

1．安装 Linux

01 进入安装界面，选择“Install Rocky Linux 9.3”后按 Enter 键，如图 1.4 所示。

02 选择安装过程中的语言，初学者可以选择“中文”>“简体中文（中国）”后单击“继续”按钮，如图 1.5 所示。

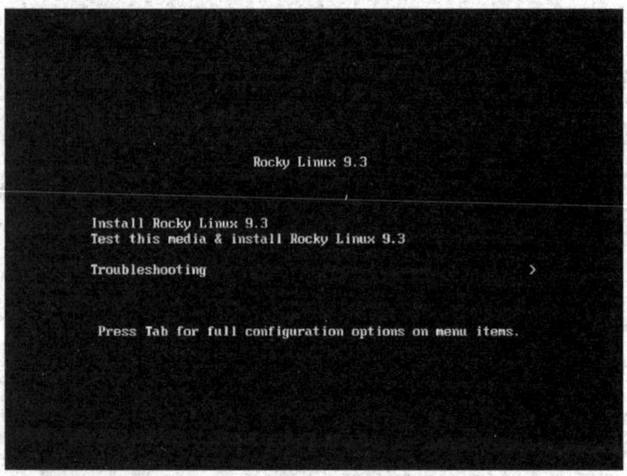

图 1.4 安装界面

图 1.5 选择语言

03 单击“系统”栏中的“安装目的地”按钮，如图 1.6 所示。

04 在“安装目标位置”栏中，默认选中“自动”单选按钮，单击“完成”按钮，如图 1.7 所示。

图 1.6 “安装信息摘要”界面

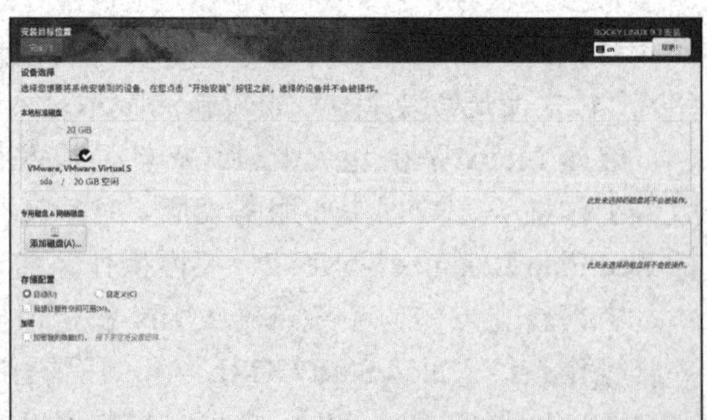

图 1.7 选择存储配置

小提示

也可以选中“自定义”单选按钮，建立自定义的分区、大小及挂载点，如 swap 分区、根分区、boot 等。

swap 分区大小一般为内存的两倍。

05 进入“软件选择”界面，本例选中“带 GUI 的服务器”单选按钮，在“已选环境的附加软件”栏中自定义需要安装的软件包，如图 1.8 所示。

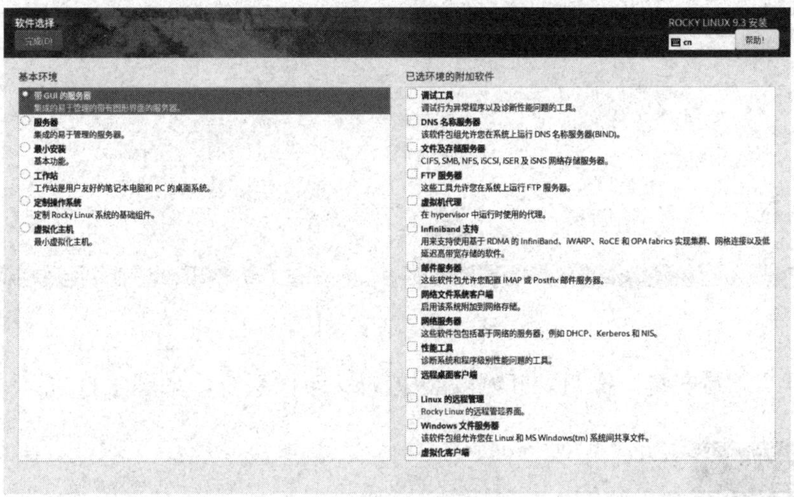

图 1.8　选择环境和附加软件

06 设置“主机名”为 www.rocky.net，单击“应用”按钮使其生效，单击“完成”按钮返回“安装信息摘要”界面，如图 1.9 所示。

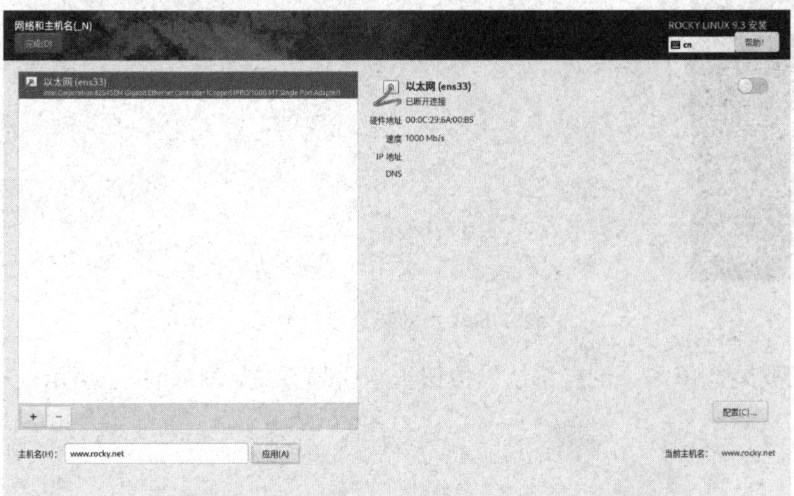

图 1.9　设置主机名

07 单击“用户设置”栏的“Root 密码”，设置根账号 Root 的密码，至少 6 位，然后两次单击“完成”按钮进行确认，如图 1.10 所示。

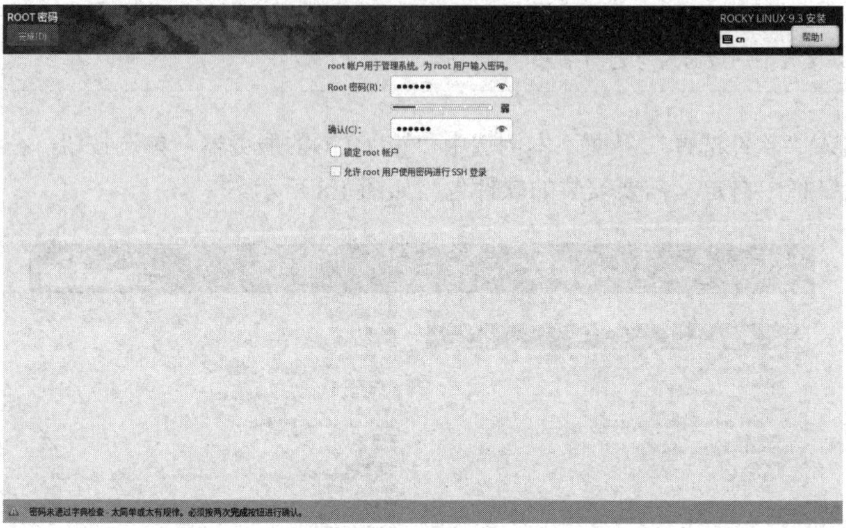

图 1.10　设置密码

08 单击“开始安装”按钮，开始安装 Rocky 操作系统，如图 1.11 所示。

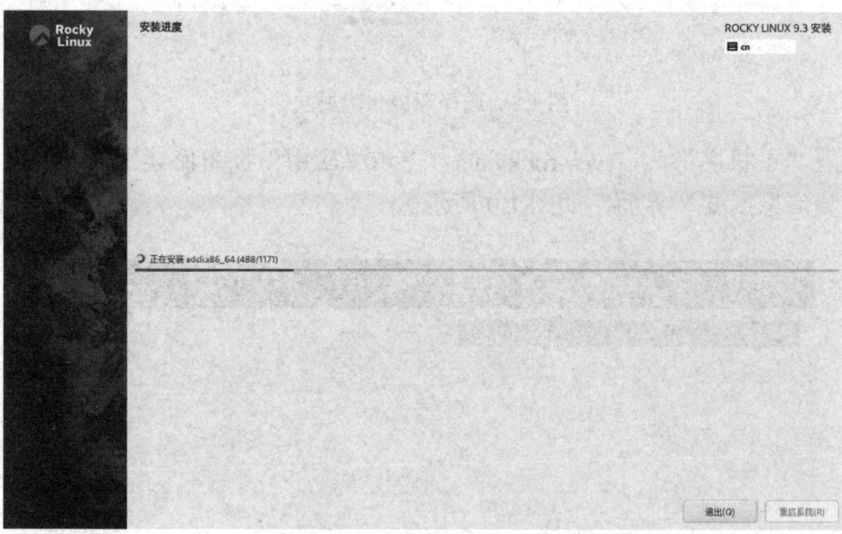

图 1.11　“安装进度”界面

09 完成安装，单击“重启系统”按钮重新引导系统，如图 1.12 所示。

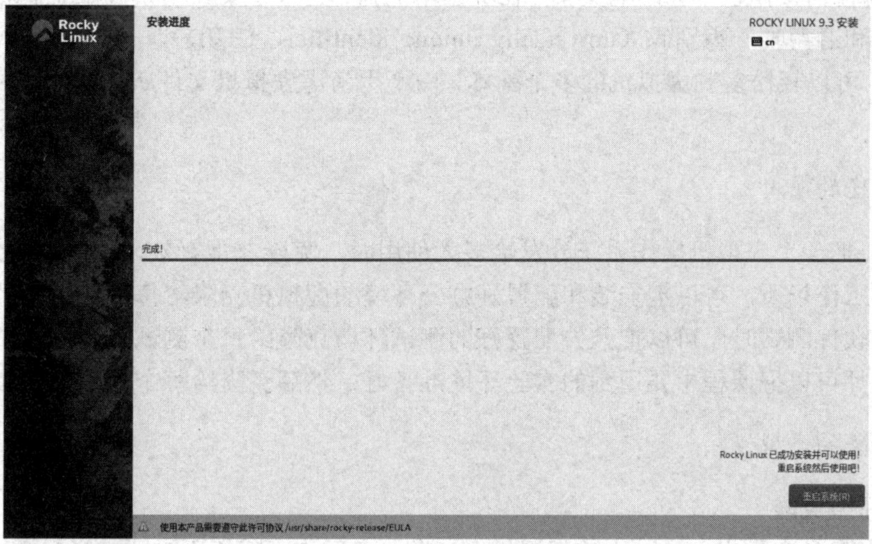

图 1.12　Rocky 安装完成

2. *初次使用 Rocky*

01 重新引导后，进入欢迎界面，单击“开始配置”按钮，设置相关信息，才可以登录 Rocky 操作系统。

02 在“隐私”界面，单击“前进”按钮。

03 在“关于您”界面设置用户名，这里设置为“admin”，单击“前进”按钮。

04 在“设置密码”界面设置密码，单击“前进”按钮。

05 在“配置完成”界面单击“开始使用 Rocky Linux”按钮。

06 初次登录系统时，选择用户，输入密码后，直接按 Enter 键即可登录系统。

任务 1.4　虚拟机克隆和快照

知识指南

1.4.1　虚拟机克隆简介

虚拟机克隆和快照

虽然安装和配置虚拟机都很方便，但是仍然是一项耗时的工作，在许多时候需要多个虚拟机来完成学习或者实验，这个时候如果能够快速部署虚拟机就显得更加方便了，虚拟机软件提供的克隆功能恰恰可以做到这一点。克隆是以一个已经存在的虚拟机作为父本，迅速地建立该虚拟机副本的过程。克隆出的虚拟机是一个单独的虚拟机，其功能独立，在克隆出的系统中，即便共享父本的硬盘，所做的任何操作也不会影响父本，在父本中的操作也不会影响克隆的机器，机器的网卡MAC地址和通用唯一识别码（universally unique identifier，UUID）与父本都不一样。使用克隆功能，可以轻松复制虚拟机的多个副本，而不用考虑虚拟机文件所在的位置及配置文件所在位置。

1. 克隆的应用

当需要把一个虚拟机操作系统分发给多人使用时，克隆非常有效，如下列场景：

1）在工作场所，可以把安装和配置好办公环境的虚拟机克隆给每个工作人员使用。

2）在软件测试时，可以把预先配置好的测试环境克隆给每个测试人员单独使用。

3）教师可以把课程中要用到的实验环境准备好，然后克隆给每个学生单独使用。

2. 克隆的类型

（1）完整克隆

完整克隆是克隆出一个独立的虚拟机，克隆结束后该虚拟机不需要共享父本。完整克隆的过程是完全克隆一个副本，并且和父本完全分离。完全克隆是从父本的当前状态开始克隆，克隆结束后就和父本没有关联了。

（2）链接克隆

链接克隆是从父本的一个快照克隆出来的。链接克隆需要使用到父本的磁盘文件，如果父本不可使用（如被删除），那么链接克隆也不能使用。

1.4.2 虚拟机快照简介

在学习操作系统的过程中，往往会反复地对系统进行设置，特别是有些操作是不可逆的，即便是可逆的也费时、费力。可不可以对系统的状态进行一个备份，在做完实验或者实验失败之后迅速恢复到实验前的状态呢？多数虚拟机提供了类似的功能，一般将其称为快照。

快照是虚拟机磁盘文件在某个点的副本。可以通过设置多个快照为不同的工作保存多个状态，并且各快照互不影响。快照可以在操作系统运行过程中随时设置，以后可以随时恢复到创建快照时的状态，创建和恢复都非常快，几秒就可以完成。系统崩溃或系统异常时，可以通过使用恢复到快照功能来保持磁盘文件系统和系统存储。

案例实施

1. 虚拟机的链接克隆

VMware Workstation 16 Pro 虚拟机的克隆虚拟机功能既可以克隆当前状态，也可以克隆现有快照（需要关闭虚拟机）。

01 选择“虚拟机”→“管理”→“克隆”选项，如图 1.13 所示。

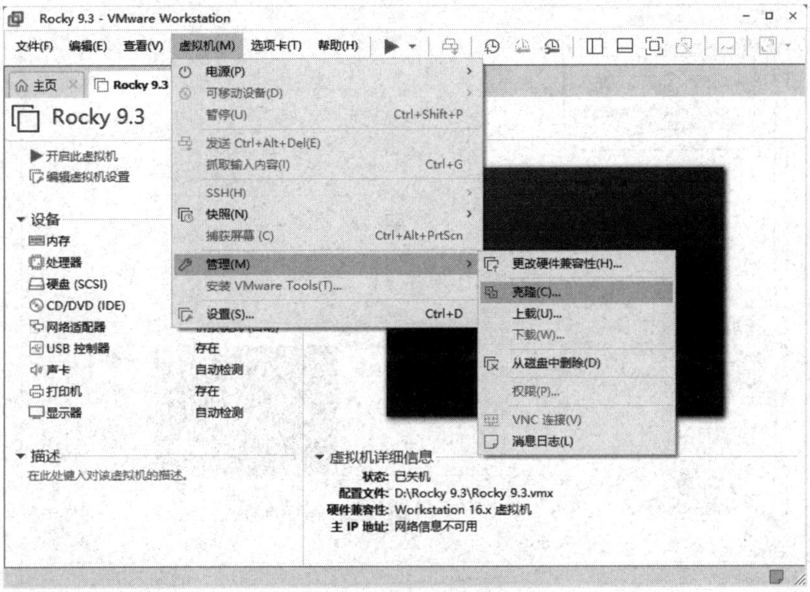

图 1.13　选择“虚拟机”→“管理”→“克隆”选项

02 弹出“克隆虚拟机向导”对话框，选中“虚拟机中的当前状态”单选按钮，然后单击“下一步”按钮，弹出“克隆类型”界面。

03 选择克隆类型，这里选中“创建完整克隆”单选按钮。

04 在弹出的“新虚拟机名称”界面中输入克隆的虚拟机名称，如“Rocky 9.3 的克隆”，并确定新虚拟机的保存位置，如“D:\Rocky 9.3 的克隆”。单击“完成”按钮，完成虚拟机的克隆。采用同样的方法，可以建立多个虚拟机的克隆。

2. 快照的生成和管理

设置虚拟机的快照不需要关闭计算机，虚拟机在任何状态下都可以生成快照，这样在还原时可以迅速还原到备份时的状态。

（1）生成快照

01 在虚拟机运行窗口选择“虚拟机”→“快照”→“拍摄快照”选项。

02 在弹出的“Rocky 9.3-拍摄快照”对话框中，输入快照名称“Rocky 9.3-Pure”和快照描述“全新安装 Rocky 9.3”，然后单击“拍摄快照”按钮即可生成快照。

（2）快照管理

在快照管理中，可以恢复到快照备份的点。

01 可以选择“虚拟机”→“快照”→“快照管理器”选项。

02 弹出“Rocky 9.3-快照管理器”对话框，在此选择要恢复的快照点，如图 1.14 所示，并单击对话框下部“转到”按钮即可恢复到快照的备份点。

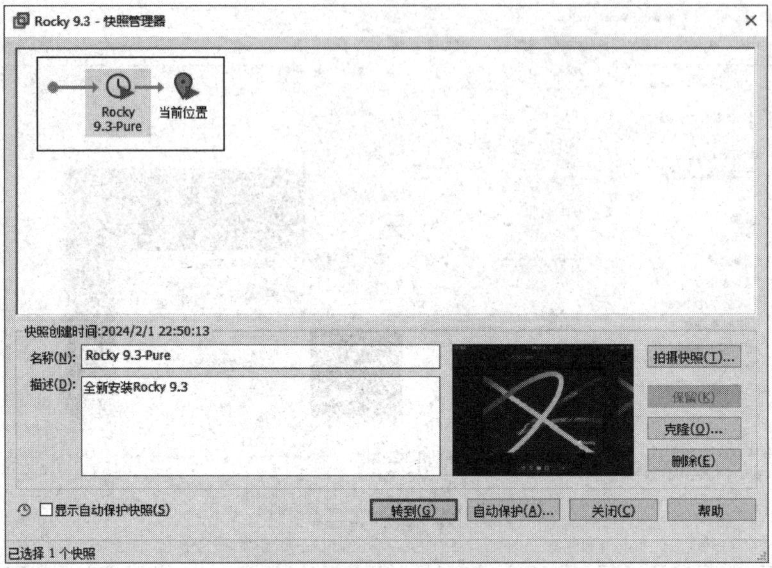

图 1.14 “Rocky 9.3-快照管理器”对话框

任务 1.5　认识 X Window 及命令行

知识指南

当前的 Linux，无论哪个发行版本，都会运行一个类似 Windows 的图形化界面，通常称为 X Window。X Window 是 UNIX/Linux 的图形化用户界面标准，为 Linux 提供美观易用的操作平台，使从 Windows 转过来的用户有一个适应过程。

认识 X Window 及命令行

1.5.1　X Window 简介

X Window 是为 UNIX 和类 UNIX 操作系统提供图形化用户界面的窗口管理系统。X Window 是以斯坦福大学开发的 W Window 为基础，由麻省理工学院与 Digital Equipment 公司合作开发的图形界面系统。

X Window 在使用上与人们熟悉的 Windows 操作系统十分相似，但结构和工作原理却相差甚远。X Window 本身不是操作系统，而是一种可以运行于多种操作系统、采用 C/S（客户机/服务器）模式的应用程序。它包含 5 部分：X 服务器、X 客户机、X 协议、X 库和 X 工具包。

小提示

由于 Windows 已经被微软公司注册，因此 X Window 不可以称为 X Windows，可以简称为 X11 或者 X。

1. X 服务器

X 服务器（X Server）是 X Window 的主要部件，负责接收来自输入设备的信息，并驱动视频卡和各种图形显示。X 服务器响应 X 客户机的显示请求，建立窗口，并在窗口中显示图形和文字，每套显示设备只对应唯一的 X 服务器。

2. X 客户机

X 客户机（X Client）是运行于图形化用户界面的应用程序，向 X 服务器提出服务请求，以得到 X 服务器响应的显示画面。

3. X 协议

X 协议（X Protocol）负责 X 服务器与 X 客户机之间的通信协议，保证 X 服务器与 X 客户机可以交换信息。如果 X 服务器与 X 客户机运行于同一台计算机上，则通过计算机的内部通信机制来完成信息传递；如果运行于两台计算机上，则需要通过 TCP/IP 等网络协议进行通信，这是 X Window 特有的工作方式。

4. X 库

X 库（X Library）是 X Window 系统中的底层程序接口，主要功能是存取 X 协议的服务，与 X 协议中的请求一一对应。

5. X 工具包

X 工具包（X Toolkit）是包含在 X 库中的应用程序开发工具，提供了 X Window 的基本函数，避免用户在开发过程中自己开发组件，如滚动条和按钮等。

1.5.2　GNU 网络对象模型环境和 K 桌面环境

GNU 网络对象模型环境（GNU network object model environment，GNOME）和 K 桌面环境（K desktop environment，KDE）是在 Red Hat Linux 发行版本中较为常见的窗口管理器，它们的基本功能和操作界面与 Windows 和 Mac OS 非常相似，但又有各自的特点，区别在于窗口和菜单的外观及配置系统时的难易程度。

GNOME 源自美国，从名称来看就知道它和 GNU 计划密不可分。GNOME 采用 C 语言开发，在图形和框架方面有自己独特的优势，渐渐成为 UNIX 标准桌面，Rocky Linux 9 采用了 GNOME 40 作为默认桌面环境。

KDE 源自德国，采用 C++语言开发。

基于这两大桌面环境开发的大量应用程序在名称上有各自的规律，如 Gedit、GIMP 等以字母 G 开头的应用程序通常是在 GNOME 桌面环境下开发的，而 Kmail、Konqueror 等以字母 K 开头的应用程序通常是在 KDE 桌面环境下开发的。

虽然 Rocky 版本中没有了运行级别的概念，用户还是可以使用级别相关的命令来管理默认运行的 target，或者切换 target（前提是安装了 X Window）。

查询默认级别或者 target，可使用如下命令。

```
[root@www ~]# runlevel                          //查询默认级别
N 5                                             //5 为本次运行级别
[root@www ~]# systemctl get-default             //查看默认运行的 target
graphical.target                        //当前的默认 target 是 graphical.target
```

修改默认启动的目标使用如下命令。

```
[root@www ~]# systemctl set-default multi-user.target
//切换默认启动至字符界面
[root@www ~]# systemctl set-default graphical.target
//切换默认启动至图形界面
```

修改当前正在启动的目标使用如下命令。

```
[root@www ~]# startx                    //如果当前是字符界面，可以进入图形界面
```

如果当前是图形界面，可以在终端窗口输入如下命令进入字符界面。

```
[root@www ~]# init 3
[root@www ~]# systemctl isolate multi-user.target
[root@www ~]# systemctl isolate runlevel3.target
//以上三条命令的作用是切换到第 3 级运行
```

如果当前是字符界面，可以输入如下命令进入图形界面。

```
[root@www ~]# init 5
[root@www ~]# systemctl isolate graphical.target
[root@www ~]# systemctl isolate runlevel5.target
//以上三条命令的作用是切换到第 5 级运行
```

1.5.3 命令行简介

Linux 的所有管理都可以通过命令行来完成，因此作为合格的 Linux 系统管理员，学会用命令行来管理系统是非常必要的。

1. 命令行的构成

典型的命令行由用户名、主机名、工作目录、提示符、命令、选项及参数组成。

```
[用户名@主机名 工作目录]提示符 <命令> -[选项] [参数 1,2,…]
```

例如：

```
[root@www ~]# shutdown -h +30 'System will halt in 30 minutes. '
//30min 后关闭系统，并给出提示信息“System will halt in 30 minutes. ”
```

其中：

1）root 代表当前登录的用户是 root。

2）www 代表当前主机名称为 www。

3）~是工作目录，代表用户的主目录，其他则显示目录名称。

4）#是超级用户的命令提示符，普通用户的命令提示符是$。

5）命令一般有内部命令和外部命令之分，内部命令可以直接执行，外部命令则要给出命令所在的路径。

6）多数命令有很多选项，用来控制命令的执行结果。如果选项是一个字母，则用“-”标出；如果选项是一个单词，则用“--”标出。

7）有的命令有参数，且不止一个，而有的命令没有参数。

8）命令、选项、参数之间用空格隔开，多个空格当作一个空格处理，并严格区分大小写。

2. 命令行的帮助

Linux 提供了很多命令，并且很多命令的选项及参数非常丰富，即便操作熟练的管理员也无法一一记得。因此，Linux 提供了强大的帮助系统，一般帮助可以通过--help 命令（图 1.15）和 man（全称为 manual）命令（图 1.16）实现。

```
[root@www ~]# <命令> --help
[root@www ~]# man <命令>
```

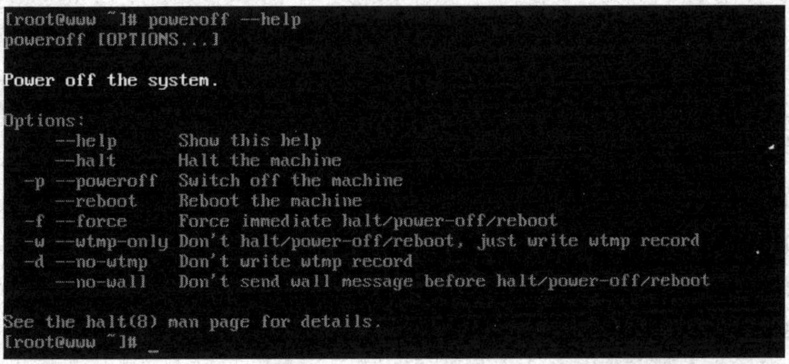

图 1.15　使用--help 命令

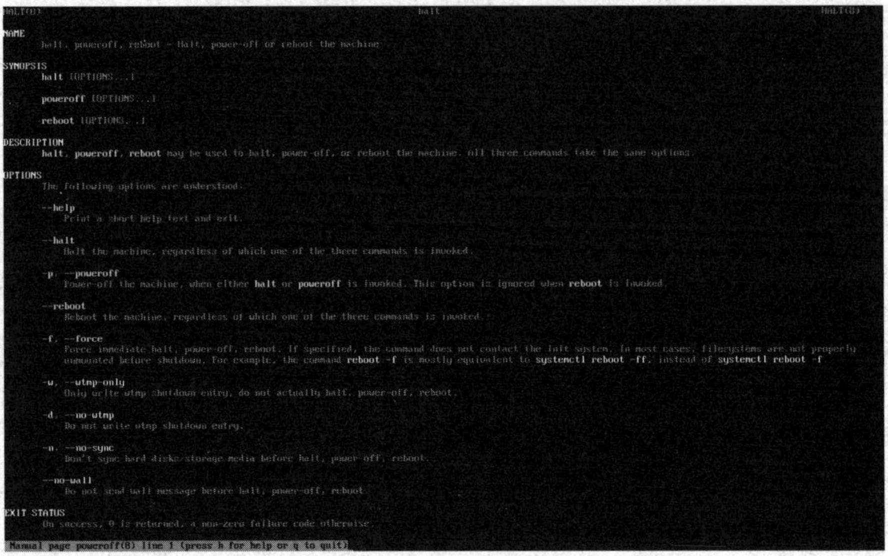

图 1.16　使用 man 命令

在查看命令帮助时，会出现[]、<>、|等符号，它们具有如下含义。

- []：可选的。
- <>：可变化的。
- a|b|c：只能选择一个。
- -abc：几个选项（或任意两个）可以混合使用。

例如：

```
[root@www ~]# poweroff --help
```

例如：

```
[root@www ~]# man cal
```

几乎所有的 Linux 发行版本里面都有系统提供的 man 帮助。可以使用空格键和 Page Down 键来进行翻页，按 Q 键退出帮助。

3. 命令行的历史

在 Linux 的控制台中输入命令时，shell（命令解释程序）会把命令记录在历史列表中，一般保存在用户目录的.bash_history 文件中，默认保存 1000 条。

可以通过键盘的上下方向键来直接查看执行过的命令，从而大大节约输入命令的时间。也可以通过 history 命令来显示和清除历史记录，如图 1.17 所示。

```
[root@www ~]# history [-选项]
```

图 1.17　history 命令执行结果

以下是常见选项说明。

- -n：数字，要列出最近的 *n* 个命令。
- -c：将当前的 shell 中的所有 history 内容全部消除。

可以通过“!”加上历史记录中的“编号”来运行历史命令。例如：

```
[root@www ~]# !4                    //执行第 4 条命令
```

1.5.4　配置文件简介

配置文件是 Linux 区别于 Windows 最明显的地方，在 Windows 操作系统中，几乎所有的配置都是通过窗口来完成的，而在 Linux 中，几乎每个程序的行为和服务的定制都可以通过配置文件来完成。

严格来说，Linux 并没有标准的配置文件格式，几乎每个配置文件都是新的挑战，不过还是有一定的规律可以遵循。大多数配置文件都在/etc 目录中，一般有如下几类：访问文件、引导和登录/注销文件、文件系统、系统管理、联网、系统命令、守护进程、用户程序等。修改守护进程和系统程序的配置文件后，一般要重启对应的服务来使修改生效。

一般来说，配置文件中以“#”和“;”为开头的行表示注释，用“/*”“*/”括起来的部分也表示注释，用“=”表示赋值，读者可在后面的学习中慢慢积累。

案例实施

1. 初次登录系统

登录界面默认添加的是普通用户，如果想以超级用户 root 身份登录，可单击图 1.18（a）中的“未列出？”按钮，输入用户名“root”，如图 1.18（b）所示，然后单击“下一步”按钮，输入正确的密码，单击“登录”按钮，即可登录系统。

（a）　　　　（b）

图 1.18　登录界面

进入系统后，可以看到 GNOME 桌面。

2. 切换不同终端

Rocky 提供了几个终端来管理系统，真正做到多用户、多任务。这些终端接收用户的键盘输入，并将结果输出到终端的屏幕上，按 Ctrl+Alt+F1~Ctrl+Alt+F7 组合键即可切换终端，其中，Ctrl+Alt+F1 组合键对应的是 X Window，其他的则对应字符界面终端。例如，按 Ctrl+Alt+F2 组合键显示的是字符界面终端。

3. 注销和关机

（1）图形界面

如果想注销当前用户，可以单击 GNOME 桌面顶部栏右端的关机按钮，在弹出的对话框中选择 root 用户，在新弹出的对话框中如果不做任何选择，则 60 秒后自动注销。

如果想关闭系统或者重启系统，可以单击 GNOME 桌面顶部栏关机按钮后再单击“关机/注销”按钮，在弹出的提示对话框，默认选择“关机”，如果不做任何选择，则 60 秒后自动关机。

（2）命令行界面

在命令行下，如果想注销、关闭系统或者重启系统，可以通过如下命令完成。

```
[root@www ~]# logout                    //注销当前用户
[root@www ~]# exit                      //退出控制台
[root@www ~]# reboot                    //重启系统
[root@www ~]# systemctl reboot          //重启系统
[root@www ~]# poweroff                  //关机
[root@www ~]# systemctl poweroff        //关机
[root@www ~]# shutdown -h now           //关机
```

总 结 提 高

1. 小结

Linux 系统是一种类 UNIX 操作系统，由林纳斯・本纳第克特・托瓦兹在 Minix 系统的基础上开发。严格来说，Linux 只是一个操作系统内核。大多数 Linux 发行版本是由操作系统内核及在其之上的命令解释程序（shell）加上 GNU 的软件或工具形成的完整的操作系统。

安装系统是部署一个业务应用的起点，也是应用架构的基础。因此，提前进行合理的规划，对安装细节的准确理解会使整个工作得心应手，可减少以后使用系统时的麻烦。要应对不同的机房环境、服务器设备、安装介质、安装要求，并能解决安装过程中出现的问题，则需要在以后的学习中，对 Linux 系统的体系结构进行更加深入的了解，通过反复实践积累经验，提高能力水平。

随着学习的深入和工作实践的增多，以后在部署Linux系统时，要尽量考虑到安全性、稳定性和可扩展性，最大限度地发挥系统的软件、硬件性能以获得最优的性价比。

2. 提高

1）使用文本模式安装Rocky Linux系统。

2）有条件的可尝试在物理机上安装Rocky Linux系统。

3）安装其他流行的Linux发行版本，如Ubuntu、Kylin等。

4）了解其他的国产操作系统，如华为的EulerOS和HarmonyOS，以及它们和Linux的关系。

项目实训

1. 建立虚拟机

1）建立一个新的虚拟主机，名称为MyRocky，虚拟硬盘保存在D盘的VM文件夹。

2）内存设定为2048MB，处理器个数为2。

3）硬盘大小为30GB，动态分配磁盘空间。

4）添加一块网卡，网络连接使用桥接模式。

2. 安装Rocky

1）不检测光盘介质，选择语言为简体中文，键盘默认，以图形界面安装。

2）自定义分区：swap分区大小为1024MB；boot分区大小为500MB，文件类型为XFS；根分区大小为5GB，文件类型为XFS；home分区大小为3GB，文件类型为XFS。

3）时区为“上海”。

4）根密码为“aps8,bx”。

5）服务器功能为“网络服务器”，并定制安装包。

6）桌面环境为GNOME。

7）添加普通用户“admin”，密码为“@dm1n”。

3. 克隆和快照

1）克隆MyRocky虚拟机，使用完整克隆，名称为MyRocky-Clone，保存位置为D盘的VM文件夹。

2）启动MyRocky-Clone，并在桌面新建一个文档testss，输入自己的姓名拼音缩写。

3）为当前状态建立快照，快照名称为before delete。

4）删除文件testss，并使用快照before delete恢复系统状态。

4. 初次使用 Linux

1）分别使用 root 和 admin 进行用户登录，比较桌面环境和命令行环境的不同之处。

2）观察 X Window 界面，分别单击左上角的按钮和右上角的按钮，观察这些按钮都有什么作用。

3）分别使用 root 和 admin 用户，尝试改变桌面背景，或者在桌面上创建一个快捷方式。

4）双击左上角的“活动”图标，在侧边栏单击“文件”图标，观察根目录“/”下默认都有哪些文件夹，尝试目录的增、删、改操作，看看与 Windows 操作系统是否有不同之处。

5）双击“root 的主文件夹”图标，观察该目录下都有哪些文件，尝试文件的增、删、改操作，看看与 Windows 操作系统有什么不同。

6）由以上操作可以看出 root 用户和普通用户的区别。

7）分别从图形界面和命令行界面重启系统和关机。

5. 命令初体验

1）打开模拟终端，输入命令 cal，查看执行的结果。

2）输入命令 CAL 或者 Cal，再查看结果，思考原因。

3）输入命令 man cal，查看结果，从中可以体会 man 这个命令的用途（按 Q 键退出）。

4）使用 history 查看历史命令，并执行编号为 2 的命令。

5）清空历史记录。

项目 2

管理文件系统

案例需求

操作系统安装完成后，一名合格的管理员需要熟悉 Linux 的目录结构及作用，掌握常用文件和目录的操作命令、文件和目录的权限修改方法，以及命令行下功能强大的 vi 编辑器的使用方法。

需求分析

Linux 使用树形结构来管理文件，只有一个根目录，文件系统由文件和目录组成，整个 Linux 系统以根目录为起点。文件的权限是 Linux 区别于其他操作系统的另一特点，Linux 的访问权限取决于文件的拥有者、文件的所属组，以及文件拥有者、同组用户和其他用户的权限。无论是创建文本还是编写程序，都要用到编辑器。Linux 中有很多不同的编辑器，而 vi 是其中功能非常强大的编辑器。本项目主要介绍 Linux 文件和目录操作命令、文件和目录权限的管理方法及 vi 编辑器的使用方法。

Linux 操作系统大小写敏感，读者在学习本项目时必须意识到这一点，养成严谨的习惯。同时作为管理员，根据用户的身份不同，合理分配不同的权限是最基本的操作。合理地分配权限是保护数据安全和数据隐私的有效手段，每位读者都应该提高自己保护数据隐私的意识和能力。引申到公共网络上也是一样，每个人都要对自己在互联网上的数据资料有强烈的隐私保护意识，提高网络安全意识，增强维护网络空间安全的责任意识。

知识目标

- 了解 Linux 文件与目录结构。
- 了解 Linux 的权限表示方式。
- 了解 vi 编辑器的三大模式。

技能目标

- 掌握 Linux 文件与目录的常用管理命令。
- 掌握 Linux 权限的管理方法。
- 掌握vi编辑器的使用方法。

思政目标

- 建立保护数据安全和数据隐私的意识。
- 建立网络空间安全意识。
- 养成严谨的工作态度和职业素养。

任务 2.1　管理文件与目录

知识指南

2.1.1　Rocky 9.3 的目录结构

管理文件与目录

从图 2.1 中可以看出，所有目录的最上级是“/”目录，这个目录在 Linux 中被称为根目录，其他目录、文件和外设（磁盘、光驱等）都以根目录为起点，其他所有的分区也都挂载到目录树的某个目录中。

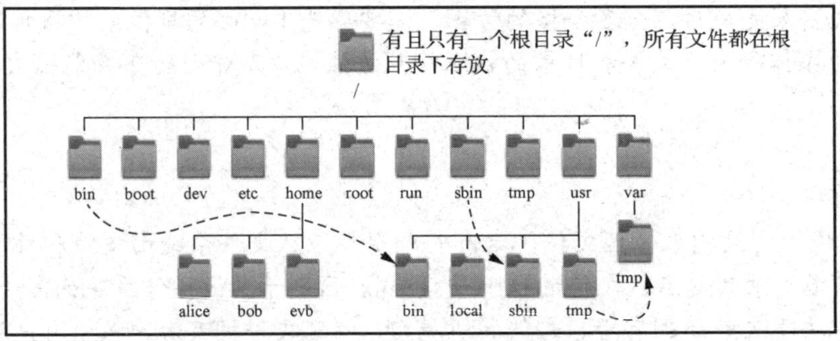

图 2.1　Rocky 9.3 的目录

Linux 的目录使用树形结构管理，系统默认的目录都有特定的内容，有些目录很重要，在操作时应注意不要误操作。Rocky 9.3 自带的目录及其内容说明如表 2.1 所示。

表 2.1　Rocky 9.3 自带的目录及其内容

路径名	内容
/	根目录
/bin	bin 是 binary 的缩写，用于存放经常使用的命令
/boot	内核及加载内核所需的文件
/dev	dev 是 device（设备）的缩写，在 Linux 下外设是以文件方式存在的，如磁盘、调制解调器（modem）等
/etc	启动文件及配置文件
/home	用户的主目录，每个用户都有一个自己的目录，目录名与账号名相同
/lib	C 编译器的库和部分 C 编译器
/lost+found	这个目录一般情况下是空的，当系统非法关机后，这里会产生一些文件
/media	常用来挂载分区，如双系统时候的 Windows 分区、U 盘、CD/DVD 等会自动挂载并在此目录下自动产生一个目录
/misc	该目录可以用来存放杂项文件或目录，即那些用途或含义不明确的文件或目录可以存放在该目录下，默认是空的

续表

路径名	内容
/mnt	与/media 功能相同，提供存储介质的临时挂载点，如光驱、U 盘等
/net	伪文件系统，存放网卡信息
/opt	主要存放第三方软件及自己编译的软件包，特别是测试版本的软件。安装到/opt 目录下的程序，它所有的数据、库文件等都是放在同一目录下面的，也可以随时删除，不影响系统的使用
/proc	伪文件系统，用于存放所有正在运行进程的映像，还有当前内存中的 kernel 文件，不需要管理员操作
/root	超级用户的主目录
/sbin	用于存放引导、修复或者恢复系统的命令
/selinux	用于存放 selinux 相关文件，当 selinux 被禁用时，该目录为空
/srv	一些服务启动之后，这些服务所需要访问的数据目录
/sys	将内核的一些信息映射，可供应用程序所用
/tmp	临时文件夹
/usr	用于存放与用户相关的应用程序和库文件，用户自行安装的软件一般放至该目录
/usr/bin	用于存放用户的大多数命令和可执行文件
/usr/share	多种系统共享的内容（只读）
/usr/include	用于存放 Linux 下开发和编译应用程序所需要的头文件
/usr/lib	存放一些常用的编译链接函数库
/usr/local	用于存放用户编写或者安装的软件
/usr/man	用于存放联机用户帮助文档
/usr/src	用于存放非本地软件包的源代码
/var	这个目录中存放着不断扩充、变化的内容，包括各种日志文件、电子邮件、网站等
/var/log	用于存放各种系统日志文件
/var/spool	供打印机、邮件等使用的假脱机目录

2.1.2　文件名与文件类型

1. 文件名

文件名是文件的标识符，Linux 中的文件名遵循以下约定。

1）文件名可以使用英文字母、数字及一些特殊字符，但是不能包含如下表示路径或者在 shell 中有含义的字符。

```
/ ! # * & ? \ , ; <> [] {} ( ) ^ @ % | " ' `
```

2）文件名严格区分大小写，如 A.txt、a.txt、A.TXT 是 3 个不同的文件。

3）文件名以句点“.”开始时，该文件为隐藏文件，通常不显示。在使用 ls 命令时，启动“-a”选项才可以看到隐藏文件。

2. 文件类型

在 Windows 中文件的类型通常由扩展名决定，而在 Linux 中文件的扩展名的作用则没有如此强大。当然在 Linux 中文件的扩展名也遵循一些约定，如压缩文件一般用“.zip”，RPM 软件包一般用“.rpm”，TAR 归档包一般用“.tar”，GZIP 压缩文件一般用“.gz”等。

Linux 的文件类型一般由创建该文件的命令来决定。Linux 定义了 7 种文件类型，这里介绍最常见的 5 种，如表 2.2 所示。

表 2.2 常见文件类型

文件类型	符号（用 ls 查看）	说明
普通文件	-	用户经常使用的文件，它又分为文本文件和二进制文件。一般的文档和程序都属于普通文件。一般由编辑器或 cp、touch 等命令创建，使用 rm 命令删除
目录文件	d	主要用于管理和组织系统中的大量文件。一般由 mkdir 命令创建，使用 rmdir、rm -r 命令删除
符号链接	l	一般由 ln -s 命令创建，使用 rm 命令删除
块设备文件	b	多数发行版本使用 udev 根据内核对硬件的检测结果自动创建和删除设备文件，由 mknod 命令创建，使用 rm 命令删除
本地套接字	s	本地套接字由系统调用 socket 创建，套接字不再有用户使用时，系统会调用 unlink 命令来删除

（1）普通文件

Linux 中文件只是一个装字节的包而已，与创建它的程序或命令有关，而与扩展名无关。文本文件、数据文件、可执行程序和共享库都作为普通文件存储。

（2）目录文件

目录文件包含按名称对其他文件的引用。文件的名称实际上存储在它的父目录中，而不是存储在自身。有一些特殊的目录，如“.”和“..”，分别代表目录本身和它的父目录，它们无法移动。根目录没有父目录，所以在根目录下输入“./”和“../”都等同于“/”。

（3）符号链接

符号链接也称为“软链接”，通过名称指向文件。当内核在查找路径名的过程中遇到符号链接时，就会重新定向到作为该链接的内容而存储的路径名上。

（4）块设备文件

块设备文件由处理块数据 I/O 的驱动程序使用，并要求内核为它们提供缓冲。块设备由主设备号和次设备号构成，如磁盘/dev/sda1。

（5）本地套接字

套接字（socket）就是在进程之间让它们以“干净”的方式进行通信的链接。Linux 提供了几种不同的套接字，大多数涉及使用网络。本地套接字只能从本地主机访问，并通过文件系统对象而非网络端口来使用。这类文件通常用在网络数据链接，可以启动一个程序来监听客户端的要求，客户端就可以通过套接字来进行数据通信。这种文件类型常在/run 和/var/run 目录中。

2.1.3 路径

操作文件或者文件夹时，一般应指定路径，否则默认是对当前的目录文件进行操作。路径一般分为绝对路径和相对路径。

1. 绝对路径

绝对路径是从根目录“/”开始到指定文件或者目录的路径。总是从根目录“/”开始，通过“/”来分隔目录名。

2. 相对路径

相对路径是指从当前目录出发，到达指定文件或者目录的路径，当前目录一般不会出现在相对路径中。还可以配合特殊目录“.”和“..”来灵活地切换路径，或者选择指定目录和文件。

如图 2.2 所示，当前目录是 avahi，如要操作 avahi-daemon.conf，用绝对路径表示是“/etc/avahi/avahi-daemon.conf”，用相对路径表示是“avahi-daemon.conf”或者“./avahi-daemon.conf”。再如，当前目录是 avahi，要操作 services 文件夹，用绝对路径表示是“/etc/avahi/services”，用相对路径表示是“../ avahi/services”，即“../”表示 avahi 的父目录“etc”，接下来是“avahi/services”。

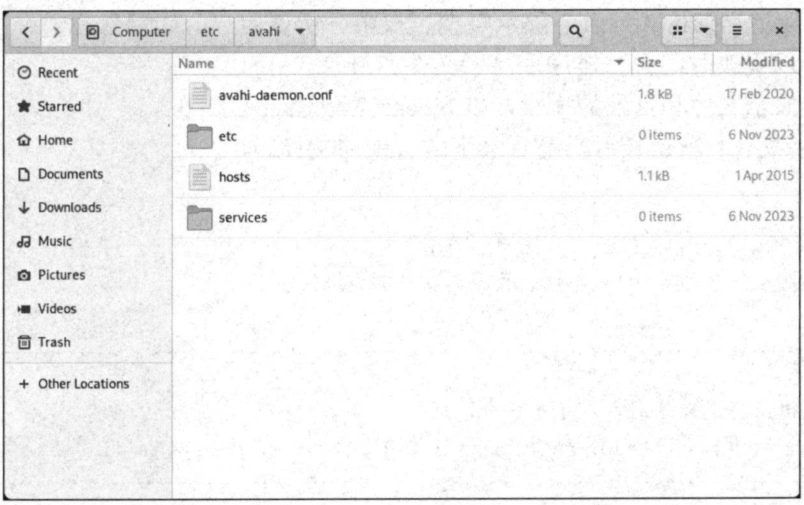

图 2.2　示例目录

小提示

相对路径和绝对路径是等效的，各有优缺点。绝对路径固定、唯一、容易理解，但是在路径太长的情况下就显得烦琐；相对路径可以使路径变得简短，但是易出错。读者可以根据实际情况灵活运用。

案例实施

1. 查看当前目录

在命令行模式下，确认当前所使用的目录的绝对路径很重要。可以使用 pwd 命令来查看当前工作目录名称（print name of current/working directory）。

例如：

```
[root@www ~]#pwd
/root
```

2. 查看目录或者文件信息

在系统管理时，经常需要列出（list）某个目录下有哪些文件、目录，以及有关这些文件、目录的详细信息。可以通过 ls 命令并配合相关的选项来实现。

ls 命令的格式如下：

```
ls [选项] [目录或者文件]
```

以下是常见选项说明。

- -a：显示当前目录下的所有文件和目录。
- -A：显示所有文件和目录，但不显示当前目录“.”和上层目录“..”。
- -d：显示目录本身而不是目录下的内容。
- -l：使用详细格式列表，显示类型、权限、所属用户、组等信息。
- -c：以更改时间进行排序后显示文件和目录。
- -s：显示文件和目录的大小，以 blocks 为单位。

[目录或者文件] 默认显示当前目录下的目录与文件。

例如：

```
[root@www ~]#ls -al /etc/httpd
//查看/etc/httpd 目录下所有目录与文件的详细信息
```

小提示

ls -l 在 Linux 下定义了别名，可以写作 ll。

例如，[root@www ~]#ll /etc/httpd 等同于[root@www ~]#ls -l /etc/httpd。

3. 切换目录

用户登录时，默认工作目录是自己的主目录（root 的主目录是/root，普通用户的主目录在“/home/用户名”下）。如果要切换工作目录（change directory），可以使用 cd 命令。

cd 命令的格式如下：

```
cd [目录路径]
```

例如：

```
[root@www ~]#cd 或 cd ~            //切换至登录用户的主目录，无论当前目录是什么
[root@www ~]#cd subdir             //改变目录至当前目录的子目录 subdir 下
[root@www ~]#cd./subdir            //改变目录至当前目录的子目录 subdir 下
[root@www ~]#cd /etc/httpd         //改变目录至绝对路径/etc/httpd 下
```

```
[root@www ~]#cd ..                //改变目录至父目录
[root@www ~]#cd ../subdir         //改变目录至父目录的 subdir 子目录
```

4. 查看文件内容

在图形界面下可以通过双击文件图标的方式来查看文件内容，而在命令行下查看文件内容常用如下命令。

（1）cat 命令

使用 cat 命令可以滚屏显示文件的内容。

cat 命令的格式如下：

```
cat <文件 1> [文件 2]…
```

例如：

```
[root@www ~]# cat anaconda-ks.cfg//在屏幕上滚动显示 anaconda-ks.cfg 的内容
```

（2）more 和 less 命令

cat 命令输出的内容不能分页显示，如果文件内容较多，当前只能看到最后一屏，此时可以使用 more 或 less 命令分屏查看，查看完毕可以按 Q 键退出。

例如：

```
[root@www ~]# more anaconda-ks.cfg   //分屏查看 anaconda-ks.cfg 文件的内容
```

（3）head 和 tail 命令

若只想查看一个文件的开头或者结尾而非文件的全部内容，可以使用 head 或者 tail 命令。

head 和 tail 命令的格式如下：

```
head [-n] <文件名>
tail [-n] <文件名>
//-n 选项指定查看文件多少行内容，默认显示 10 行
```

例如：

```
[root@www ~]# head /etc/passwd   //在屏幕上显示/etc/passwd 文件前 10 行的内容
[root@www ~]#tail -5 /etc/passwd //在屏幕上显示/etc/passwd 文件后 5 行的内容
```

（4）grep 命令

Linux 系统中 grep 命令是一种强大的文本搜索工具，它能使用正则表达式搜索文本，并把匹配的行打印出来。

> **小提示**
>
> grep 的全称是 globally search a regular expression and print，它的使用权限是所有用户。

grep 命令的格式如下：

```
grep [选项] <文件>
```

以下是常见选项的说明。

- -c：只输出匹配行的计数。
- -n：显示匹配行及行号。
- -v：显示不包含匹配文本的所有行。
- ^：匹配正则表达式的开始行。
- $：匹配正则表达式的结束行。
- [ ]：单个字符，如[A]，即 A 符合要求。
- [-]：范围，如[A-Z]，即 A、B、…、Z 都符合要求。

例如：

```
[root@www ~]#grep 'root' /etc/passwd /etc/group
//显示/etc/passwd 和 etc/group 文件中包含 root 的行
[root@www ~]#grep -v '^#' /etc/vsftpd/vsftpd.conf
//显示/etc/vsftpd/vsftpd.conf 文件中所有非"#"开头的行，即不显示被注释掉的行
```

5. 创建文件

一般来说，文件由相应的应用程序产生，如 vim 等编辑工具。除此之外，Linux 还提供了创建文件的命令 touch。

touch 命令的格式如下：

```
touch <文件名 1> [文件名 2]…
```

例如：

```
[root@www ~]#touch a.txt b.txt
//在当前目录下创建 a.txt 和 b.txt 两个文件
```

6. 创建目录

创建目录（make directory）一般使用 mkdir 命令。

mkdir 命令的格式如下：

```
mkdir [选项] <目录名>
```

常见选项为-p，表示若所要建立目录的上层目录目前尚未建立，则会一并建立上层目录。

例如：

```
[root@www ~]#mkdir /test1
//在根目录下创建 test1 子目录
[root@www ~]#mkdir -p /nfs/share
//创建 share 目录，如果其父目录 nfs 不存在，将一并创建
```

7. 删除文件或者目录

（1）rmdir 命令

rmdir 命令用于删除目录（remove directory），不能用于删除文件。

rmdir 命令的格式如下：

```
rmdir [选项] <目录名>
```

常见选项为-p，表示删除指定目录后，若该目录的上层目录已变成空目录，则将其一并删除。

（2）rm 命令

rm 命令主要用于对文件或目录进行删除（remove）。

rm 命令的格式如下：

```
rm [选项] <文件或目录>
```

以下是常见选项的说明。

- -f：强制删除文件或目录，不进行提示。
- -i：删除既有文件或目录之前先询问用户。
- -R：递归处理，将指定目录下的所有文件及子目录一并处理。

例如：

```
[root@www ~]#rm *
//删除当前目录下的所有文件，不包括隐藏文件和子目录
[root@www ~]#rm -R /test1
//删除/test1 及其子目录
```

8. 复制文件或者目录

cp 命令用来复制（copy）文件或者目录。

cp 命令的格式如下：

```
cp [选项] <源文件> <目标文件>
```

以下是常见选项的说明。

- -f：强行复制文件或目录，无论目标文件或目录是否已存在。
- -l：对源文件建立硬链接，而非复制文件。
- -s：对源文件建立符号链接，而非复制文件。
- -d：复制文件时保留链接。
- -R：递归处理，将指定目录下的所有文件与子目录一并处理。
- -p：除复制源文件的内容外，还将其修改时间和访问权限也复制到新文件中。

例如：

```
[root@www ~]#cp ./a.txt /tmp/b.txt
```

```
//将当前目录下的a.txt复制到/tmp目录下并改名为b.txt
[root@www ~]#cp -s a.txt a
//在当前目录下对a.txt创建名为a的符号链接
```

9. 移动文件或者目录

mv 命令用于对文件或目录进行移动（move）或改名。

mv 命令的格式如下：

```
mv [选项] <源文件或目录> <目标文件或目录>
```

以下是常见选项的说明。

- -f：若目标文件（目录）与现有的文件（目录）重复，则直接覆盖现有的文件（目录）。
- -i：覆盖前先询问用户。

例如：

```
[root@www ~]#mv file1 file1.bak
//将file1改名成file1.bak
[root@www ~]#mv /subdir1/file1 /subdir2/file2
//将/subdir1下的file1文件移动到/subdir2下，并改名为file2
```

10. 创建硬链接和软链接

链接有两种：一种称为硬链接，两个文件名指向的是硬盘上的同一块存储空间，对其中任何一个文件的修改将影响另一个文件；另一种称为软链接（符号链接），类似于快捷方式。ln 命令用来创建链接（link）。

ln 命令的格式如下：

```
ln [选项] <源文件或目录> <链接名称>
```

常见选项为-s，表示对源文件建立软链接，而非硬链接。

例如：

```
[root@www ~]#ln -s file1 file2
//对file1文件建立名为file2的软链接，如果不加任何选项，则默认建立的是硬链接
```

> **小提示**
>
> 只能对文件进行硬链接，目录不可以创建硬链接。

11. 文件的查找及操作

Linux 提供了功能强大的 find 命令，用来查找文件。

find 命令的格式如下：

```
find [路径] [匹配表达式]
```

匹配表达式是 find 命令最重要的内容，以下是常见的匹配表达式。

- -name<文件名>：查找指定文件名的文件或者目录（可以使用通配符）。
- -amin<分钟>：查找在指定时间内曾被存取过的文件或目录，单位以分钟计算。
- -atime<24 小时数>：查找在指定时间内曾被存取过的文件或目录，单位以 24 小时计算。
- -cmin<分钟>：查找在指定时间内曾被更改的文件或目录，单位以分钟计算。
- -ctime<24 小时数>：查找在指定时间内曾被更改的文件或目录，单位以 24 小时计算。
- -mmin<分钟>：查找在指定时间内曾被更改过的文件或目录，单位以分钟计算。
- -mtime<24 小时数>：查找在指定时间内曾被更改过的文件或目录，单位以 24 小时计算。
- -gid<GID>：查找符合指定的群组识别码的文件或目录。
- -group<群组名称>：查找符合指定的群组名称的文件或目录。
- -links<链接数目>：查找符合指定的硬链接数目的文件或目录。
- -used<日数>：查找文件或目录被更改之后在指定时间内曾被存取过的文件或目录，单位以日计算。
- -user<用户名>：查找符合指定的拥有者名称的文件或目录。
- -uid<UID>：查找符合指定的用户 ID 的文件或目录。

find 的匹配表达式较多，读者可查阅 man 手册或者使用--help 选项查看。

例如：

```
[root@www ~]#find /etc -name" *.conf"
//查找/etc 目录下所有扩展名为.conf 的文件
```

任务 2.2　管理文件与目录权限

知识指南

1. 权限的分类

管理文件与目录权限

Linux 文件的权限有如下几种。

1）r（read）：读取，对文件来说是读取内容，对目录来说是浏览目录内容。

2）w（write）：写入，对文件来说是修改文件内容，对目录来说是删除和修改目录内的文件。

3）x（execute）：执行，对文件来说是执行文件，对目录来说是进入目录。

4）-：表示不具有该项权限。

这几种权限又编为 3 组，分别是文件所有者（user）的权限、与文件所属组同组用户（group）的权限及其他用户（other）的权限，分别用字母 u、g、o 表示这 3 个组。

2. 权限的表示

文件及目录的权限通过字符 r、w、x 来表示所有者、用户组和其他用户的权限。除了采用字符表示权限外，还可以通过数字表示权限，只需 3 个八进制数字就可以分别代表所有者、用户组和其他用户的权限。

r 对应数值 4，w 对应数值 2，x 对应数值 1，“-”对应数值 0。

将对应位置上的权限按照规则加起来就得到一组数字来表示权限。例如，“rwxrwxrwx”对应权限“777”，“rwxr-xr-x”对应权限“755”，“rwx------”对应权限“700”。

案例实施

1. 查看权限信息

使用任务 2.1 中的 ls 命令配合-l 选项（也可以写成 ll），即可查看当前目录下的文件或目录的详细信息。这些信息包括文件类型、文件权限、文件链接数、文件所有者、文件所属组、文件大小、文件修改时间及文件名称，如图 2.3 所示。

```
[root@www ~]# ll anaconda-ks.cfg
-rw-------. 1 root root 945 Feb  2 06:16 anaconda-ks.cfg
```

图 2.3　文件的详细信息

小提示

查看目录的详细信息使用 ls -ld 命令。

以下是关于详细信息的说明。

1）第 1 个字符用于表示文件类型。

2）第 2～10 个字符表示文件的权限，每 3 个字符为 1 组，左边 3 个字符表示所有者的权限，中间 3 个字符表示与所有者同组用户的权限，右边 3 个字符表示其他用户的权限。

3）第 11 个数字表示文件的链接数。

4）接下来分别是文件所有者及文件所属组。

5）接下来又是数字，表示文件的字节数。

6）再接下来是日期和时间，表示文件最后的修改时间（mtime）。

7）最后是文件或者目录的名称。

以上信息与权限相关的最重要的 3 项是文件权限、文件所有者和文件所属组。

2. 更改文件目录权限

在 Linux 中，chmod 命令的主要作用是更改文件及目录的权限。因为权限有两种表示方法，因此 chmod 命令也有对应的两种指定方法。

chmod 命令的格式如下：

```
chmod [选项] <对权限的设定> <文件或者目录>
```

例如：

```
[root@www ~]#chmod g+w,o+w anaconda-ks.cfg
//给 anaconda-ks.cfg 文件同组用户和其他用户添加写权限
[root@www ~]#chmod o-rw anaconda-ks.cfg
//给 anaconda-ks.cfg 文件其他用户删除读写权限
[root@www ~]#chmod a+x anaconda-ks.cfg
//给 anaconda-ks.cfg 文件所有者、用户组和其他用户添加执行权限
[root@www ~]#chmod u=rwx,g=rw,o=r anaconda-ks.cfg
//设定 anaconda-ks.cfg 文件所有者读写执行权限、同组用户读写权限，以及其他用户只读权限
[root@www ~]#chmod -R 755 /home
//设定/home 目录及其目录下的文件和子目录权限为所有者读写执行权限，以及同组用户与其他用户只读和执行权限
```

3. 更改文件目录所属用户和组

（1）更改文件目录所属用户

有时需要改变一个文件或者目录的所属用户，即拥有者（change owner），可利用 chown 命令实现。

chown 命令的格式如下：

```
chown [-R] <用户名> <文件或者目录>
//-R 表示递归处理，当操作项是目录时，表示把目录中所有的文件及子目录的拥有者全部更改
```

例如：

```
[root@www ~]#chown cwuser1 anaconda-ks.cfg
//将 anaconda-ks.cfg 的所有者改为 cwuser1
```

（2）更改文件目录所属组

改变一个用户的所属群组比较简单，要改变组（change group），使用 chgrp 命令即可。

chgrp 命令的格式如下：

```
chgrp <组名> <文件或者目录>
```

例如：

```
[root@www ~]#chgrp caiwu anaconda-ks.cfg
//将 anaconda-ks.cfg 的所属组改为 caiwu
```

小提示

chown 和 chgrp 命令后所使用的用户和组必须存在于/etc/passwd 和/etc/group 中，否则将会产生错误，请读者注意。

另外，如果想同时改变一个文件的所属用户和所属组，其实不用分别执行 chown 和 chgrp 命令。例如：

```
[root@www ~]#chown apache:apache /var/www/html/index.html
```

这个命令就是把/var/www/html/下的 index.html 所属组和所属用户都改为 apache。

4. 更改默认权限

在建立一个新的文件或者目录时，它有一个默认权限，默认权限与 umask 有关。通常，umask 指定当前用户在建立文件或者目录时的权限默认值。查看默认的 umask，可以输入 umask 以数字形式查看；或者输入 umask -S 以符号类型的方式查看。

例如，默认的 umask 是 022，权限设置中 r、w、x 分别对应数值 4、2、1，umask 指定的是需要减掉的权限，而对于 u、g、o 三组权限，文件默认没有执行权限，对于文件来说默认满权限是 666，目录满权限是 777。所以当 umask 为 022 时，默认建立的文件的权限就是 666 减去 022 得到 644，目录的权限就是 777 减去 022 得到 755。

umask 实际计算过程要复杂得多，根据掩码先计算补码，然后默认权限值和补码转化都成二进制，进行按位与运算，得出的结果再转化成八进制，就是实际权限。感兴趣的读者，可以自己搜索一下详细的计算步骤，尝试算一下。对于二进制运算不熟悉的读者，还是使用相减法更简单、直接。

umask 可以修改，如要求同组的用户和创建者拥有相同的新创建目录的默认权限 rwx，其他用户为 r-x，可执行如下命令。

```
[root@www ~]#umask 002
```

任务 2.3　使用 vi 编辑器

在 Linux 命令行状态下，常常需要编辑配置文件或者进行 shell 编程、程序设计等，此时都需要使用编辑器。Linux 下包含很多不同的编辑器，而 vi 是其中功能较为强大的全屏幕文本编辑器。

使用 vi 编辑器

知识指南

vi 编辑器有 3 种基本工作模式，分别是命令模式、文本输入模式和末行模式。

1. 命令模式

命令模式是进入 vi 编辑器后的默认模式。任何时候，不管用户处于何种模式，按 Esc 键即可进入命令模式。在该模式下，用户可以输入 vi 命令，此时从键盘上输入的任何字符都被当作编辑命令来解释。若输入的字符是合法的 vi 命令，则 vi 在接收用户命令之后完成相应的动作。但需要注意的是，所输入的命令并不会显示在屏幕上。若输入的字符不是 vi 命令，vi 会报警。

2. 文本输入模式

在命令模式下输入命令 i、附加命令 a、打开命令 o、修改命令 c、取代命令 r 或替换命令 s 都可以进入文本输入模式。在该模式下，用户输入的任何字符都被 vi 编辑器当作文件内容显示在屏幕上。在文本输入过程中，若想回到命令模式，按 Esc 键即可。

3. 末行模式

末行模式也称 ex 转义模式。在命令模式下，按“:”键即可进入末行模式，此时 vi 编辑器会在显示窗口的最后一行（通常也是屏幕的最后一行）显示一个“:”作为末行模式的说明符，等待用户输入命令。完成输入后按 Enter 键即可，命令执行完成后，vi 自动回到命令模式。多数文件管理命令都是在此模式下执行的（如把编辑缓冲区的内容写到文件中等）。

案例实施

1. 启动 vi 编辑器

启动 vi 编辑器非常简单，在提示符下输入 vi [文件名]即可。如果不指定文件名，则新建一个未命名的文本文件，退出 vi 时必须指定文件名；若指定文件名，则新建（文件不存在时）或打开同名文件。其命令的格式如下：

```
[root@www ~]#vi [文件名]
```

2. vi 编辑器常用命令

vi 编辑器常用命令如表 2.3 所示。

表 2.3　vi 编辑器常用命令

模式	命令类型	命令	功能
命令模式	编辑插入文本	i	在光标前
		I	在当前行首
		a	在光标后
		A	在当前行尾
		o	在当前行之下新开一行
		O	在当前行之上新开一行
		r	替换当前字符
		R	替换当前字符及其后的字符，直至按 Esc 键
	光标移动	h、j、k、l 或者↑、↓、←、→	上、下、左、右移动光标
		G	光标移动至文件的最后一行
		n+G	光标移动至第 *n* 行
	撤销与重复	u	取消上一步操作
		.	重复上一步操作
	复制与粘贴	yy	复制光标所在行到缓冲区
		n+yy	复制光标所在行往下 *n* 行，如 6yy 表示复制从光标所在行往下数 6 行文字
		p	将缓冲区内的字符粘贴到光标所在位置
	删除	dd	删除光标所在行
		n+dd	删除当前行及其后 *n*−1 行
	查找	/str	正向搜索字符串 str
		?str	反向搜索字符串 str
		n	继续搜索
末行模式	替换	:n1,n2s/word1/word2/g	将 n1 与 n2 行中的所有 word1 用 word2 替代
		:g/p1/s//p2/g	将文中所有的 p1 用 p2 替代
	显示行号	:set nu	每行前显示行号
		:set nonu	不显示行号
	读写文件	:r file	将指定文件读入当前光标所在行下面
		:w	将数据写入原始文件
		:w file	将数据写入指定文件
		:w >> file	将数据追加到指定文件
	退出	:q	退出文件
		:q!	不保存数据，强制退出
		:wq	保存并退出文件

总 结 提 高

1. 小结

Linux 操作系统使用树形目录来组织和管理文件，所有文件采取分层的方式组织在一起，从而形成一个树形的层次结构。使用命令对文件或者目录进行管理时，若不指明文件和目录的路径，则默认是对工作目录的文件和目录进行操作。

Linux 文件可以分为普通文件、目录文件、符号链接、块设备文件和本地套接字符。Linux 文件和目录的权限取决于文件的拥有者、拥有者所属组和其他用户各自的权限定义。权限分为读（r）、写（w）、执行（x）3 种，对应的八进制值是 4、2、1。使用 chmod 命令可修改文件的访问权限，使用 chown 和 chgrp 命令可修改所属用户和所属组。

vi 是 Linux 中功能强大的编辑器，其具有 3 种工作模式，分别是命令模式、文本输入模式和末行模式，三者之间可以通过命令互相切换。

2. 提高

1）通过互联网查阅管道“|”和重定向“<”“<<”“>”“>>”的使用方法。

2）查找文件除了 find 还有其他命令吗?

3）能通过一条命令实现对 find 命令的执行结果进行操作（如复制、删除等）吗？

4）如果一个目录可以读写，但是没有执行权限，用户可否进入该目录？为什么？

5）如果一个目录没有给用户写的权限，而该用户对目录下的文件有写权限，用户能修改文件吗？能删除文件吗？为什么？

6）Linux 提供了哪些文本编辑器？如何使用？

项 目 实 训

1. 文件及文件夹操作

1）根据图 2.4 所示的目录结构，在用户主目录中创建文件夹及目录。

```
match
|---- ftproot
|       |---- down
|       |---- download
|       |---- up
|---- smbroot
|---- wwwroot
        |---- web1
        |---- web2
```

图 2.4　目录结构

2）在 web2 中建立文件 hello.txt，使用 touch 命令创建，并用 vi 编辑内容，内容为“Hello，world！”。

3）在 web2 中建立文件 hello.html，使用 cat 命令创建，并直接用 cat 命令输入其内容“It's OK！”。

4）将 web2 中的文件 hello.txt 用命令复制到 down 目录中，并重新命名为 hello1.txt。

5）将 web2 中以 hello 开头的文件用命令移动到 download 中。

6）将整个 match 及其子目录下的内容复制到/tmp 下。

7）使用 cp 命令在/tmp 下为文件 hello.html 建立硬链接 hello，用 ls -l 命令查看结果。

8）用 ln 命令为 down 中的文件 hello1.txt 在/tmp 下创建名为 softlink 的软链接，并用 ls -l 命令查看链接文件。

9）将/tmp 下 match 及其子目录删除。

10）在/var/lib 目录下查找用户为 root 的文件。

11）查找 match 目录下所有扩展名为.txt 的文件并将其删除。

提示：假设当前目录为 match，则可执行以下命令。

```
find ./ -name '*.txt' -exec rm {} \
```

2. 权限管理

1）使用 ls -l 命令查看/root 下文件 anaconda-ks.cfg 的权限，复制该文件，保留权限及所属用户、所属组不变，并命名为 anaconda-ks.bak。

2）更改 anaconda-ks.bak 的权限，给用户组和其他用户加入 w 权限，然后使用 ls -l 命令查看。

3）在/root 下建立主目录 pwa，并在 pwa 下创建 pwb 目录，查看 pwb 的权限。

4）更改 pwb 的权限，设置用户组和其他用户减去 x 权限，查看修改后 pwb 的权限。

5）在 pwa 下创建 pwc 目录并设置权限为 g=rwx，o=r--。

6）在 pwa 下创建 pwd 目录并设置权限为 700。

7）更改所属组，将目录 pwb 的所属组改为 apache。

8）更改所属用户，将目录 pwc 的所属用户改为 user1（若没有该用户，可自行创建）。

9）查看当前的 umask，然后更改当前的 umask 为 002。

3. vi 的使用

1）在/root 下创建 helloworld.txt，并输入以下内容，换行处保持一致。

Cloudy computing provides computation, software, data access, and storage services that do not require end-user knowledge of the physically location and configuration of the system that delivers the services. Parallels to this concept can be drawn with the electricity grid, wherein end-users consume power without needing to understand the component devices or infrastructure required to provide the service.

2）查找 physically 并修改为 physical。命令如下：

```
1,$s/physically/physical/g
```

3）快速定位到第 4 行，并将该行删除。

项目 3

管理用户和组

案例需求

为了管理和应用方便，服务器需要添加如下用户和组：①用户 Admin，附加 root 组，主目录为/Admin，并要求 Admin 有时候可以执行 root 可以执行的命令；②用户 Manager，日常管理系统用，隶属 root 组，主目录为/ManagerDocs；③组 research，并添加组用户 researcher1、researcher2 和 researcher3；④组 ftpusers，并添加组用户 ftpuser1、ftpuser2 和 ftpuser3，仅作为 FTP 资源访问使用，不可登录系统，FTP 共享目录为/ftp。

需求分析

系统管理员的一个重要任务就是管理系统中的用户和组，包括为新用户建立账号，分配主目录，为用户指定 shell，创建组账号以便为同类型的用户授予相同的权限，以及修改、删除用户和组账号等；添加一些具有管理权限的普通用户到 sudoers 配置文件，使普通用户可以执行一些 root 用户才能执行的命令。本项目主要介绍用户和组的管理，介绍 su 和 sudo，以及用户监控等。

用户和组账号的管理关系到整个系统的安全，普通用户的管理权限也需要提前规划和统筹。管理员必须不断增强全局意识和风险意识，了解每个用户，将系统的风险降到最低。另外，管理员有最高的权限，必须有良好的职业素养，“删库跑路”这种事情必须坚决从源头上避免，同时用户的数据隐私必须得到保障。读者可以学习《中华人民共和国数据安全法》。

知识目标

- 了解用户账号的类型。
- 了解用户和组有关的配置文件。
- 了解配置文件的内容及结构。
- 了解 su 和 sudo 命令。

技能目标

- 熟练使用命令行进行用户和组的管理。
- 掌握 su 和 sudo 命令的使用。

思政目标

- 提高系统安全意识、风险意识。
- 增强用户数据隐私保护和数据安全意识。

任务 3.1 用户和组的管理

知识指南

1. Linux 用户类型

Linux 系统中有 3 种不同类型的用户：超级用户、系统用户和普通用户。这些用户通过用户 ID（UID）来进行区分。

用户和组的管理

1）超级用户即 root，拥有系统的最高权限，可以不受限制地操作任何文件和命令。

2）系统用户即虚拟用户，这类用户无法登录系统，一般用来管理或者执行特定的任务，如 ftp、mail、apache、bin、daemon、nobody 等。

3）普通用户由超级用户创建，一般可以登录系统，但权限有限，只能操作拥有权限的文件和目录，以及管理自己的进程。

2. 用户账号文件

用户账号文件主要包括/etc/passwd 和用户口令文件/etc/shadow。

/etc/passwd 文件中每一行描述一个用户配置信息，通过“:”隔开，从左到右依次为用户名、口令、UID、用户所属组（GID）、用户全称、用户主目录和登录 shell。

- 用户名：即登录时使用的名称，系统内唯一。
- 口令：用户的口令通过加密后保存在/etc/shadow 中，这里以 x 表示。
- UID：用户的唯一标识。root 的 UID 是 0，系统用户的 UID 为 1～999，普通用户的 UID 从 1000 起依次编号（除非指定）。
- GID：Linux 中用户组的唯一标识，每个用户都隶属于一个组。root 的 GID 是 0，系统用户的 GID 为 1～999。如非指定，普通用户在建立的同时，系统默认会建立一个同名、同 ID 号的组。
- 用户全称：用户的全称，可以为空。
- 用户主目录：用户的主目录类似于 Windows 中的 My Documents。用户登录后即默认进入该用户的主目录。root 的主目录是/root，创建普通用户时除非指定，否则系统会在/home 下创建与用户名同名的主目录。例如，普通用户 zhangsan 的主目录默认为/home/zhangsan。
- 登录 shell：用户登录后的 shell 环境，普通用户默认是 bash shell。可以为空，也可以是任何可以执行的程序。

例如：

```
root:x:0:0:root:/root:/bin/bash
Admin:x:1000:1000:Admin:/home/Admin:/bin/bash
```

/etc/shadow 文件中每一行代表一个账号信息，通过“:”隔开，从左到右依次为：用户名；加密口令（如果是!!，表示口令为空，不能登录）；从 1970 年 1 月 1 日距离上次修改口令日期的间隔天数；口令自上次修改后，要隔多少天才能再次修改（为 0 则无限制）；口令自上次修改后，要隔多少天必须再次修改（为 99999，则口令未设置为必须修改）；提前多少天警告用户口令将过期（默认为 7）；在口令过期多少天之后禁用该账号；从 1970 年 1 月 1 日起到账号过期的间隔天数；保留字段。

例如：

```
bin:*:18027:0:99999:7:::
sshd:!!:18390::::::
Admin:$6$q45FyQeVrLvhiWLG$nB/j7ZB.00C34ud6KZyiXp4SXRhQa.eNcm99jqTr4sCj
A7SkwJxFOd9q06/wLBWeKn8qIXFtALQqNKZBhbwak1::0:99999:7:::
```

3. 用户组

为方便管理，特别是在权限方面，可以将具有相同特征的用户划分为一个用户组。例如，多个用户需要对每个文件或者目录拥有同一权限，就可以将它们加入同一个组，然后修改文件或者目录，使该用户组拥有同一权限，则所有加入该组的用户都拥有该权限。

每个用户至少属于一个用户组，用户可以加入多个组，但是只能属于一个主要组，其他组称为该用户的附加组。

4. 组账号文件

组账号文件主要包括/etc/group 和用户组口令文件/etc/gshadow。

/etc/group 文件中每一行描述一个用户组信息，通过“:”隔开，分为 4 段，从左到右依次为用户组名、组口令、组 ID 和组成员列表。

例如：

```
root:x:0:root
bin:x:1:
```

/etc/gshadow 与/etc/shadow 文件类似，根据/etc/group 来产生，每一行描述一个用户组信息，通过“:”隔开，分为 4 段，从左到右依次为用户组名、用户组口令、用户组的管理者和组成员列表。

例如：

```
root:::
bin:::
```

案例实施

1. 添加新用户

在命令模式下，添加用户主要使用 useradd 命令来实现。

useradd 命令的格式如下：

```
useradd [选项] <用户名>
```

以下是常见选项的说明。

- -d：指定主目录。
- -g：指定用户所属的主要组，后接 GID 或者组名。
- -G：指定用户所属的附加组，后接 GID 或者组名。
- -s：指定登录 shell。
- -u：指定用户的 UID。

例如：

```
[root@www ~]#useradd -G root -d /Admin Admin
//添加用户 Admin，附加 root 组，主目录为/Admin
[root@www ~]#useradd -g root -d /ManagerDocs Manager
//添加用户 Manager，隶属 root 组，主目录为/ManagerDocs
```

2. 管理用户口令

新创建的用户必须设置口令才能登录系统，设置口令使用 passwd 命令。passwd 命令还能对用户的口令进行管理，包括用户口令的创建、修改、删除、锁定等操作。

passwd 命令的格式如下：

```
passwd [选项] [用户名]
```

以下是常见选项的说明。

- -d：删除用户口令，即用户登录系统时不需要口令。该选项只有 root 用户可以执行。
- -l：锁定用户口令。该选项只有 root 用户可以执行。
- -u：解锁被锁定的用户口令。该选项只有 root 用户可以执行。

如果不指定用户名，则修改的是当前登录用户自己的密码。

例如：

```
[root@www ~]#passwd
//修改登录用户 root 自己的口令
[root@www ~]#passwd Admin
//修改用户 Admin 的口令，若 Admin 无口令则为其创建口令
[root@www ~]#passwd -l Admin
//锁定 Admin 的口令，被锁定后无法登录系统
```

```
[root@www ~]#passwd -u Admin
//解锁 Admin 的口令
[root@www ~]#passwd -d Admin
//删除 Admin 的口令
```

小提示

系统对口令的安全性要求很高，如果口令过于简单（如少于6位）或过于有规律等，系统都会给出提示信息，提示口令不安全。用户若执意使用，可以忽略提示信息。建议使用包含大小写字母、数字、特殊字符等，且长度超过8位的复杂口令。

3. 修改用户信息

对于创建好的账户，可使用 usermod 命令来设置和管理账号的各项属性，包括登录名、主目录、用户组、登录 shell 等。该命令只能由 root 执行。

usermod 命令的格式如下：

```
usermod [选项] <用户名>
```

以下是常见选项的说明。

- -l：指定用户的新登录名。
- -L：锁定账号。
- -U：解除锁定。

例如：

```
[root@www ~]#usermod -l administrator Admin
//将 Admin 用户的登录名改为 administrator
```

小提示

这里只更改了登录名，用户其他信息，如主目录、UID、GID、登录 shell 等都不变。

4. 删除用户

要删除指定用户账户，可使用 userdel 命令来实现，该命令只能由 root 用户执行。

userdel 命令的格式如下：

```
userdel [-r] <用户名>
```

其主要选项为-r，表示在删除该账户时一并删除该账户对应的主目录。

如果新建用户时创建了同名用户组，该组内也无其他用户，那么删除用户时一并删除该同名用户组，但是正在登录的账号无法被删除。

5. 添加用户组

添加普通用户时，如果添加-g 选项，将会添加同名用户组。若要创建其他用户组，可以使用 groupadd 命令。该命令只能由 root 用户执行。

groupadd 命令的格式如下：

```
groupadd [选项] [用户组名]
```

常见选项为-g，用于指定用户组的 GID。

例如：

```
[root@www ~]#groupadd -g 1008 research
//添加用户组 research，并指定 GID 为 1008
[root@www ~]#useradd -g research researcher1
[root@www ~]#useradd -g research researcher2
[root@www ~]#useradd -g research researcher3
//为 research 组添加 3 个用户
[root@www ~]#groupadd ftpusers
[root@www ~]#useradd -d /ftp -g ftpusers -s /sbin/nologin ftpuser1
[root@www ~]#useradd -d /ftp -g ftpusers -s /sbin/nologin ftpuser2
[root@www ~]#useradd -d /ftp -g ftpusers -s /sbin/nologin ftpuser3
//添加组 ftpusers，添加组用户 ftpuser1、ftpuser2 和 ftpuser3，并指定主目录为
//“/ftp”，不可登录系统
```

6. 修改组属性

usermod 命令可以用来修改用户的属性，而 groupmod 命令可以修改用户组的相关属性，包括名称、GID 等。该命令只能由 root 用户执行。

groupmod 命令的格式如下：

```
groupmod [选项] <用户组名>
```

以下是常见选项的说明。

- -g：指定用户组的 GID。
- -n：指定用户组的名称。

例如：

```
[root@www ~]#groupmod -n develop -g 1008 research
//将 research 的 GID 改为 1008，并改名为 develop
```

7. 删除组

要删除指定用户组，可使用 groupdel 命令来实现，该命令只能由 root 用户执行。

groupdel 命令的格式如下：

```
groupdel 用户组
```

在删除指定用户组之前，要保证该用户组不是任何用户的主要组，否则要先删除以该组为主要组的用户，才能删除这个用户组。

8. 管理组内用户

若要将用户添加到指定组，使其成为该组成员或者从组内移除某个用户，可以使用 gpasswd 命令，该命令只能由 root 用户执行。

gpasswd 命令格式的如下：

```
gpasswd [选项] <用户名> <用户组名>
```

以下是常见选项的说明。

- -a：添加用户到用户组。
- -d：将用户从用户组中移除。

例如：

```
[root@www ~]#gpasswd -a Manager ftpusers
//将用户 Manager 添加到 ftpusers 用户组
```

使用 groups Manager 命令查看 Manager 所属组可以发现，Manager 分别属于 root 组和 ftpusers 组，root 是主要组，ftpusers 是附加组。

任务 3.2　su 和 sudo

知识指南

1. su 命令简介

su 和 sudo

为了保证系统安全，Linux 管理员常以普通用户身份登录系统，当要执行 root 用户才能做的操作时，再切换用户身份。在 Linux 中，使用 su 命令切换用户身份。

su 命令的格式如下：

```
su [选项] [用户名]
```

以下是常见选项的说明。

- -l：如同重新登录一样，大部分环境变量（如 home、shell 和 user 等）都是以该使用者（user）为主的，并且工作目录也会改变。如果没有指定[用户名]，默认情况下是 root。

- -c：变更账号为[用户名]的使用者，并执行指令（command）后再变回原使用者。

例如：

```
[Admin@www ~]$ su -l
//变更账号为 root，且环境变量等全部切换到 root
[Admin@www ~]$ su -c visudo root
//变更账号为 root，并在执行 visudo 指令后退出，返回原使用者 Admin
```

2. sudo 命令简介

Linux 是典型的多用户操作系统，若普通用户想要执行一些 root 用户才能执行的命令，如挂载、关机等命令，或者修改一些配置文件，如 smb.conf 等，如果想使用 su 命令切换到 root 用户来完成以上操作，但是不知道 root 的口令，应该如何处理呢？这个时候可以考虑使用 sudo 命令。sudo 命令可以使普通用户像 root 用户一样去执行一些特定命令，或者是某些特权用户才能执行的命令，重点是 sudo 命令可以提供日志，记录用户使用 sudo 命令到底做了什么。用户使用 sudo 命令时，必须先输入密码，之后有 5 分钟的有效期限，超过有效期限则必须重新输入密码。下面将介绍 sudo 命令和配置文件 sudoers。

（1）sudo 命令

sudo 命令的格式如下。

```
sudo [选项] <-u 用户名> <命令>
```

以下是常用选项的说明。

- -u user：以指定的用户身份运行命令。
- -b：在后台执行指令。
- -l：列出目前用户可执行与无法执行的指令。
- -k：结束密码的有效期限，有效期后再执行 sudo 命令时便需要输入密码。

（2）sudoers 配置文件

sudo 命令的授权配置文件是/etc/sudoers，文件的内容共分为两类，即别名的定义和用户规格。

1）别名的定义。别名规则定义的格式如下：

```
别名类型 别名=条目 1,条目 2,条目 3
```

以下是别名的类型。

- User_Alias：用户别名。
- Host_Alias：主机别名。
- Cmnd_Alias：命令别名。
- Runas_Alias：目标用户别名。

例如：

```
User_Alias Admins = Admin,Manager
#可以是用户名、组名（%group）、用户别名等
Host_Alias OurServer = www.rocky9.net,ftp.rocky9.net,172.168.3
```

```
#可以是主机名、IP 地址、主机别名等
Cmnd_Alias SOFTWARE = /bin/rpm, /usr/bin/dnf, /usr/bin/yum
#可以是命令名（必须是命令的绝对路径）、目录（目录下所有指令）、目录别名等
Runas_Alias Admin_rs = root, %root
#可以是用户名、组名（%group）、用户别名等
```

2）用户规格。用户规格配置的格式如下：

```
授权的目标用户（组） 被授权访问的客户端主机=（授权后的命令运行者身份） 授权运行的命令
```

授权的目标用户（组）可以是如下选项。

- username：授权的目标用户名。
- #uid：授权的目标用户 ID。
- %groupname：授权的目标组内所有用户。
- %#gid：授权的目标 GID 组内所有用户。
- User_Alias：预先定义的用户别名。

被授权访问的客户端主机可以是如下选项。

- IP/HostName：某个 IP 或者主机名的单个主机。
- NetworkAddress：某网络地址。
- Host_Alias：预先定义的主机别名。

授权后的命令运行者身份通常是 root，也可以是某特权用户。

授权运行的命令通常可以是如下选项。

- command：某个具体的命令。
- directory：指定目录下所有命令，如/sbin。
- sudoedit：特殊命令，授权其他用户可以编辑/etc/sudoers。
- Cmnd_Alias：预先定义的命令的别名。

例如：

```
## Allows people in group wheel to run all commands
%wheel  ALL=(ALL)       ALL
## Same thing without a password
%wheel        ALL=(ALL)       NOPASSWD: ALL
Admin localhost=(root) NOPASSWD:/bin/more PASSWD:/bin/less
#Admin 用户可以在本机上以 root 身份无密码执行 bin/more,有密码执行 less 命令
Admin localhost=(root) NOPASSWD:/usr/bin/passwd,!/usr/bin/passwd root
#Admin 用户可以执行 passwd 程序，但是不能修改 root 密码，在命令前面加上叹号表示
#不能执行该命令
```

案例实施

1. 切换登录用户

例如，当前登录的是用户 Admin，此时需要管理一些配置文件，只有 root 用户具有权限，那么就可以通过切换登录用户来实现。

例如：

```
[Admin@www ~]$ su
Password：[输入 root 口令]
[root@www Admin]#
//切换登录账号为 root，注意工作目录仍然是 Admin 的根目录
[Admin@www ~]$ su -l
Password：[输入 root 口令]
[root@www ~]#
//切换登录账号为 root，因为加了-l 参数，此时工作目录成了/root
```

小提示

普通用户切换至其他用户或者 root 用户，需要输入被切换用户的口令，而 root 用户切换为普通用户则不需要口令。输入 exit 可以返回原用户身份。

2. 修改 sudoers 文件，并赋予 Admin 执行软件安装和网络相关命令权限

（1）使用 visudo 命令修改 sudoers 配置文件

其实在文件内已经定义好若干组别名，只需要删掉前面的“#”，让语句起作用即可使用，读者也可以自行增删别名包含的相关命令条目。本例用到磁盘管理和软件管理相关命令的别名。

```
[root@www ~]#visudo
```

修改如下内容。

```
Cmnd_Alias STORAGE = /sbin/fdisk, /sbin/mount
Cmnd_Alias SOFTWARE = /bin/rpm, /usr/bin/dnf
```

小提示

编辑 sudoers 文件一般使用专用命令 visudo，其实使用 vi/etc/sudoers 直接编辑也可以，但是需要强制写入“wq!”，请读者注意。

（2）添加用户规格

在/etc/sudoers 中新增如下内容（在文件末尾添加即可），然后保存退出。

```
Admin    ALL=(ALL)     STORAGE,SOFTWARE
#这条配置项的含义：Admin 用户可以执行别名 STORAGE 和 SOFTWARE 包含的命令。执行的同时需要输入 Admin 用户的密码
Admin    ALL=(ALL)     NOPASSWD:SOFTWARE PASSWD:STORAGE
#如果这样配置，则表示使用 SOFTWARE 命令别名，不需要用户密码；使用 STORAGE 命令别名，需要输入密码。为了系统安全，不建议完全无密码即可执行对系统影响较大的命令
```

（3）测试 Admin 是否有相应的权限

```
[Admin@www ~]$ sudo -u root fdisk /dev/sda
//发现 Admin 已经可以执行 fdisk 命令，此处-u root 可以省略
[Admin@www ~]$ sudo rpm -qa
//发现 Admin 已经可以执行 rpm 命令
[Admin@www ~]$ sudo reboot
//Sorry,user Admin is not allowed to execute '/sbin/reboot' as root on
//www.rocky9.net
//Admin 不被允许执行 reboot 命令，读者可以尝试将/sbin/reboot 加入定义 Admin 规格的
//语句后面，变成 Admin ALL=(ALL) STORAGE,SOFTWARE,/sbin/reboot，即可执行
```

总 结 提 高

1. 小结

Linux 操作系统中的用户包括 3 种类型：超级用户、系统用户和普通用户。Linux 用户组有两种，即系统组和私有组。/etc/passwd 和/etc/shadow 是用来保存用户账号信息的重要文件，/etc/group 和/etc/gshadow 是用来保存用户组账号信息的配置文件。

创建新用户使用 useradd 命令，管理用户口令使用 passwd 命令，设置账号属性使用 usermod 命令，删除用户使用 userdel 命令。

创建新用户组使用 groupadd 命令，设置用户组属性使用 groupmod 命令，删除用户组使用 groupdel 命令。

平时为了系统安全一般使用普通用户登录系统，如果需要管理配置系统，需要使用 su 命令切换登录用户或者配置 sudoers 文件，使普通用户可以进行一些日常管理。

2. 提高

1）/etc/skel 目录用来初始化用户主目录的配置文件。

2）/etc/login.defs 文件用于在重建用户时进行规划，如主目录、UID 和 GID 的范围、用户期限、最小口令长度等。

3）使用 Linux 提供的图形界面管理用户和组账号。

4）查看 sudo 命令执行的日志。

项 目 实 训

进行如下用户和组的管理。

1）用 root 用户登录系统，查看账号文件/etc/passwd 及/etc/shadow 的内容，注意其存储格式，各个账户使用的 shell、UID、GID 等信息。

2）创建名为 alpha 的用户账号。

3）设置 alpha 的密码为 1rx2ghl#，并查看/etc/shadow 文件。

4）创建以自己姓名拼音为用户名的用户，附加用户组为 root，密码自定。查看账号文件/etc/passwd，查看/etc/group，查看/home 目录。

5）创建一个 webusers 组，创建 webuser1 用户，指定其主目录为/home/test，加入 webusers 组，shell 为/sbin/nologin。

6）在终端上使用 su 命令切换上述用户，观察系统提示符。

7）使用创建的用户进行登录，并尝试文件的增、删、改等操作。

8）配置 sudoers 文件，使 alpha 用户可以执行/sbin/fdisk 管理磁盘分区。

项目 4

管理磁盘

案例需求

服务器的存储管理是管理员的日常维护工作，作为 Linux 系统管理员，必须掌握磁盘的分区、格式化及挂载操作。为了避免有些用户无限制地使用磁盘空间，管理员最好能够对用户使用的最大磁盘空间进行限制。

需求分析

文件系统是操作系统用来管理和存储文件的方法，不同的操作系统支持不同类型的文件系统。为了体现 Linux 较好的兼容性，Linux 内核支持多种类型的文件系统，如 ext2、ext3、ext4、xfs、btrfs、swap、VFAT、NFS、SMB 及 ISO 9660 等，Rocky 9.3 默认使用 xfs 文件系统。Linux 对用户的使用空间进行管理的技术就是磁盘配额。本项目主要介绍 Linux 支持的文件系统类型，以及如何对磁盘进行分区、挂载和配额管理等。

磁盘管理对于新手来说是非常高风险的操作，在开始学习与实践之前，一定要对系统做好备份和还原点，提高保护数据安全的意识。磁盘配额是根据用户的需求，合理地为用户划分空间软硬限制。这在管理上值得借鉴，提前规划和防范，不能等到某个用户侵占了大量的公共资源，才想起来规划。

知识目标

- 了解 Linux 支持的文件系统类型。
- 了解磁盘分区的命名规则。

技能目标

- 熟练掌握磁盘的分区命令 fdisk。
- 熟练掌握创建文件系统的命令和挂载命令。
- 掌握磁盘配额的操作。

思政目标

- 建立数据安全意识。
- 建立合理规划意识。
- 养成管理员的职业道德和职业责任感。

任务 4.1 管理磁盘分区

知识指南

Windows 的分区使用 C、D、E 等进行命名，而 Linux 使用“设备名称＋分区号码”表示硬盘的各个分区，主分区或者扩展分区的编码为 1～4，逻辑分区则从 5 开始。这样的命名方式显得更加清晰，避免了因为增加或者卸载硬盘而造成的盘符混乱。

管理磁盘分区

Linux 的分区命名方法如下：IDE 硬盘采用/dev/hdxy 来命名，其中 x 表示硬盘（用 a、b 等来标识），y 表示分区的编号（用 1、2、3 等来标识）；SCSI 硬盘用/dev/sdxy 来命名；光驱命名方法（不管是 IDE 类型还是 SCSI 类型）和 IDE 硬盘一样。

IDE 硬盘和光驱设备由内部连接来区分。第一个 IDE 信道的主设备（master）标识为/dev/hda，第一个 IDE 信道的从设备（slave）标识为/dev/hdb。按照这个原则，第二个 IDE 信道的主、从设备用/dev/hdc 和/dev/hdd 来标识。

SCSI 硬盘或者光驱设备依赖于设备的 ID，不考虑遗漏的 ID。例如，3 个 SCSI 设备的 ID 分别是 0、2、5，设备名称分别是/dev/sda、/dev/sdb、/dev/sdc。如果现在再添加一个 ID 为 3 的设备，那么这个设备以/dev/sdc 来命名，ID 为 5 的设备称为/dev/sdd。

分区的号码不依赖于 IDE 或者 SCSI 设备的命名，号码 1～4 为主分区或者扩展分区保留，从 5 开始才用来为逻辑分区命名。例如，第一块硬盘的主分区为 hda1，扩展分区为 hda2，扩展分区下的一个逻辑分区为 hda5。

为便于理解，现举例说明，如表 4.1 所示。

表 4.1 Linux 的分区命名

名称	说明
/dev/hda	IDE1 口的主硬盘
/dev/hda1	IDE1 口的主硬盘的第一个分区
/dev/hda2	IDE1 口的主硬盘的第二个分区
/dev/hda5	IDE1 口的主硬盘的第一个逻辑分区
/dev/hdb	IDE1 口的从硬盘
/dev/hdb1	IDE1 口的从硬盘的第一个分区
/dev/sda	ID 为 0 的 SCSI 硬盘
/dev/sda1	ID 为 0 的 SCSI 硬盘的第一个分区
/dev/sdd3	ID 为 3 的 SCSI 硬盘的第三个分区
/dev/sda5	ID 为 0 的 SCSI 硬盘的第一个逻辑分区

案例实施

在进行硬盘管理之前须先添加一块硬盘，在虚拟机中添加硬盘非常容易，步骤如下。

01 在虚拟机窗口中选择“编辑虚拟机设置”选项，弹出“虚拟机设置”对话框，如图 4.1 所示。

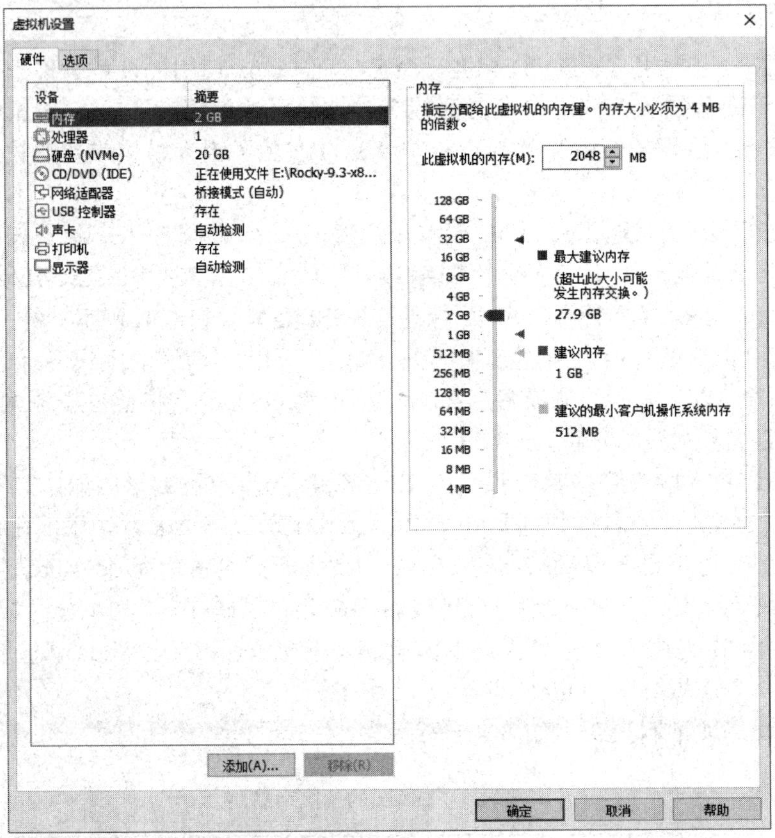

图 4.1 “虚拟机设置”对话框

02 单击“添加”按钮，弹出“添加硬件向导”对话框，在“硬件类型”列表框中选择“硬盘”选项。

03 单击“下一步”按钮，选择磁盘类型为“SCSI”，单击“下一步”按钮，选中“创建新虚拟磁盘”单选按钮；单击“下一步”按钮，指定磁盘大小为 20GB，并选中“将虚拟磁盘存储为单个文件”单选按钮，再单击“下一步”按钮，单击“浏览”按钮，选择保存位置。硬盘添加完成后的效果如图 4.2 所示。

1. 使用 fdisk 命令查看磁盘信息

查看磁盘信息可以使用 fdisk -l 命令，如图 4.3 所示。可以看出/dev/sdb 是新添加的硬盘，是没有经过分区和格式化的。

图 4.2　硬盘添加完成后的效果

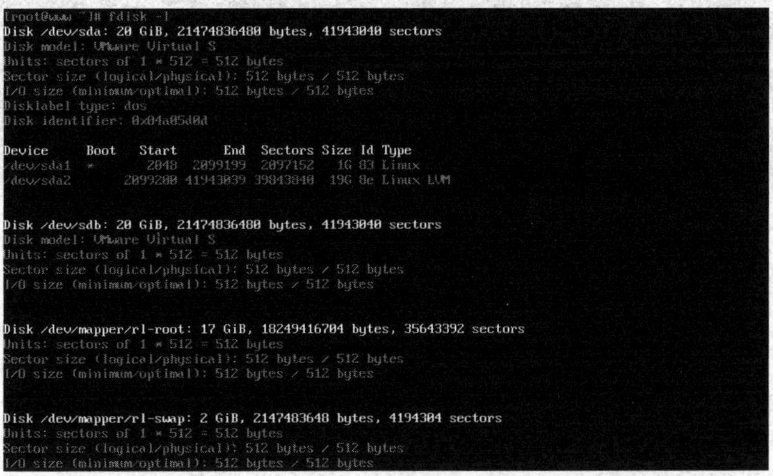

图 4.3　查看磁盘信息

2. 使用 fdisk 命令添加新的分区

（1）fdisk 常用命令简介

fdisk 的最主要功能是修改分区表（partition table）。fdisk 后面是设备，设备后面不加数字，如图 4.4 所示。

```
[root@www ~]# fdisk /dev/sdb

Welcome to fdisk (util-linux 2.37.4).
Changes will remain in memory only, until you decide to write them.
Be careful before using the write command.

Device does not contain a recognized partition table.
Created a new DOS disklabel with disk identifier 0xb37297dc.

Command (m for help):
```

图 4.4　使用 fdisk 命令修改分区表

使用 fdisk 命令，可以输入“m”获得命令列表，根据命令列表进行相应的操作，如图 4.5 所示。

```
DOS (MBR)
  a   toggle a bootable flag
  b   edit nested BSD disklabel
  c   toggle the dos compatibility flag

Generic
  d   delete a partition
  F   list free unpartitioned space
  l   list known partition types
  n   add a new partition
  p   print the partition table
  t   change a partition type
  v   verify the partition table
  i   print information about a partition

Misc
  m   print this menu
  u   change display/entry units
  x   extra functionality (experts only)

Script
  I   load disk layout from sfdisk script file
  O   dump disk layout to sfdisk script file

Save & Exit
  w   write table to disk and exit
  q   quit without saving changes

Create a new label
  g   create a new empty GPT partition table
  G   create a new empty SGI (IRIX) partition table
  o   create a new empty DOS partition table
  s   create a new empty Sun partition table
```

图 4.5　fdisk 命令列表

以下是 fdisk 常用命令的说明。

- d：删除一个分区。
- l：列出已知分区类型。
- m：列出帮助菜单。
- n：添加一个新分区。
- p：显示分区表。
- q：退出不保存。
- t：更改分区类型 ID（如 swap 分区 ID 是 82，ext4 分区 ID 是 83）。
- w：写入并退出。

（2）添加主分区

当确认磁盘还有未使用空间时，可以添加新的分区。添加磁盘分区的顺序一般是先创建主分区（primary），再创建扩展分区（extended），最后创建逻辑分区（logical）。

主分区和扩展分区总数不能超过 4 个，即最多 3 个主分区和 1 个扩展分区。另外，逻辑分区建于扩展分区之上，因此在使用 fdisk 命令时，系统会根据目前的分区情况，提示可以创建什么类型的分区。fdisk 中用 p 代表主分区，e 代表扩展分区，l 代表逻辑分区。

如果添加的是主分区或者扩展分区，则输入 1～4 这 4 个数字中的 1 个，这里必须输入未被使用的数字，可以不按顺序；如果添加的是逻辑分区，则编号自动从 5 开始。

例如，添加两个编号分别为 1 和 2、大小为 5GB 的主分区，如图 4.6 所示。

```
Command (m for help): n n命令添加新分区
Partition type
   p   primary (0 primary, 0 extended, 4 free)
   e   extended (container for logical partitions)
Select (default p): p 创建主分区
Partition number (1-4, default 1): 1 输入分区编号1
First sector (2048-41943039, default 2048): 输入起始柱面号，默认回车即可。
Last sector, +sectors or +size{K,M,G,T,P} (2048-41943039, default 41943039): +5G
                    新分区的结束柱面号，或者输入新分区空间大小，使用+大小单位（Kb、MB、GB）表示。
Created a new partition 1 of type 'Linux' and of size 5 GiB.

Command (m for help): n
Partition type
   p   primary (1 primary, 0 extended, 3 free)
   e   extended (container for logical partitions)
Select (default p): p
Partition number (2-4, default 2): 2
First sector (10487808-41943039, default 10487808):
Last sector, +sectors or +size{K,M,G,T,P} (10487808-41943039, default 41943039): +5G

Created a new partition 2 of type 'Linux' and of size 5 GiB.
```

图 4.6　创建主分区

（3）添加扩展分区

如图 4.7 所示，添加编号为 4 的扩展分区，将剩余空间全部分给扩展分区，起始柱面和结束柱面全部选择默认，按 Enter 键即可。

```
Command (m for help): n
Partition type
   p   primary (2 primary, 0 extended, 2 free)
   e   extended (container for logical partitions)
Select (default p): e
Partition number (3,4, default 3): 4
First sector (20973568-41943039, default 20973568):
Last sector, +sectors or +size{K,M,G,T,P} (20973568-41943039, default 41943039):

Created a new partition 4 of type 'Extended' and of size 10 GiB.
```

图 4.7　添加扩展分区

（4）添加逻辑分区

如图 4.8 所示，在扩展分区上添加逻辑分区，其中一个空间大小为 5GB，剩下空间全部分给另外一个逻辑分区，逻辑分区无须指定编号。

（5）查看分区结果

在全部分区完成后，可以使用 p 命令查看分区结果。分区完成后，需输入 w 命令将新的分区表写入磁盘，否则新的分区表不起任何作用，如图 4.9 所示。

```
Command (m for help): n
All space for primary partitions is in use.
Adding logical partition 5
First sector (20975616-41943039, default 20975616):
Last sector, +sectors or +size{K,M,G,T,P} (20975616-41943039, default 41943039): +5G

Created a new partition 5 of type 'Linux' and of size 5 GiB.

Command (m for help): n
All space for primary partitions is in use.
Adding logical partition 6
First sector (31463424-41943039, default 31463424):
Last sector, +sectors or +size{K,M,G,T,P} (31463424-41943039, default 41943039):

Created a new partition 6 of type 'Linux' and of size 5 GiB.
```

图 4.8　添加逻辑分区

```
Command (m for help): p
Disk /dev/sdb: 20 GiB, 21474836480 bytes, 41943040 sectors
Units: sectors of 1 * 512 = 512 bytes
Sector size (logical/physical): 512 bytes / 512 bytes
I/O size (minimum/optimal): 512 bytes / 512 bytes
Disklabel type: dos
Disk identifier: 0x01fc3a44

Device     Boot    Start      End  Sectors Size Id Type
/dev/sdb1           2048 10487807 10485760   5G 83 Linux
/dev/sdb2       10487808 20973567 10485760   5G 83 Linux
/dev/sdb4       20973568 41943039 20969472  10G  5 Extended
/dev/sdb5       20975616 31461375 10485760   5G 83 Linux
/dev/sdb6       31463424 41943039 10479616   5G 83 Linux

Command (m for help): w
The partition table has been altered.
Calling ioctl() to re-read partition table.
Syncing disks.
```

图 4.9　查看分区表

3. 使用 fdisk 命令删除一个分区

删除分区使用 d 命令，然后输入需要删除的分区编号。注意，不能直接删除扩展分区，应将逻辑分区全部删除后才可删除扩展分区，如图 4.10 所示（注意该图和图 4.9 的区别）。这里使用 p 命令查看后，可以不保存退出，因为后续会用到/dev/sdb6 的逻辑分区。

```
Command (m for help): d
Partition number (1,2,4-6, default 6): 6

Partition 6 has been deleted.

Command (m for help): p
Disk /dev/sdb: 20 GiB, 21474836480 bytes, 41943040 sectors
Disk model: VMware Virtual S
Units: sectors of 1 * 512 = 512 bytes
Sector size (logical/physical): 512 bytes / 512 bytes
I/O size (minimum/optimal): 512 bytes / 512 bytes
Disklabel type: dos
Disk identifier: 0xb37297dc

Device     Boot    Start      End  Sectors Size Id Type
/dev/sdb1           2048 10487807 10485760   5G 83 Linux
/dev/sdb2       10487808 20973567 10485760   5G 83 Linux
/dev/sdb4       20973568 41943039 20969472  10G  5 Extended
/dev/sdb5       20975616 31461375 10485760   5G 83 Linux
```

图 4.10　删除分区并查看新分区表

任务 4.2 管理文件系统

知识指南

4.2.1 Linux 支持的文件系统类型简介

1. xfs 文件系统

自 CentOS 7 开始，预设的文件系统由 ext4 变成了 xfs，这主要是因为 ext 文件系统家族对于文件格式化处理的方法，是预先规划出所有的 inode/block/metadata，然后未来系统可以直接取用，这种方法在磁盘容量不大时还可行，但随着磁盘容量到达 TB 级，格式化将耗费大量时间，而 xfs 文件系统更适合大容量磁盘。

管理文件系统

xfs 是一个日志式文件系统，在资料的分布上主要分为 3 个部分：资料区（data section）、文件系统活动登录区（log section）和实时运作区（realtime section）。通过 xfs_info 挂载点可以查看 xfs 文件系统的情况。

（1）资料区

资料区包括 inode/data block/super block 等数据，和 ext 家族高度一致，和 ext 的 block group 类似，也是分为多个存储区群组（allocation groups）来分别放置文件系统的数据。inode 和 block 都是在用到时系统动态分配的，所以格式化的速度很快。

xfs 的 block 和 inode 有更多不同的容量可以设定，block 容量可以设置为 512B～64KB，但是由于 Linux 页面文件 pagesize 的原因，最高只能设置为 4KB，而 inode 可以设置为 256B～2MB，一般 256B 就足够使用了。

（2）文件系统活动登录区

文件系统活动登录区的作用类似于日志区，该区块数据的读写是非常频繁的，xfs 可以设置外部的磁盘作为日志区，如果将 SSD 磁盘作为日志区，那么记录的速度就会很快。

（3）实时运作区

当有文件要建立时，xfs 会在这个区块里找到一个或数个 extent 区块，将文件放在该区块内，等待存储分配完毕后，再写入 inode 和 block 中。这个 extent 区块的大小在格式化时指定，一般不会修改。

2. ext2、ext3、ext4 文件系统

ext（extended file system，扩展文件系统）是专为 Linux 设计的文件系统，该文件系统由于稳定、兼容、速度等方面的不足，现在已经较少使用。

为弥补 ext 文件系统的不足，1993 年 ext2 发布，它在速度和 CPU 的利用率方面有较为突出的优势。

ext3 在 ext2 的基础上，增加了文件系统日志管理功能。

ext4 是针对 ext3 文件系统的扩展日志式文件系统，修改了 ext3 中部分重要的数据结构，性能得到提升。Linux 自 2.6.28 内核版本之后开始支持该文件系统。

3. swap 文件系统

swap 文件系统用于 Linux 的交换分区。交换分区一般为系统物理内存的两倍，类似于 Windows 的虚拟内存功能。

4. VFAT 文件系统

VFAT 文件系统是 Linux 对 DOS、Windows 系统下的 FAT（包括 FAT16 和 FAT32）文件系统的统称。Rocky 支持 FAT16 和 FAT32 分区，也可以在系统中通过命令创建 FAT 分区。

5. NFS 文件系统

NFS 是网络文件系统，一般用于类 UNIX 系统间的文件共享，用户可将 NFS 的共享目录挂载到本地目录中，从而可以像操作本地系统的目录一样操作共享目录。

6. SMB 文件系统

SMB 是另一种网络文件系统，主要用于 Windows 和 Linux 之间共享文件和打印机。SMB 也可以用于 Linux 之间的共享。

7. ISO 9660 文件系统

ISO 9660 是 CD-ROM 所使用的标准文件系统，Linux 对该文件系统也有很好的支持，不仅可以读取光盘和 ISO 映像文件，还支持刻录。

小提示

Linux 支持的文件系统类型可以通过以下命令来查看。

```
[root@www ~]#ls /lib/modules/5.14.0-362.8.1.el9_3.x86_64/kernel/fs
```

4.2.2 xfs 文件系统的特点

xfs 是一种非常优秀的日志式文件系统，最初是由美国硅图公司（Silicon Graphics, Inc.，简称 SGI 公司）于 20 世纪 90 年代初开发的。那时，SGI 公司发现自己的现有的文件系统（existing filesystem，efs）正在迅速变得不适应当时激烈的计算竞争局面。为解决这个问题，SGI 公司决定设计一种全新的高性能 64 位文件系统，而不是试图调整 efs 在先天设计上的某些缺陷。因此，xfs 诞生了，并于 1994 年随 IRIX 5.3 的发布而应用于计算。xfs 至今仍作为 SGI 公司基于 IRIX 的产品（从工作站到超级计算机）的底层文件系统来使用。现在，xfs 也可以用于 Linux。Linux 版 xfs 的到来是激动人心的，因为它为 Linux 社区提供了一种强大、优秀及功能丰富的文件系统，并且这种文件系统所具有的可伸缩性能够满足最苛刻的存储需求。

xfs 可为 Linux 和开放资源社区带来如下新特性。

1. 可升级性

xfs 被设计成可升级的，以满足大多数的存储容量和 I/O 存储需求。xfs 可处理大型文件和包含巨大数量文件的大型目录，以满足 21 世纪快速增长的磁盘需求。xfs 有能力动态地为文件分配索引空间，使系统形成高效支持大数量文件的能力。在它的作用下，用户可使用的文件远远大于现在最大的文件系统。

2. 优秀的 I/O 性能

典型的现代服务器使用大型的条带式磁盘阵列，以提供达数 Gb/s 的总带宽。xfs 可以很好地满足 I/O 请求的大小和并发 I/O 请求的数量。xfs 可作为 root 文件系统，并被 LILO（Linux Loader，Linux 引导程序）支持，也可以在 NFS 服务器上使用，并支持软件独立磁盘冗余阵列（redundant arrays of independent disks，RAID）和逻辑卷管理器（logical volume manager，LVM）。由于 xfs 比较复杂，实施起来有一定难度（包括人员培训等），所以目前 xfs 主要应用于 Linux 企业应用的高端。

案例实施

1. 创建文件系统

分区完成后，硬盘仍然无法使用，需要格式化之后才能使用。格式化就是在指定的磁盘创建文件系统。本例使用 mkfs.xfs -f /dev/sdb1 将主分区/dev/sdb1 格式化成 xfs 分区，如图 4.11 所示。

```
[root@www ~]# mkfs.xfs -f /dev/sdb1
meta-data=/dev/sdb1              isize=512    agcount=4, agsize=327680 blks
         =                       sectsz=512   attr=2, projid32bit=1
         =                       crc=1        finobt=1, sparse=1, rmapbt=0
         =                       reflink=1    bigtime=1 inobtcount=1 nrext64=0
data     =                       bsize=4096   blocks=1310720, imaxpct=25
         =                       sunit=0      swidth=0 blks
naming   =version 2              bsize=4096   ascii-ci=0, ftype=1
log      =internal log           bsize=4096   blocks=16384, version=2
         =                       sectsz=512   sunit=0 blks, lazy-count=1
realtime =none                   extsz=4096   blocks=0, rtextents=0
```

图 4.11　创建 xfs 文件系统

也可以创建 ext4 的文件系统，命令为 mkfs.ext4 /dev/sdb2，如图 4.12 所示。

```
[root@www ~]# mkfs.ext4 /dev/sdb2
mke2fs 1.46.5 (30-Dec-2021)
Creating filesystem with 1310720 4k blocks and 327680 inodes
Filesystem UUID: a850ab99-c4fb-4a6c-a929-a97d579f944c
Superblock backups stored on blocks:
        32768, 98304, 163840, 229376, 294912, 819200, 884736

Allocating group tables: done
Writing inode tables: done
Creating journal (16384 blocks): done
Writing superblocks and filesystem accounting information: done
```

图 4.12　创建 ext4 文件系统

创建文件系统还可以使用 mke2fs 命令，如 mke2fs/dev/sdb5，但是 mke2fs 命令默认创建的是 ext2 文件系统，如图 4.13 所示；需要添加-j 选项才可以创建 ext3 文件系统，如图 4.14 所示。

```
[root@www ~]# mke2fs /dev/sdb5
mke2fs 1.46.5 (30-Dec-2021)
Creating filesystem with 1310720 4k blocks and 327680 inodes
Filesystem UUID: 484eb33a-c1a9-4e25-936d-f46551c0942d
Superblock backups stored on blocks:
        32768, 98304, 163840, 229376, 294912, 819200, 884736

Allocating group tables: done
Writing inode tables: done
Writing superblocks and filesystem accounting information: done
```

图 4.13　创建 ext2 文件系统

```
[root@www ~]# mke2fs -j /dev/sdb6
mke2fs 1.46.5 (30-Dec-2021)
Creating filesystem with 1309952 4k blocks and 327680 inodes
Filesystem UUID: b6578bea-e47a-46d4-8d22-b3f49c423678
Superblock backups stored on blocks:
        32768, 98304, 163840, 229376, 294912, 819200, 884736

Allocating group tables: done
Writing inode tables: done
Creating journal (16384 blocks): done
Writing superblocks and filesystem accounting information: done
```

图 4.14　创建 ext3 文件系统

mkfs.ext4 /dev/sdb1 与 mkfs -t ext4 /dev/sdb1 是等价的，无论文件系统是 ext2、ext3 还是 ext4，挂载后即可查看。

2. 挂载文件系统

格式化完成后的分区必须挂载到 Linux 文件系统中才能进行读写操作。挂载是将存储设备（如磁盘、光盘、U 盘等）的内容映射到指定目录，目录称为挂载点。访问挂载点目录就可以实现对设备的访问。

挂载命令为 mount，其格式如下：

```
mount [选项] [设备名称] [挂载点目录]
```

以下是常见选项的说明。

- -t：指定挂载的文件系统类型。
- -r：以只读方式挂载。

例如：

```
[root@www ~]# mount -t iso9660 /dev/cdrom /mnt
//将光盘挂载到/mnt 挂载点
[root@www ~]# mount -t vfat /dev/sdc1 /mnt/usb
//将 U 盘挂载到/mnt/usb 挂载点，U 盘为 FAT32 格式
```

本例将/dev/sdb1 挂载到/data1，将/dev/sdb2 挂载到/data2，将/dev/sdb5 挂载到/data3，将/dev/sdb6 挂载到/data4，具体操作如图 4.15 所示。

```
[root@www ~]# mkdir /data1
[root@www ~]# mkdir /data2
[root@www ~]# mkdir /data3
[root@www ~]# mkdir /data4
[root@www ~]# mount /dev/sdb1 /data1
[root@www ~]# mount /dev/sdb2 /data2
[root@www ~]# mount /dev/sdb5 /data3
[root@www ~]# mount /dev/sdb6 /data4
[root@www ~]# mount |grep sdb
/dev/sdb1 on /data1 type xfs (rw,relatime,seclabel,attr2,inode64,logbufs=8,logbsize=32k,noquota)
/dev/sdb2 on /data2 type ext4 (rw,relatime,seclabel)
/dev/sdb5 on /data3 type ext2 (rw,relatime,seclabel)
/dev/sdb6 on /data4 type ext3 (rw,relatime,seclabel)
```

图 4.15　创建挂载点、挂载、查询挂载

查询挂载还可以使用 df 命令，df 可以以 KB、MB、GB 为单位显示挂载设备的使用情况，相关选项分别是-k、-m、-T 和 H。如图 4.16 所示，从左到右依次显示的是设备、文件系统、总空间、已使用空间、未使用空间、百分比、挂载点。

```
[root@www ~]# df -TH|grep sdb
/dev/sdb1          xfs       5.4G   71M  5.3G   2% /data1
/dev/sdb2          ext4      5.2G   25k  5.0G   1% /data2
/dev/sdb5          ext2      5.3G   25k  5.1G   1% /data3
/dev/sdb6          ext3      5.3G   95k  5.0G   1% /data4
```

图 4.16　查询挂载

小提示

当设备挂载到指定的挂载点目录，则挂载点目录中原来的文件暂时隐藏，无法访问，此时挂载点目录显示的是设备上的文件。设备卸载后，挂载点目录中的文件恢复。

3. 自动挂载分区

使用 mount 命令挂载的文件系统，当计算机重启时仍然需要人工执行 mount 命令才可挂载使用，这对于经常使用的分区来讲非常不便。如果希望文件系统在计算机重启时自动挂载，可以通过修改/etc/fstab 文件来实现。

例如，在以后系统每次运行时，将上述/dev/sdb1 分区自动以 defaults 方式挂载到/data1 挂载点，则可以在/etc/fstab 文件的末行添加如下内容。

```
/dev/sdb1 /data1 xfs defaults 0 0
```

图 4.17 所示为修改后的/etc/fstab 文件内容。

```
#
# /etc/fstab
# Created by anaconda on Sat Feb  3 22:33:45 2024
#
# Accessible filesystems, by reference, are maintained under '/dev/disk/'.
# See man pages fstab(5), findfs(8), mount(8) and/or blkid(8) for more info.
#
# After editing this file, run 'systemctl daemon-reload' to update systemd
# units generated from this file.
#
/dev/mapper/rl-root     /                       xfs     defaults        0 0
UUID=f56fc110-118f-4124-a615-584f92317b62 /boot                   xfs     defaults        0 0
/dev/mapper/rl-swap     none                    swap    defaults        0 0
/dev/sdb1               /data1                  xfs     defaults        1 2
```

图 4.17　自动挂载分区

以下是图 4.17 所示文件各列内容的含义。

- 第 1 列：要挂载的设备（分区号），有卷标则可以使用卷标。

- 第 2 列：文件系统的挂载点。
- 第 3 列：所挂载文件系统的类型。
- 第 4 列：文件系统的挂载选项，如 async（异步写入）、dev（允许建立设备文件）、auto（自动载入）、rw（读写权限）、exec（可执行）、nouser（普通用户不可 mount）、suid（允许含有 suid 文件格式）、defaults（表示同时具备以上参数，所以默认使用 defaults），还包括 usrquota（用户配额）、grpquota（组配额）等。
- 第 5 列：提供 dump 功能来备份系统，0 表示不使用 dump，1 表示使用 dump，2 也表示使用，不过重要性比 1 小一些。
- 第 6 列：指定计算机启动时文件系统的检查次序，0 表示不检查，1 表示最先检查，2 也表示检查，但比 1 迟些检查。

任务 4.3　管理磁盘配额

知识指南

磁盘配额是对用户或者用户组能使用磁盘的空间进行分配和限制。Linux 是一个多用户的操作系统，如/home 下有几个用户的主目录，每个用户的喜好不同。假设有一个用户喜欢到网上下载一些比较大的文件，那么很快/home 所在分区就会被占满，这势必影响其他用户的正常使用。在一个公司里面有很多不同的部门，不同的部门产生的文件量也不同，也可以针对不同部门（即用户组）进行磁盘配额。另外，FTP、邮件等也是对多用户提供服务的，也应限定每个用户的可用空间。

管理磁盘配额

> **小提示**
>
> 磁盘配额必须针对整个分区进行限制，所以前面提到的如/home、/var/ftp 等应该是在一个独立的分区上，最好是在安装时就规划好。

案例实施

1. 让分区支持磁盘配额

以 root 用户身份登录，编辑/etc/fstab 文件，根据任务描述，既需要支持用户配额，又需要支持组配额，需要在进行磁盘配额的磁盘上添加 usrquota（用户配额）及 grpquota（用户组配额）选项，这里将对/dev/sdb2 分区配置磁盘配额。

使用 mount 命令卸载挂载点后，将/dev/sdb2 分区格式化为 xfs 文件系统，如图 4.18 所示。

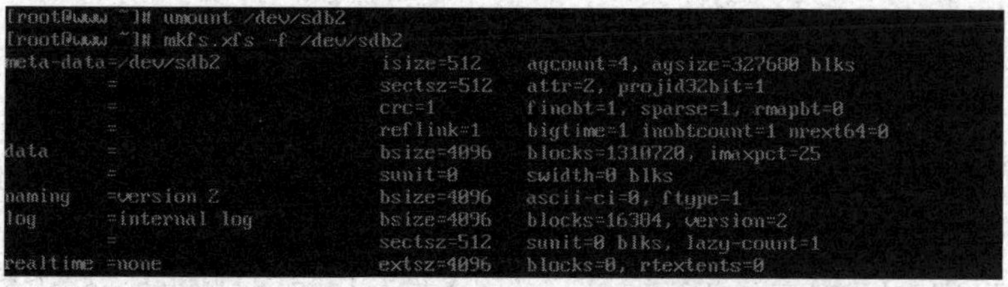

```
[root@www ~]# umount /dev/sdb2
[root@www ~]# mkfs.xfs -f /dev/sdb2
meta-data=/dev/sdb2              isize=512    agcount=4, agsize=327680 blks
         =                       sectsz=512   attr=2, projid32bit=1
         =                       crc=1        finobt=1, sparse=1, rmapbt=0
         =                       reflink=1    bigtime=1 inobtcount=1 nrext64=0
data     =                       bsize=4096   blocks=1310720, imaxpct=25
         =                       sunit=0      swidth=0 blks
naming   =version 2              bsize=4096   ascii-ci=0, ftype=1
log      =internal log           bsize=4096   blocks=16384, version=2
         =                       sectsz=512   sunit=0 blks, lazy-count=1
realtime =none                   extsz=4096   blocks=0, rtextents=0
```

图 4.18 将/dev/sdb2 分区格式化为 xfs 文件系统

对/dev/sdb2 分区配置磁盘配额，将其挂载到/home 目录下，如图 4.19 所示。修改完成后重启系统，如图 4.20 所示。

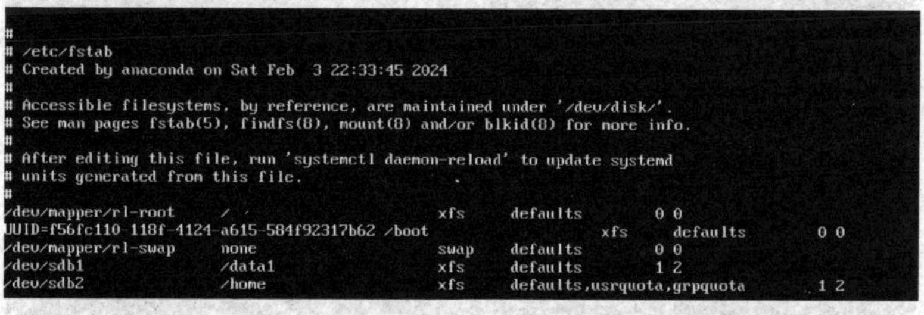

```
#
# /etc/fstab
# Created by anaconda on Sat Feb  3 22:33:45 2024
#
# Accessible filesystems, by reference, are maintained under '/dev/disk/'.
# See man pages fstab(5), findfs(8), mount(8) and/or blkid(8) for more info.
#
# After editing this file, run 'systemctl daemon-reload' to update systemd
# units generated from this file.
#
/dev/mapper/rl-root     /                       xfs     defaults        0 0
UUID=f56fc110-118f-4124-a615-584f92317b62 /boot                   xfs     defaults        0 0
/dev/mapper/rl-swap     none                    swap    defaults        0 0
/dev/sdb1               /data1                  xfs     defaults        1 2
/dev/sdb2               /home                   xfs     defaults,usrquota,grpquota      1 2
```

图 4.19 添加用户配额

```
[root@www ~]# reboot_
```

图 4.20 重启系统

重启系统后使用 mount 命令查看，发现/home 目录已经支持磁盘配额了，如图 4.21 所示。

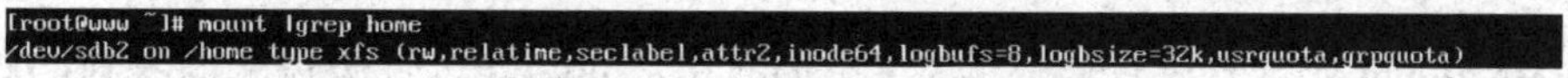

```
[root@www ~]# mount |grep home
/dev/sdb2 on /home type xfs (rw,relatime,seclabel,attr2,inode64,logbufs=8,logbsize=32k,usrquota,grpquota)
```

图 4.21 home 目录已支持磁盘配额

2. xfs_quota 命令

xfs_quota 命令是专门针对 xfs 文件系统来管理 quota（磁盘容量配额）服务而设计的。命令格式为：

```
xfs_quota [-x] [-c cmd] [文件系统]
```

以下是选项的说明。

- -x：专家模式，让运维人员能够对 quota 服务进行更多复杂的设置。
- -c：后跟以参数的形式设置要执行的命令，指令有 report、limit、timer、state 等。常用的命令如下：

```
xfs_quota -x -c 'report [-gpu] [-bir]' 文件系统
xfs_quota -x -c 'state' 文件系统
xfs_quota -x -c 'limit [-g|-p|-u] bsoft=N | bhard=N | isoft=N | ihard=N -d | id | username' 文件系统
xfs_quota -x -c 'timer [-g|-p|-u] [-bir] ndays' 文件系统
```

```
xfs_quota -x -c 'enable [-gpu] [-v]' 文件系统
xfs_quota -x -c 'disable [-gpu] [-v]' 文件系统
xfs_quota -x -c 'off [-gpu] [-v]' 文件系统
```

以上 u 指的是 user，g 指的是 group，p 指的是 project；文件系统可以是挂载点，也可以是磁盘分区。

使用 xfs_quota 命令来查看配额信息，本例仅查看用户配额信息，默认是查看所有配额信息，包括用户（-u）、组（-g）和工程（-p）配额，如图 4.22 所示。

```
[root@www ~]# xfs_quota -x -c "report -u" /home
User quota on /home (/dev/sdb2)
                               Blocks
User ID          Used       Soft       Hard    Warn/Grace
---------- --------------------------------------------------
root                0          0          0     00 [--------]
```

图 4.22　查看用户配额信息

使用 xfs_quota 命令来查看配额状态，本例仅查看用户配额状态，如图 4.23 所示。

```
[root@www ~]# xfs_quota -x -c "state -u" /home
User quota state on /home (/dev/sdb2)
  Accounting: ON
  Enforcement: ON
  Inode: #131 (1 blocks, 1 extents)
Blocks grace time: [7 days]
Blocks max warnings: 0
Inodes grace time: [7 days]
Inodes max warnings: 0
Realtime Blocks grace time: [7 days]
```

图 4.23　查看用户配额状态

使用 xfs_quota 命令来进行磁盘配额，本例对用户 admin 进行磁盘配额限制，设定 blocks 软限制（bsoft）为 90MB，设定 blocks 硬限制（bhard）为 100MB，如图 4.24 所示。

```
[root@www ~]# xfs_quota -x -c "limit -u bsoft=90M bhard=100M admin" /home
[root@www ~]# xfs_quota -x -c "report -u" /home
User quota on /home (/dev/sdb2)
                               Blocks
User ID          Used       Soft       Hard    Warn/Grace
---------- --------------------------------------------------
root                0          0          0     00 [--------]
admin               0      92160     102400     00 [--------]
```

图 4.24　配置用户配额

使用 xfs_quota 命令设置宽限时间，本例仅对用户设置宽限时间为 3 天，如图 4.25 所示。

```
[root@www ~]# xfs_quota -x -c "timer -u 3days" /home
[root@www ~]# xfs_quota -x -c "state -u" /home
User quota state on /home (/dev/sdb2)
  Accounting: ON
  Enforcement: ON
  Inode: #131 (2 blocks, 2 extents)
Blocks grace time: [3 days]
Blocks max warnings: 0
Inodes grace time: [3 days]
Inodes max warnings: 0
Realtime Blocks grace time: [3 days]
```

图 4.25　设置宽限时间

使用 xfs_quota 命令设置禁用及关闭磁盘配额，注意状态由 ON 变成了 OFF，如图 4.26 所示。

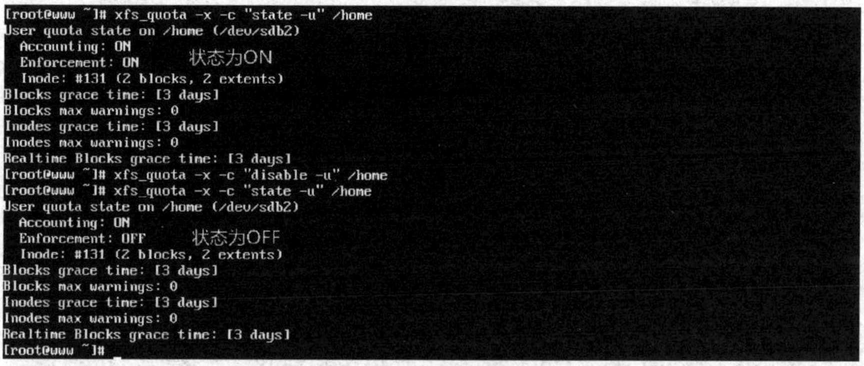

图 4.26　设置禁用及关闭磁盘配额

小提示

经测试，edquota 命令仍然可以继续用来编辑磁盘配额和宽限时间，从老版本转来的用户可自行验证。

总 结 提 高

1. 小结

Linux 的磁盘在使用前必须要进行分区和创建文件系统，然后经过挂载才能进行文件存取操作。分区使用 fdisk 命令，创建文件系统使用 mkfs 命令，挂载使用 mount 命令，卸载使用 umount 命令，为方便使用，可以通过修改/etc/fstab 文件实现分区自动挂载。

为了限制用户和组在某个特定的文件系统所能够使用的最大空间，Linux 提供了文件系统的配额机制。对于某个文件系统，可以只采用用户配额或组配额管理，也可以同时设定用户配额和组配额。配额分为 soft 配额和 hard 配额，用户可以超过 soft 配额，但不可以超过 hard 配额。

2. 提高

1）如果在安装时需要启用磁盘配额的目录，却没有单独使用一个磁盘，应如何解决？

2）尝试组配额的配置。

3）尝试挂载 xfs 系统分区到指定目录，并通过 uquota、gquota 命令开启文件系统配额。

项 目 实 训

1. 磁盘管理

在虚拟机中添加一块 30GB 的硬盘，完成以下实训任务。

1）将该硬盘划分为两个大小为 10GB 的主分区。

2）剩余空间划分为扩展分区。

3）在扩展分区上划分两个大小为 5GB 的逻辑分区。

4）修改写入分区表并退出，使用 fdisk-l 命令查看分区结果。

5）在两个主分区上创建 xfs 文件系统，在两个逻辑分区上创建 ext4 文件系统。

6）将第一个主分区挂载到/mnt/xf2s 下，将第一个逻辑分区挂载到/mnt/exts 下，使用 df 命令查看挂载结果。

7）尝试设置自动挂载第一个主分区（进行本步骤之前，请做好快照，以防/etc/fstab 配置错误导致系统无法启动）。

2. 磁盘配额

1）创建普通用户 leo。

2）对用户 leo，在本任务的分区中添加用户磁盘配额，当使用超过 180MB 时进行警告，上限为 200MB。

3）以用户 leo 的身份登录，测试磁盘配额的正确性。

项目 5

管理软件包

案例需求

作为一名 Linux 系统管理员，对软件包进行管理是非常常见的工作。因此，需要认识 RPM 包，掌握使用 rpm 命令管理软件包的常用操作；认识 TAR 包，掌握使用 tar 命令并配合相关选项，进行打包（压缩）和解包（解压）；配置本地安装源，并使用 dnf 命令管理软件。

需求分析

Red Hat 系列 Linux 为了管理方便，一般使用 rpm 命令来进行 RPM 包的安装、管理、查询和卸载等。但是，RPM 包有非常复杂的依赖关系，因此多数 Linux 系统管理员习惯用 dnf 或者 yum 命令来管理软件。另外，TAR 包也是互联网上 Linux 软件包的主要发布模式。因此，本项目主要介绍 RPM 包及 TAR 包的管理，使用 tar 命令对目录和文件进行打包、解包等操作。

作为开源的软件，Linux 系统在软件方面得到了最广泛的支持。开源软件有免费、开源、更新快等优点，但同时也要防范开源软件的风险，开源软件最好选择大公司的产品或者通过官方渠道获取。作为受益者，本着"我为人人、人人为我"的精神，如果有能力的话，主动参与开源软件的维护工作，如贡献 bug 修改、完善功能手册等，同时尊重每位开源项目参与者的劳动，尊重知识产权。

知识目标

- 了解 RPM 包和 TAR 包。
- 了解 repo 配置文件。
- 了解 dnf 命令的发展渊源。

技能目标

- 掌握 rpm 命令的使用方法。
- 掌握 tar 命令的使用方法。
- 学会使用 DNF 管理软件。

思政目标

- 防范盗版软件，提高软件安全意识，到官网或者权威网站下载软件。
- 增强知识产权的保护意识。

任务 5.1 管理 RPM 包和 TAR 包

知识指南

1. RPM 包

RPM 是 Red Hat package manager（Red Hat 软件包管理）的缩写，这一文件格式的名称虽然打上了 Red Hat 的标志，但是其原始设计理念是开放式的，现在被 OpenLinux、SUSE 及 TurboLinux 等 Linux 发行版本采用，是公认的行业标准。

RPM 包主要通过 rpm 命令来进行管理。RPM 包的主要功能包括安装、卸载、升级和管理软件，组件查询，验证及软件包依赖处理。

在 Rocky 9 中，RPM 包的存储库和 CentOS 8 一样，分为 BaseOS 和 AppStream 两部分存储，仍然都放在相应的 Packages 目录下，略有区别的是，Rocky 9 多了一层“软件包首字母目录”，如 tree 这个软件包就放在“t”目录下面。BaseOS 存储库中的内容主要是提供底层操作系统功能的核心集，提供最基础的安装包；在 AppStream 下则存放着诸多第三方应用，如常见服务、数据库、应用程序等。AppStream 下的软件包相较 BaseOS 下的软件包更新频繁，兼顾了用户应用的灵活性和系统底层的稳定性。

2. TAR 包

TAR 包的主要功能是将许多文件或目录进行归档（打包），生成一个单一的 TAR 包文件，以便于保存。因此，归档之后文件的大小相当于归档前文件及目录容量的总和。在实际工作中，通常配合其他压缩命令（如 bzip2 或 gzip）来实现对 TAR 包的压缩（打包）或解压缩（解包）。tar 命令内置了相应的选项，可以直接调用相应的压缩/解压缩命令，以实现对 TAR 包的压缩或解压缩。

案例实施

1. 管理 RPM 包

rpm 命令的选项很多，配合不同的选项，可以完成不同的功能。一般来说包括四大功能：软件包查询、软件包安装、软件包升级和软件包删除。

rpm 命令的格式如下：

```
rpm [选项] [软件包名称]
```

（1）软件包查询

查询已经安装的软件包，一般使用-q 选项。

例如：

```
[root@www ~]#rpm -q | more
//-q选项用于查询已安装的软件信息
//查询当前系统安装的全部安装包，由于安装的软件包很多，所以一般配合管道操作符“|”
//以及more（或less）命令实现翻页浏览
[root@www ~]#rpm -q vsftpd
//查询vsftpd软件包是否安装
[root@www ~]#rpm -q |grep httpd
//在已安装的软件包中查询包含httpd关键字的软件包
[root@www ~]#rpm -qi vsftpd
//查看vsftpd软件包的描述信息
[root@www ~]#rpm -ql vsftpd
//查看vsftpd软件包的相关文件都安装在什么位置
```

（2）软件包安装

安装软件包，一般使用-i选项。

例如：

```
[root@www t]# pwd
/mnt/BaseOS/Packages/t
//请读者注意当前工作目录，Packages目录下rocky按照软件包首字母建了一层目录
[root@www t]#rpm -ivh tree-1.8.0-10.el9.x86_64
//-i选项表示安装指定软件包
//-v选项表示显示详细的安装信息
//-h表示安装过程中通过“#”来显示安装进度
//安装tree-1.8.0-10.el9.x86_64
//tree命令可以查看目录的树形结构，读者可以尝试一下
```

小提示

安装系统光盘内的软件包时，应先挂载光盘，并将目录切换至相应的RPM包所在目录，才可安装。本例挂载和切换目录命令如下（命令用法详见项目4）：

```
[root@www ~]#mount -t iso9660 /dev/sr0 /mnt
[root@www ~]#cd /mnt/BaseOS/Packages/软件包首字母目录
```

或者

```
[root@www ~]#cd /mnt/AppStream/Packages/软件包首字母目录
```

在安装RPM包时可能会遇到软件包依赖问题。有时一个软件包的安装可能会依赖其他软件包，只有在所依赖的软件包安装完成后该软件包才能继续安装。可以通过--nodeps参数强制安装，但是不能保证一定可以安装完成，最好是安装完相应的依赖包后再安装所需软件包。

软件包的名字一般都很长，读者可以在输入软件名之后，使用Tab键自动补齐，避免输错，提高效率。上例在输入tree之后就可以按Tab键自动补齐了。

（3）软件包升级

如果要将系统中已经安装的某个软件包升级到较高版本，可以采用升级安装的方法实现，升级时需要将工作目录切换至较高版本软件存放的目录。系统会自动卸载旧版本，安装新版本。若无旧版本，会直接安装新版本。

升级使用-U 选项，也可以配合 v、h 选项一起使用。

例如：

```
[root@www ~]#rpm -Uvh 软件包名称-版本号-硬件平台.rpm
```

本书采用较新的 Rocky 9.3 版本，读者可以待更新的版本发行后，到官方网站或者正规网站下载最新软件包，尝试更新。

（4）软件包删除

想要删除已经安装的软件包，可以使用-e 选项。

例如：

```
[root@www ~]#rpm -e tree
//删除 tree 软件包
```

2. 管理 TAR 包

TAR 包是 Linux 中常用的打包、压缩、解压缩工具。网上下载的源码安装包很多都采用.tar.gz 或者.tar.bz2 格式，想要安装这样的软件，首先必须掌握 tar 命令的使用，包括 tar 命令能够完成什么功能、主要依靠哪些命令选项的配合。

（1）使用 tar 命令压缩

使用 tar 命令压缩的格式如下：

```
tar -c[j|z]vf <目标压缩文件路径及名称> <源目录路径文件名>
```

以下是主要选项的说明。

- -c：建立 TAR 包。
- -v：压缩的过程中显示档案。
- -f：指定 TAR 包文件名，f 后面为文件名。
- -j：使用 bzip2 来压缩/解压缩文件，使用该选项可以对文件进行压缩，但解压缩还原时一定要使用该选项。
- -z：用 gzip 来压缩/解压缩文件，方法同-j 选项。

例如：

```
[root@www ~]#tar -cvf ./home.tar /home
//将整个/home 压缩在当前目录下，并命名为 home.tar
[root@www ~]#tar -czvf ./home.tar.gz /home
//在当前目录下将/home 压缩生成一个.gz 格式的文件 home.tar.gz
[root@www ~]#tar -cjvf . /home.tar.bz2 /home
//在当前目录下将/home 压缩生成一个.bz2 格式的文件 home.tar.bz2
```

（2）使用 tar 命令解压缩

使用 tar 命令解压缩需要配合-x 选项，命令格式如下：

```
tar -x[j|z]vf 需要解压缩的TAR文件 [-C 目标路径]
```

以下是主要选项的说明。

- -x：解压 TAR 包或者压缩文件。
- -C：指定解压到的目录，如果不指定，则解压到当前目录。

如果还原的是.bz2 或.gz 格式的压缩包，则应相应地配合-j 或-z 选项。

例如：

```
[root@www ~]#tar -xvf home.tar -C /tmp
//将当前目录下 home.tar 解压到/tmp 目录下
[root@www ~]#tar -xzvf home.tar.gz -C /tmp
//将当前目录下 home.tar.gz 解压到/tmp 目录下
```

（3）查询 TAR 包中的文件

如果想查询 TAR 包中的内容，需要使用-t 选项，命令格式如下：

```
tar -t[z|j]vf TAR包文件名
```

例如：

```
[root@www ~]#tar -tjvf home.tar.bz2
//查询 home.tar.bz2 文件的目录列表
```

任务 5.2　使用 DNF 管理软件

知识指南

5.2.1　DNF 简介

DNF（dandified yum）是新一代的 RPM 软件包管理器，它首先出现在 Fedora 18 这个发行版本中。在系统安装时，即便是最小化安装，默认也已经安装了 dnf 命令。DNF 软件包管理器克服了 YUM 软件包管理器的一些瓶颈，提升了包括用户体验、内存占用、依赖分析及运行速度等多方面的内容。DNF 使用 RPM、libsolv 和 hawkey 库进行软件包管理操作。

使用 DNF 管理软件

DNF 从命名来看与 YUM 有着剪不断的联系，无论在配置文件上还是使用上可以说两个命令高度一致。这里也为 Linux 新用户简单地介绍一下 YUM，YUM（yellow dog updater, modified）是一个在 Red Hat 相关发行版中广泛使用的 shell 前端软件包管理器，基于 RPM 包管理，能够从指定的服务器自动下载 RPM 包并且安装，可以自动处理依赖性关系，并且一次安装所有依赖的软件包，无须烦琐地重复下载、安装。

DNF 和 YUM 的工作原理一样。在每个 RPM 软件的头（header）里面都会记录该软件的依赖关系，通过分析头即可获得软件安装的依赖信息。因此，YUM 的工作流程也很容易理解，在服务器端存放了所有的 RPM 包，通过分析每个 RPM 文件的依赖性关系，将这些信息记录成文件存放在服务器上。在客户端，如果需要安装某个软件，需要先下载服务器上记录的依赖性关系文件并进行分析，然后取得所有相关的软件，一次性全部下载下来并进行安装。

dnf 命令的格式如下：

```
dnf [选项] [命令] [软件或者软件包（组）名称]
```

以下是常见选项的说明。

- -y：全部问题自动应答为“yes”。
- -q：静默执行，不显示安装的过程。
- -v：显示详细执行过程。
- -b：在事务中尝试最佳软件包版本。

以下是主要命令的说明。

- autoremove：删除所有原先因为依赖关系安装的不需要的软件包。
- check：在包数据库中寻找问题。
- check-update：检查是否有软件包升级。
- clean：删除已缓存的数据。
- deplist：列出软件包的依赖关系和提供这些软件包的源。
- downgrade：降级包。
- help：显示一个有帮助的用法信息。
- history：显示或使用事务历史。
- info：显示关于软件包或软件包组的详细信息。
- install：向系统中安装一个或多个软件包。
- list：列出一个或一组软件包。
- reinstall：重装一个包。
- remove：从系统中移除一个或多个软件包。
- repolist：显示已配置的软件仓库。
- repoquery：搜索匹配关键字的软件包。
- upgrade：升级系统中的一个或多个软件包。

常用的命令有 list、info、install、remove、update、clear 等。

1. 列举包文件

使用 list 命令可以列出资源库中特定的已经安装的或可以安装、更新的 RPM 包。例如：

```
[root@www ~]#dnf list gcc
//列出名为 gcc 的包
```

```
[root@www ~]#dnf list *bind*
//列出包含字符 bind 的包
[root@www ~]#dnf list updates
//列出资源库中所有可以更新的 RPM 包
[root@www ~]#dnf list installed
//列出已经安装的所有的 RPM 包
```

2. 列举资源信息

使用 info 命令可以列出特定的可以安装或更新及已经安装的 RPM 包的信息。

例如：

```
[root@www ~]#dnf info gcc
//列出 gcc 包的信息
[root@www ~]#dnf info perl*
//列出以 perl 开头的所有包的信息
[root@www ~]#dnf info updates
//列出资源库中所有可以更新的 RPM 包的信息
[root@www ~]#dnf info installed
//列出已经安装的所有 RPM 包的信息
```

3. 安装包

使用 install 命令可以安装指定的软件包。

例如：

```
[root@www ~]#dnf install gcc
//安装 gcc 包
[root@www ~]#dnf install perl*
//安装以 perl 开头的包
```

使用 groupinstall 命令可以安装指定的系列软件包。

例如：

```
[root@www ~]#dnf groupinstall " Develoment Tools " -y
//安装“开发工具包”组“Develoment Tools”
```

4. 删除包

使用 remove 命令可以删除软件包，包括与该软件包有依赖关系的软件包。

例如：

```
[root@www ~]#dnf remove perl*
//删除以 perl 开头的所有包
```

使用 groupremove 命令可删除指定的系列软件包。
例如：

```
[root@www ~]#dnf groupremove " Develoment Tools "
//删除“开发工具包”组“Develoment Tools”
```

5. 更新

使用 update 命令可以更新软件包。
例如：

```
[root@www ~]#dnf check-update
//检查可更新的 RPM 包
[root@www ~]#dnf update
//更新所有的 RPM 包
[root@www ~]#dnf update kernel kernel-source
//更新指定的 RPM 包，如更新 kernel 和 kernel source
```

6. 清除缓存

使用 clear 命令可以清除下载的软件包。
例如：

```
[root@www ~]#dnf clear all
//清除缓存中的所有软件包
```

5.2.2 相关的配置文件

DNF 需要的配置文件和 YUM 完全一致，主要有两类：一类是 yum.conf 文件，另一类是/etc/yum.repos.d/下的*.repo 文件。

1. yum.conf 文件

yum.conf 的主配置文件位于/etc 目录下，部分配置信息解析如下：

```
[main]
gpgcheck=1
#有 1 和 0 两个选择，分别代表是否进行 gpg 校验
installonly_limit=3
#允许保留内核包的数量
clean_requirements_on_remove=True
#删除包的同时是否删除安装时一起安装到系统的依赖包
best=True
#在安装中选择可获得的最好版本，特别是在 DNF 升级中
```

```
skip_if_unavailable=False
#跳过不可用的包
```

2. *.repo 文件

.repo 文件是 YUM 源（软件仓库）的配置文件，一般放在/etc/yum.repos.d 目录中。通常一个.repo 文件定义了一个或者多个软件仓库的细节内容，如将从哪里下载需要安装或者升级的软件包，*.repo 文件中的设置内容会被 DNF 读取和应用。Rocky Linux 9 提供 3 个主要的软件仓库，分别是 baseos、appstream、extras。

查询目前启用的软件仓库，并观察是否启用，可使用如下命令。

```
[root@www ~]# dnf repolist
[root@www ~]# dnf repolist --all
```

这里以 rocky.repo 为例来讲解*.repo 文件内容的含义。

```
[baseos]
name=Rocky Linux $releasever - BaseOS
mirrorlist=https://mirrors.rockylinux.org/mirrorlist?arch=$basearch&repo=BaseOS-$releasever$rltype
#baseurl=http://dl.rockylinux.org/$contentdir/$releasever/BaseOS/$basearch/os/
gpgcheck=1
enabled=1
countme=1
metadata_expire=6h
gpgkey=file:///etc/pki/rpm-gpg/RPM-GPG-KEY-Rocky-9
```

以下是各个选项的说明。

- [baseos]：定义软件源的名称，该名称可以自定义，同时在该服务器上的所有*.repo 文件是唯一的。注意，方括号里面不能有空格。
- name= Rocky Linux $releasever - BaseOS：定义软件仓库的名称，$releasever 变量定义了发行版本，通常是数字。
- mirrorlist= https:// ……：指定镜像服务器的地址列表，通常是开启的。
- #baseurl=http://dl.rockylinux.org/$contentdir/$releasever/BaseOS/$basearch/os/：这行第一个字符是“#”，表示该行已经被注释，将不会被读取，这一行的意思是指定一个 baseurl（源的镜像服务器地址）。baseurl 通常有以下 4 种格式。
    - baseurl= https:// ……：使用 HTTP 协议镜像服务器地址。
    - baseurl= ftp:// ……：使用 FTP 协议镜像服务器地址。
    - baseurl= rsync:// ……：使用 rsync 镜像服务器地址。
    - baseurl= file:// ……：使用本机的文件目录。

- gpgcheck=1：表示对通过该软件源下载的 RPM 包进行 gpg 校验，如果 gpgcheck 的值为 0 表示不进行 gpg 校验。
- enabled=1：表示在这个*.repo 文件中启用这个软件源，默认该选项可以不写。如果 enabled 的值为 0，则表示禁用这个软件源。注意，一个*.repo 文件中可以定义多个软件源。
- metadata_expire=6h：表示软件下载到本地服务器可以保留的时间，6h 表示 6 小时。
- gpgkey==file:///etc/pki/rpm-gpg/RPM-GPG-KEY-Rocky-9：定义用于校验的 gpg 密钥文件。

案例实施

DNF 或 YUM 都需要配置*.repo 文件，如果有互联网环境，通过配置*.repo 文件可以从网上下载 RPM 包。在不便于上网或者没有网络的情况下，DNF 或 YUM 一样都需要配置本地源。特别是作为内部服务器，稳定是最重要的。这时使用光盘作为本地源会非常方便，它基本包含了日常工作所需软件。下面介绍配置本地源的过程。

> **小提示**
>
> 本例 VMware 虚拟机的光驱使用的是 ISO 映像文件，因此非常方便，经常使用可设置为自动挂载。如果工作环境中不是使用 ISO 映像文件而是使用物理光驱，则将光盘中的内容复制到 Linux 本地目录更加方便。

1. 挂载 Rocky 9 光盘

本例使用的命令如下：

```
[root@www ~]#mount -t iso9660 /dev/sr0 /mnt
//将光盘挂载到/mnt 目录下
```

2. 进入/etc/yum.repos.d 目录

本例使用的命令如下：

```
[root@www ~]#cd /etc/yum.repos.d
```

3. 修改 rocky.repo

本例在 yum.repos.d 目录下有 4 个文件，创建一个名为 bak 的文件夹，将所有*.repo 文件移入 bak 文件夹，将 rocky.repo 复制到 yum.repos.d 文件夹中，命令如下：

```
[root@www yum.repos.d]#mkdir bak
//创建一个文件夹 bak，用来保存*.repo 文件
[root@www yum.repos.d]#mv *.repo bak
```

```
//将所有*.repo 文件移入 bak 文件夹
[root@www yum.repos.d]#cp bak/rocky.repo ./
//将 rocky.repo 复制到当前文件夹 yum.repos.d 中
```

使用 vi 编辑器将 rocky.repo 打开，命令如下：

```
[root@www ~]#vi rocky.repo
```

将 rocky.repo 的内容修改为图 5.1 所示的内容，修改好后保存并退出。

```
[baseos]
name=Rocky Linux $releasever - BaseOS
baseurl=file:///mnt/BaseOS
gpgcheck=1
enabled=1
countme=1
metadata_expire=6h
gpgkey=file:///etc/pki/rpm-gpg/RPM-GPG-KEY-Rocky-9

[appstream]
name=Rocky Linux $releasever - AppStream
baseurl=file:///mnt/AppStream
gpgcheck=1
enabled=1
countme=1
metadata_expire=6h
gpgkey=file:///etc/pki/rpm-gpg/RPM-GPG-KEY-Rocky-9
```

图 5.1　修改后的 rocky.repo 文件

4. 使用 dnf 命令管理软件包

（1）查看可用的 dnf 库

本例使用的命令如下（图 5.2）：

```
[root@www ~]# dnf repolist --all
```

```
[root@www bak]# dnf repolist --all
仓库 id                          仓库名称                                  状态
appstream                        Rocky Linux 9 - AppStream                 启用
baseos                           Rocky Linux 9 - BaseOS                    启用
```

图 5.2　查看可用的 dnf 库

从查询结果来看，目前就起启用了 appstream 和 baseos 两个库，而未进行以上步骤修改前的查询结果应该是如图 5.3 所示，也可以看到很多库其实是“禁用”状态，也就是对应的软件源（库）的“enabled”选项设置是“enabled=0”。

```
[root@www yum.repos.d]# dnf repolist --all
仓库 id                  仓库名称                                          状态
appstream                Rocky Linux 9 - AppStream                         启用
appstream-debug          Rocky Linux 9 - AppStream - Debug                 禁用
appstream-source         Rocky Linux 9 - AppStream - Source                禁用
baseos                   Rocky Linux 9 - BaseOS                            启用
baseos-debug             Rocky Linux 9 - BaseOS - Debug                    禁用
baseos-source            Rocky Linux 9 - BaseOS - Source                   禁用
crb                      Rocky Linux 9 - CRB                               禁用
crb-debug                Rocky Linux 9 - CRB - Debug                       禁用
crb-source               Rocky Linux 9 - CRB - Source                      禁用
```

图 5.3　查看可用的 dnf 库（未进行 repo 修改前的查询结果，部分截图）

（2）搜索软件仓库中的 RPM 包

本例使用的命令如下（图 5.4）：

```
[root@www ~]# dnf search vsftpd
//搜索名称为 vsftpd 的 RPM 包
[root@www ~]# dnf repoquery vsftpd
//搜索包含关键字 vsftpd 的 RPM 包，会显示详细版本信息
```

```
[root@www ~]# dnf search vsftpd
上次元数据过期检查：0:05:18 前，执行于 2024年01月07日 星期日 15时28分43秒。
============================ 名称 精准匹配：vsftpd ============================
vsftpd.x86_64 : Very Secure Ftp Daemon
[root@www ~]# dnf repoquery vsftpd
上次元数据过期检查：0:05:21 前，执行于 2024年01月07日 星期日 15时28分43秒。
vsftpd-0:3.0.5-5.el9.x86_64
```

图 5.4　搜索软件仓库中的 RPM 包

（3）查询 RPM 包的详细信息

本例使用的命令如下（图 5.5）：

```
[root@www ~]# dnf info vsftpd
//查询名为 vsftpd 的 RPM 包的详细信息
```

（4）安装 RPM 包

本例使用的命令如下（图 5.6）：

```
[root@www ~]# dnf install -y bind bind-utils
//安装名为 bind bind-utils 的 RPM 包
```

```
[root@www ~]# dnf info vsftpd
上次元数据过期检查：0:06:09 前，执行于 2024年01月07日 星期日 15时28分43秒。
已安装的软件包
名称          : vsftpd
版本          : 3.0.5
发布          : 5.el9
架构          : x86_64
大小          : 347 k
源            : vsftpd-3.0.5-5.el9.src.rpm
仓库          : @System
来自仓库      : appstream
概况          : Very Secure Ftp Daemon
URL           : https://security.appspot.com/vsftpd.html
协议          : GPLv2 with exceptions
描述          : vsftpd is a Very Secure FTP daemon. It was written completely from
              : scratch.
```

图 5.5　查询 RPM 包的详细信息

```
[root@www yum.repos.d]# dnf install -y bind bind-utils
上次元数据过期检查：0:01:33 前，执行于 2024年01月07日 星期日 05时08分06秒。
软件包 bind-utils-32:9.16.23-14.el9_3.0.1.x86_64 已安装。
依赖关系解决。
================================================================================
 软件包              架构        版本                         仓库            大小
================================================================================
安装:
 bind                x86_64      32:9.16.23-14.el9_3.0.1      appstream      487 k
安装依赖关系:
 bind-dnssec-doc     noarch      32:9.16.23-14.el9_3.0.1      appstream       44 k
 python3-bind        noarch      32:9.16.23-14.el9_3.0.1      appstream       60 k
 python3-ply         noarch      3.11-14.el9.0.1              baseos         103 k
安装弱的依赖:
 bind-dnssec-utils   x86_64      32:9.16.23-14.el9_3.0.1      appstream      112 k

事务概要
================================================================================
安装  5 软件包

总计：807 k
安装大小：2.5 M
下载软件包：
运行事务检查
事务检查成功。
运行事务测试
事务测试成功。
运行事务
  准备中  :                                                                 1/1
  安装    : bind-dnssec-doc-32:9.16.23-14.el9_3.0.1.noarch                  1/5
  安装    : python3-ply-3.11-14.el9.0.1.noarch                              2/5
```

图 5.6　安装 RPM 包（部分截图）

（5）安装软件包组

本例使用的命令如下（图 5.7）：

```
[root@www ~]# dnf groupinstall "ftp server" -y
//安装名为"ftp server"的 RPM 包组
```

```
[root@www yum.repos.d]# dnf groupinstall "ftp server" -y
Rocky Linux 9 - BaseOS                          123 MB/s | 2.2 MB     00:00
Rocky Linux 9 - AppStream                       131 MB/s | 7.4 MB     00:00
依赖关系解决。
================================================================================
 软件包          架构          版本                 仓库                  大小
================================================================================
安装组/模块包:
 vsftpd          x86_64        3.0.5-5.el9          appstream            157 k
安装组:
 FTP Server

事务概要
================================================================================
安装  1 软件包

总计: 157 k
安装大小: 347 k
下载软件包:
Rocky Linux 9 - AppStream                       1.7 MB/s | 1.7 kB     00:00
导入 GPG 公钥 0x350D275D:
 Userid: "Rocky Enterprise Software Foundation - Release key 2022 <releng@rockylinux.org>"
 指纹: 21CB 256A E16F C54C 6E65 2949 702D 426D 350D 275D
 来自: /etc/pki/rpm-gpg/RPM-GPG-KEY-Rocky-9
导入公钥成功
运行事务检查
事务检查成功。
运行事务测试
事务测试成功。
运行事务
  准备中  :                                                               1/1
  安装    : vsftpd-3.0.5-5.el9.x86_64                                     1/1
  运行脚本: vsftpd-3.0.5-5.el9.x86_64                                     1/1
  验证    : vsftpd-3.0.5-5.el9.x86_64                                     1/1

已安装:
  vsftpd-3.0.5-5.el9.x86_64

完毕!
```

图 5.7 安装软件包组

（6）查询已安装的 RPM 包

本例使用的命令如下（图 5.8）：

```
[root@www ~]# dnf list installed | grep httpd
//查询包含字符 httpd 的软件包，没有返回结果表示没有安装
[root@www ~]# dnf list installed | grep vsftpd
//查询包含字符 vsftpd 的软件包
[root@www ~]# dnf list installed | grep bind
//查询已经安装的包含字符 bind 的软件包
```

```
[root@www ~]# dnf list installed |grep httpd
[root@www ~]# dnf list installed |grep vsftpd
vsftpd.x86_64                         3.0.5-5.el9                          @appstream
[root@www ~]# dnf list installed |grep bind
bind.x86_64                           32:9.16.23-14.el9_3.0.1              @appstream
bind-dnssec-doc.noarch                32:9.16.23-14.el9_3.0.1              @appstream
bind-dnssec-utils.x86_64              32:9.16.23-14.el9_3.0.1              @appstream
bind-libs.x86_64                      32:9.16.23-14.el9_3.0.1              @AppStream
bind-license.noarch                   32:9.16.23-14.el9_3.0.1              @AppStream
bind-utils.x86_64                     32:9.16.23-14.el9_3.0.1              @AppStream
python3-bind.noarch                   32:9.16.23-14.el9_3.0.1              @appstream
```

图 5.8　查询已安装的 RPM 包

（7）删除（卸载）RPM 包

本例使用的命令如下（图 5.9）：

```
[root@www ~]# dnf remove vsftpd
//删除名为 vsftpd 的 RPM 包
[root@www ~]# dnf erase vsftpd
//卸载名为 vsftpd 的 RPM 包
```

删除软件包组，可使用 dnf groupremove 命令。

```
[root@www ~]# dnf remove vsftpd
依赖关系解决。
================================================================================
 软件包          架构          版本              仓库                  大小
================================================================================
移除:
 vsftpd          x86_64        3.0.5-5.el9       @appstream           347 k

事务概要
================================================================================
移除  1 软件包

将会释放空间: 347 k
确定吗? [y/N]:  y
运行事务检查
事务检查成功。
运行事务测试
事务测试成功。
运行事务
  准备中  :                                                              1/1
  运行脚本: vsftpd-3.0.5-5.el9.x86_64                                    1/1
  删除    : vsftpd-3.0.5-5.el9.x86_64                                    1/1
  运行脚本: vsftpd-3.0.5-5.el9.x86_64                                    1/1
  验证    : vsftpd-3.0.5-5.el9.x86_64                                    1/1

已移除:
  vsftpd-3.0.5-5.el9.x86_64

完毕!
```

图 5.9　删除 RPM 包

（8）列出软件包组

本例使用的命令如下：

```
[root@www ~]# dnf grouplist
```

如图 5.10 所示，从图中可以看出已安装的（环境）软件组及可用的软件组。

```
[root@www ~]# dnf grouplist
Last metadata expiration check: 0:10:14 ago on Sun 07 Jan 2024 03:28:43 PM CST.
Available Environment Groups:
   Server
   Minimal Install
   Workstation
   Custom Operating System
   Virtualization Host
Installed Environment Groups:
   Server with GUI
Installed Groups:
   Container Management
   Headless Management
Available Groups:
   Legacy UNIX Compatibility
   Console Internet Tools
   Development Tools
   .NET Development
   Graphical Administration Tools
   Network Servers
   RPM Development Tools
   Scientific Support
   Security Tools
   Smart Card Support
   System Tools
```

图 5.10　列出软件包组

（9）查看 dnf 命令历史

本例使用的命令如下（图 5.11）：

```
[root@www ~]# dnf history
```

```
[root@www ~]# dnf history
ID     | 命令行                                   | 日期和时间        | 操作      | 更改
-----------------------------------------------------------------------------------------
     8 | install -y vsftpd                        | 2024-01-07 15:42 | Install   |    1
     7 | remove vsftpd                            | 2024-01-07 15:42 | Removed   |    1
     6 | install -y vsftpd                        | 2024-01-07 15:42 | Install   |    1
     5 | groupinstall Security Tools -y           | 2024-01-07 15:41 | Install   |    4
     4 | remove vsftpd                            | 2024-01-07 15:35 | Removed   |    1
     3 | install -y bind bind-utils               | 2024-01-07 05:09 | Install   |    5
     2 | groupinstall ftp server -y               | 2024-01-07 05:08 | Install   |    2 <
     1 |                                          | 2024-01-07 01:12 | Install   | 1188 >E
```

图 5.11　查看 dnf 命令历史

总 结 提 高

1. 小结

RPM 包是由 Red Hat 公司推出的软件管理标准，使用 rpm 命令并配合相关选项可以对 RPM 包进行安装、升级、查询、验证和删除。TAR 是一种标准的文件归档格式，常用于数据和文件的备份，使用 tar 命令并配合相关选项可以对 TAR 包进行管理。Rocky 提供命令和图形化的软件包管理工具，以对 RPM 包进行相关管理，也提供 TAR 包归档管理器对文件进行归档和恢复。

DNF 是 Red Hat 公司继 YUM 之后推出的软件包管理工具，和 YUM 关系极其紧密，其功能及使用方法和 YUM 高度相似，在处理依赖和响应速度上有明显优势。YUM 是广泛应用于 Red Hat 系列发行版本的 shell 前端软件包管理器，基于 RPM 包管理，能够从指定的服务器自动下载 RPM 包并且安装，可以自动处理依赖性关系，并且一次性安装所有依赖的软件包，无须烦琐地重复下载、安装，可以非常方便地完成安装（install、reinstall）、更新（update）、删除（remove）、搜索（search）等操作。

2. 提高

1）尝试使用 Rocky 提供的图形化的软件包管理工具对 RPM 包进行相关管理，尝试使用 TAR 包归档管理器对文件进行归档和恢复。

2）从网上下载一个.tar.gz 或者.tar.gz2 的软件包并尝试安装。

3）从源代码编译安装软件包。

4）尝试使用 yum 命令。

5）尝试安装软件包组。

项 目 实 训

1. RPM 包和 TAR 包管理

1）新建目录/tartest，将/root 下 anaconda-ks.cfg 文件复制到/tartest 下。

2）将整个/tartest 目录打包成 mytartest.tar 文件，保存在/root 目录下。

3）将整个/tartest 目录打包并压缩成 mytartest.tar.gz 文件，保存在/root 目录下。

4）将整个/tartest 目录打包并压缩成 mytartest.tar.bz2 文件，保存在/root 目录下。

5）查询、显示 mytartest.tar 及 mytartest.tar.gz 文件中的目录列表。

6）还原 mytartest.tar 及 mytartest.tar.gz 到/home 目录中。

7）删除/root 目录中的 mytartest.tar、mytartest.tar.gz 及 mytartest.tar.bz2 文件。

8）查询 tree 是否安装，并安装 tree。

9）安装之后查询 tree 包的说明信息，查询软件包内所包含的文件名称列表。

10）删除 tree。

2. 配置本地源

1）创建目录/yumres，将 Rocky 的 ISO 映像文件挂载到/yumres。

2）将/yumres 作为本地源目录，配置 repo 文件，实现本地源管理软件。

3. 使用 DNF 管理软件

1）使用 dnf 命令查询 iftop 包并安装该软件包。

2）使用 dnf 命令卸载刚刚安装的 iftop 包。

3）使用 dnf 命令安装软件包组 Development Tools。

4）使用 dnf 命令卸载软件包组 Development Tools。

5）使用 dnf 命令查询执行过的历史命令。

项目 6

Systemd 概述与进程管理

案例需求

系统管理员在日常管理工作中，要经常查看系统的进程，并进行管理；需要定制不同运行级别下自动启动的服务和进程；还需要根据工作需要设置系统在某个时间执行特定的命令或者进程以减少维护工作量。

需求分析

使用 Systemd 初始化进程服务是 Red Hat Enterprise Linux（RHEL）7 之后最大的改变，Systemd 初始化进程服务有很多新特性和优势，但因为变化太大，从 5 或者 6 版本系列直接转到版本 7 及之后的版本系列的读者反而很不习惯，需要较为系统地掌握 Systemd 与 SysVinit 的区别。另外，还需要掌握进程状态、类型和优先级的概念，理解并能够区分程序、进程和作业；掌握查看和管理进程的方法，包括启用进程和停止进程；掌握任务调度的方法。

系统管理员对作业和进程的协调和管理能够大大地提升工作效率。事实上，不论组织策划什么项目、什么活动，如果有系统性的思考，能够综合认知整体概貌、阶段和步骤，将任务分解，合理规划任务的阶段和层级，每个任务可监控、可交付，对项目的高效管理都很有好处。

知识目标

- 了解 Linux Systemd。
- 了解 Systemd 和 SysVinit 的区别。
- 了解 Linux 下进程和作业的概念。
- 了解任务调度的相关知识。

技能目标

- 掌握 Systemd 下的各种相关命令。
- 熟练掌握进程的管理方法。
- 掌握 at 和 cron 任务调度的方式。

思政目标

- 培养系统性思维，培养事务认知的整体观和全局观。
- 学会任务的分解、并行处理的思维，养成合理规划任务的习惯。

任务 6.1　Systemd 概述

知识指南

RHEL 7 之后使用 Systemd 代替 init，成为系统的第一个进程，PID 为 1，其他所有的进程都是它的子进程。Systemd 的优点是功能强大、使用方便，缺点是体系庞大、非常复杂。但是 RHEL 7 中已经引入 Systemd 机制，并且使用多年，管理人员应了解 Systemd 的工作原理与相关操作，也要掌握其与 SysVinit 的区别，了解部分 SysVinit 的命令。

1. RHEL 7 之后的启动流程

（1）BIOS 开机自检，硬件检查

开启电源后，计算机首先加载 BIOS，并且检查基本硬件信息，如 CPU、内存及硬盘容量。然后根据 BIOS 中的引导顺序，依次查找系统引导设备，读取并执行 MBR 上的操作系统引导装载程序，定位后 MBR 即被装载到 RAM 中。

（2）GRUB2 引导操作系统

BIOS 将控制权移交给 MBR 后，立即进入 BootLoader 加载系统内核，引导使用 GRUB2，GRUB2 相较于 GRUB 更健壮、可移植、更强大；支持 BIOS、EFI 和 OpenFirmware，支持 GPT 和 MBR 分区表；支持非 Linux 系统，如苹果 HFS 文件系统和 Windows 的 NTFS 文件系统。

（3）加载 Linux 内核

如果选择启动 Linux，系统就会从 boot 分区读取并加载 Linux 内核程序，从此时开始计算机正式由 Linux 控制。首先加载 vmlinuz 内核映像及参数，内存中释放/boot/initramfs，挂载真正的根文件系统，接下来进入下一阶段。

（4）Systemd 初始化阶段

执行/usr/lib/systemd/systemd，系统开始初始化。Systemd 按需启动服务，如此可以减少系统资源消耗。Systemd 进程服务采用并发机制，开机速度得到了大幅提升。/usr/lib/systemd/systemd 是系统中的第一个进程，PID 永远为 1。

2. Systemd 简介

Systemd 是 Linux 下的一种 init 软件，由莱恩纳特·波特林（Lennart Poettering）组织开发，并在 GNU 宽通用公共许可证（GNU lesser general public license，LGPL）2.1 及其后续版本许可发布。其开发目标是提供更优秀的框架以表示系统服务间的依赖关系，并依此实现系统初始化时服务的并行启动，同时达到降低 shell 的系统开销的效果，最终代替现在常用的 SystemV 与 BSD 风格的 init 程序。

Systemd 被设计用来改进 SysVinit 的缺点，Systemd 的很多概念来源于苹果公司的 launchd，目标是尽可能启动更少进程，尽可能将更多进程并行启动，这也是其性能优于 SysVinit 的基础。Systemd 尽可能减少对 shell 脚本的依赖。传统 SysVinit 使用 inittab 来决定运行哪些 shell 脚本，大量使用 shell 脚本被认为是效率低下、无法并行的原因。

Systemd 这一名字源于 UNIX 中的一个惯例：在 UNIX 中常以“d”作为系统守护进程的后缀标识（英文单词为 daemon，如 httpd、vsftpd 等中的 d 也是这个含义）。

3. Systemd 的特点

Systemd 采用一些新技术，因而具有一些新特性。

1）使用 socket 支持并行化任务。在系统初始化时，首先为所有守护进程创建监听 socket，然后启动所有的守护进程。因此初始化时，一次开启了所有的 socket，不存在因为进程的依赖、等待而导致的堵塞，使更多进程可以并行启动，加速系统启动。

2）同时采用 socket 式与 dbus 总线式激活服务。通过使用总线激活策略，服务可以在接入时马上启动（dbus 是 freedesktop 下开源的 LinuxIPC 通信机制，现在很多开源的项目使用 dbus 来进行通信和交互，详细原理不再赘述，有兴趣的读者可自行查阅相关资料）。

3）按需启动守护进程（daemon）。

4）保留了使用 Linuxcgroups 监视进程。子进程创建之初与其父进程处于同一个 cgroups 的控制组（cgroup 是 controlgroup 的简称，它为 Linux 内核提供了一种任务聚集和划分的机制，通过一组参数集合将一些任务组织成一个或多个子系统）。

5）支持快照和系统状态恢复。快照可以用来保存（恢复）系统初始化时所有的服务和 unit 的状态。

6）维护挂载和自挂载点。Systemd 监视所有的挂载点的情况，也可以用来挂载或卸载挂载点。

7）各服务间基于依赖关系进行精密控制。Systemd 支持 unit 间的多种依赖关系。在 unit 配置文件中使用 After/Before、Requires 和 Wants 选项可以固定 unit 激活的顺序。

4. unit 概述

Systemd 有很多不同类型的使用单元（unit），主要包括系统服务单元（.service）、挂载点单元（.mount）、套接字单元（.socket）、系统设备单元（.device）、交换分区单元（.swap）、文件路径单元（.path）、启动目标单元（.target），比较常用的是.service、.target 等，详见表 6.1。

表 6.1　Systemd 的使用单元

名称	扩展名	作用	示例
系统服务单元	.service	定义系统服务	/usr/lib/systemd/system/vsftpd.service
启动目标单元	.target	模拟实现“运行级别”	/usr/lib/systemd/system/poweroff.target
挂载点单元	.mount	定义文件系统挂载点	/usr/lib/systemd/system/tmp.mount
自动挂载单元	.automount	文件系统自动挂载点设备	/usr/lib/systemd/system/proc-sys-fs-binfmt_misc .automount
文件路径单元	.path	定义文件系统中的文件或目录	/usr/lib/systemd/system/cups.path

续表

名称	扩展名	作用	示例
套接字单元	.socket	用于标识进程间通信用到的 socket 文件	/usr/lib/systemd/system/dbus.socket
系统快照单元	.snapshot	管理系统快照	
系统设备单元	.device	定义内核识别的设备	
交换分区单元	.swap	用于标识 swap 设备	

Systemd 启动后，首先会去 3 个目录下找相应的配置文件，按优先级从高到低为/etc/systemd/、/usr/lib/systemd/和/lib/systemd/，优先级高的配置文件会覆盖优先级低的配置文件，/etc/systemd/为系统管理员安装的单元，/usr/lib/systemd/为软件包安装的单元。

5. unit 配置文件

unit 的配置文件很复杂，由于篇幅有限，这里不能详尽介绍，仅列举几个比较有代表性的例子简单介绍。

切换到目录/usr/lib/systemd/system，然后查看 multi-user.target，内容如下（为节省篇幅，未显示注释部分，下同）：

```
[root@www ~]# cd /usr/lib/systemd/system
[root@www system]# grep -v '^#' multi-user.target

[Unit]
Description=Multi-User System
Documentation=man:systemd.special(7)
Requires=basic.target
Conflicts=rescue.service rescue.target
After=basic.target rescue.service rescue.target
AllowIsolate=yes
```

工作目录不变，查看 graphical.target，内容如下：

```
[root@www system]# grep -v '^#' graphical.target

[Unit]
Description=Graphical Interface
Documentation=man:systemd.special(7)
Requires=multi-user.target
Wants=display-manager.service
Conflicts=rescue.service rescue.target
After=multi-user.target rescue.service rescue.target display-manager.service
AllowIsolate=yes
```

工作目录不变，查看 sshd.service，内容如下：

```
[root@www system]# grep -v '^#' sshd.service
```

```
[Unit]
Description=OpenSSH server daemon
Documentation=man:sshd(8) man:sshd_config(5)
After=network.target sshd-keygen.target
Wants=sshd-keygen.target

[Service]
Type=notify
EnvironmentFile=-/etc/sysconfig/sshd
ExecStart=/usr/sbin/sshd -D $OPTIONS
ExecReload=/bin/kill -HUP $MAINPID
KillMode=process
Restart=on-failure
RestartSec=42s

[Install]
WantedBy=multi-user.target
```

从上面的查看结果可以看出，配置文件一般由[Unit]、[Service]和[Install]三部分组成。

1）[Unit]部分内容的解释。

- Description 字段定义对 unit 的描述。
- Documentation 字段定义参考文档列表。
- Requires 字段指定依赖关系，multi-user.target 依赖于 basic.target，如果 multi-user.target 被激活，则 Requires 后面的 target 或者 service 也会被激活。
- Conflicts 字段指定依赖冲突，如果 rescue.target 启动，则 multi-user.target 被关闭。
- After 字段表示 basic.target 启动后再启动 multi-user.target，如果配置有 Before，则表示启动本目标后再启动 Before 后面定义的目标，如可以是 graphical.target。
- Wants 字段比 Requires 相对弱一些，如果无法启动 display-manager.service，并不影响 graphical.target 的启动。
- AllowIsolate 字段是布尔值，默认为 no，如果为 yes，则此服务可以使用 systemctl isolate 命令切换到该 target。

2）[Service]部分定义如何启动当前服务。以下是其内容的解释。

- EnvironmentFile 字段指定当前服务的环境参数文件。
- ExecStart 字段定义启动进程时执行的命令。
- ExecReload 字段定义重启服务时执行的命令。
- ExecStop 字段定义停止服务时执行的命令。
- ExecStartPre 字段定义启动服务之前执行的命令。
- ExecStartPost 字段定义启动服务之后执行的命令。
- ExecStopPost 字段定义停止服务之后执行的命令。

- Type 字段定义启动类型，如下为可设置值。
  - simple（默认值）：Systemd 认为该服务将立即启动。ExecStart 字段启动的进程为主进程，服务进程不会 fork。如果该服务要启动其他服务，不要使用此类型启动，除非该服务是 socket 激活型。
  - forking：ExecStart 字段将以 fork()方式启动，此时父进程将会退出，子进程将成为主进程。使用此启动类型应同时指定 PIDFile，以便 Systemd 能够跟踪服务的主进程。
  - oneshot：这一选项适用于只执行一项任务，随后立即退出的服务。可能需要同时设置 RemainAfterExit=yes，使 Systemd 在服务进程退出之后仍然认为服务处于激活状态。
  - notify：与 simple 相同，但约定服务会在就绪后向 Systemd 发送通知信号，Systemd 再启动其他服务。这一通知的实现由 libsystemd-daemon.so 提供。
  - dbus：若以此方式启动，当指定的 BusName 出现在 DBus 系统总线上时，Systemd 才会启动服务。
- KillMode 字段定义 Systemd 如何停止相关服务，如下为可设置值。
  - control-group（默认值）：当前控制组中的所有子进程都会被杀掉。
  - process：只杀主进程。
  - mixed：主进程将收到 SIGTERM 信号，子进程收到 SIGKILL 信号。
  - none：没有进程会被杀掉，只是执行服务的 stop 命令。
- Restart 字段定义了该服务退出后 Systemd 的重启方式，如下为可设置值。
  - no（默认值）：退出后不会重启。
  - on-success：只有正常退出时（退出状态码为 0）才会重启。
  - on-failure：非正常退出时（退出状态码非 0），包括被 kill 信号终止和超时，才会重启。
  - on-abnormal：只有被 kill 信号终止和超时才会重启。
  - on-abort：只有在收到没有捕捉到的信号终止时才会重启。
  - on-watchdog：超时退出时才会重启。
  - always：不管是什么原因退出，总是重启。
- RestartSec 字段表示 Systemd 重启该服务之前需要等待的秒数。

3）[Install]部分的内容是服务的安装信息。它不在 Systemd 的运行期间使用，只在使用 systemctl enable 和 systemctl disable 命令启用和禁用服务时有用。

- Alias 安装定义的别名，名字必须和该 unit 本身的类型一致，即扩展名必须一样。
- WantedBy 或者 RequiredBy 定义该服务所在的 target，在 .wants/ 或 .requires/ 子目录中为服务建立相应的链接。表示 sshd 服务所在的 target 为 multi-user.target，在执行 systemctl enable sshd.service 命令时，sshd.service 的一个符号链接会放在 /etc/systemd/system 目录下的 multi-user.target.wants 子目录之中。

- Also 为当此服务安装时同时需要安装的附加服务。如果用户请求安装的服务中配置了此项，则 systemctl enable 命令执行时会自动安装此处所指定的服务。

案例实施

1. Systemd 与 SysVinit 运行级别对照

Systemd 用目标（target）代替了 SysVinit 中运行级别的概念，两者的区别如表 6.2 所示。

表 6.2　Systemd 目标与 SysVinit 运行级别对照表

Systemd 目标	SysVinit 运行级别	作用
runlevel0.target，poweroff.target	0	关机
runlevel1.target，rescue.target	1	单用户模式
runlevel2.target，multi-user.target	2	等同于级别 3
runlevel3.target，multi-user.target	3	多用户的文本界面
runlevel4.target，multi-user.target	4	等同于级别 3
runlevel5.target，graphical.target	5	多用户的图形界面
runlevel6.target，reboot.target	6	重启
emergency.target	emergency	紧急 shell

Systemd 启动服务使用 systemctl 命令，与之前版本的对应关系如表 6.3 所示。

表 6.3　Systemd 的 systemctl 与 SysVinit 的 service 对应关系

Systemd	SysVinit	功能
systemctl start example.service	service example start	启动服务
systemctl stop example.service	service example stop	停止服务
systemctl restart example.service	service example restart	重启服务
systemctl reload example.service	service example reload	重新加载服务
systemctl status example.service	service example status	查看服务状态
systemctl condrestart example.service	service example condrestart	服务启动情况下重启服务，否则不做任何操作
systemctl enable example.service	chkconfig example on	开机时，系统自动启动服务
systemctl disable example.service	chkconfig example off	开机时，系统禁止启动服务
systemctl is-enabled dummy.service	chkconfig example	检查开机时服务是否启动

Systemd 与 SysVinit 的系统命令对应如表 6.4 所示，注意 SysVinit 的命令在 RHEL 7 之后的版本中仍可以使用。

表 6.4　Systemd 与 SysVinit 系统命令对应关系

Systemd	SysVinit	功能
systemctl halt	halt	系统关闭
systemctl poweroff	poweroff	系统关机
systemctl reboot	reboot	系统重启
systemctl suspend	pm-suspend	系统挂起
systemctl hibernate	pm-hibernate	系统休眠
systemctl hybrid-sleep		系统混合休眠
journalctl -f	tail -f /var/log/messages 或 tail -f /var/log/syslog	查看系统日志

Systemd 有一些特有的命令，这里简单列举一些，如表 6.5 所示。读者可以自行查阅相关资料，此处不再赘述。

表 6.5　Systemd 特有的命令

Systemd	功能
systemctl example.service start -H user@host	在远程主机上启动服务
loginctl	查看当前登录的用户
systemd-analyze 或者 systemd-analyze time	检测系统启动时间
systemd-analyze blame	分析启动时各个进程花费的时间
systemd-analyze critical-chain example.service	分析某个服务的关键链
systemctl kill example	杀掉所有与服务相关的进程
journalctl --since=today	查看当日的日志
hostnamectl	查看主机名、OS 版本、Kernel 版本等相关信息
timedatectl	日期、时间和时区等其他信息
systemd-cgls	按等级列出控制组
systemd-cgtop	按 CPU、内存、输入和输出列出控制组

2. systemctl 命令

Linux systemctl 是一个系统管理守护进程、工具和库的集合，用于取代 System V、service 和 chkconfig 命令，初始进程主要负责控制 Systemd 系统和服务管理器。通过 systemctl --help 可以看到该命令主要分为：查询或发送控制命令给 Systemd 服务，管理单元服务的命令，服务文件的相关命令，任务、环境、快照相关命令，Systemd 服务的配置重载，关机、重启等相关的命令。

systemctl 命令的格式如下：

```
systemctl [选项] 命令 [服务……]
```

例如：

```
[root@www ~]# systemctl list-unit-files
//列出所有可用的单元
[root@www ~]# systemctl list-units
//列出所有运行中的单元
[root@www ~]# systemctl --failed
//列出所有失败的单元
[root@www ~]# systemctl list-unit-files --type=service
//列出所有系统服务及状态
[root@www ~]# systemctl start httpd.service
[root@www ~]# systemctl restart httpd.service
[root@www ~]# systemctl stop httpd.service
[root@www ~]# systemctl reload httpd.service
[root@www ~]# systemctl status httpd.service
//启动、重启、停止、重新加载服务及检查服务状态，这里使用 httpd 举例
[root@www ~]# systemctl is-active vsftpd.service
[root@www ~]# systemctl enable vsftpd.service
[root@www ~]# systemctl disable vsftpd.service
//如何激活服务并在开机时启用或禁用服务，这里使用 vsftpd 举例
[root@www ~]# systemctl kill vsftpd
//使用 systemctl 命令杀死服务相关进程
[root@www ~]# systemctl is-enabled httpd.service
//检查某个单元是否启用，本例为 httpd
[root@www ~]# systemctl show vsftpd
//检查某个服务的所有细节
[root@www ~]# systemctl list-dependencies vsftpd
//获取某个服务的依赖性列表
[root@www ~]# systemctl get-default
//列出当前使用的运行等级
[root@www ~]# systemctl isolate runlevel5.target
[root@www ~]# systemctl isolate graphical.target
//以上两条都是启动运行等级 5，即图形模式，当前有效，重启后无效
[root@www ~]# systemctl set-default runlevel3.target
//设置多用户模式为默认运行等级
[root@www ~]# systemctl set-default runlevel5.target
//设置图形模式为默认运行等级
[root@www ~]# systemctl list-unit-files --type=mount
//列出所有系统挂载点及状态
[root@www ~]# systemctl start tmp.mount
[root@www ~]# systemctl stop tmp.mount
[root@www ~]# systemctl restart tmp.mount
[root@www ~]# systemctl reload tmp.mount
```

```
[root@www ~]# systemctl status tmp.mount
//挂载、卸载、重新挂载、重载系统挂载点并检查系统中挂载点状态
[root@www ~]# systemctl is-active tmp.mount
[root@www ~]# systemctl enable tmp.mount
[root@www ~]# systemctl disable tmp.mount
//在启动时激活、启用或禁用挂载点（系统启动时自动挂载）
[root@www ~]# systemctl rescue
//切换至 rescue 模式
[root@www ~]# systemctl emergency
//切换至 emergency 模式
```

systemctl 体系庞杂，限于篇幅无法一一列举，读者可自行查阅 man systemctl，或者登录相关 Linux 论坛和学习网站学习。

任务 6.2　进 程 管 理

知识指南

6.2.1　进程

1. 进程的概念

简单地说，进程就是一个程序一次执行的过程，它是一个动态的概念。进程是程序执行的实例，是 Linux 系统资源分配和调度的基本单位。对于程序员来说，重要的就是要区分进程和程序的区别。程序是指一段完成功能的代码，或者说是一个工具，它是一个静态的概念，而进程是动态的。例如，Linux 的 vi 编辑器，它是在 Linux 下用于文本编辑的工具，是一个程序，而在 Linux 终端中，可以分别开启两个 vi 编辑器的进程。

在 Linux 系统中，内核使用进程来控制对 CPU 和其他系统资源的访问，并且使用进程来决定在 CPU 上运行哪个程序、运行多久及采用什么特性运行。内核的调度器负责在所有的进程间分配 CPU 执行时间（即时间片，time slice），它轮流在每个进程分得的时间片用完后从进程中抢回控制权。系统会为每个进程分配一个唯一的整型 ID，作为进程的标识号（PID）。

Systemd 引入了 cgroup 来跟踪管理服务进程生出来的所有进程，cgroup 将进程分组和对分组的资源控制分得很清楚。无论服务如何启动新的子进程，所有这些相关进程都会属于一个 cgroup，Systemd 只需要遍历相应的 cgroup 文件系统目录下的文件，就可以找到所有的相关进程。cgroup 使进程管理变得简单，甚至不需要维护 pid 文件，但是作为 Linux 系统管理员，必须理解并熟练掌握进程和进程管理。

2. 进程的状态

1）运行状态（TASK_RUNNING）：若进程正在被 CPU 执行，或已经准备就绪随时可由调度程序执行，则称该进程处于运行状态。Linux 系统中用 R（running）表示。

2）可中断休眠状态（TASK_INTERRUPTIBLE）：当进程处于可中断休眠状态时，系统不会调度该进程执行。当系统产生一个中断或者释放了进程正在等待的资源，或者进程收到一个信号，都可以唤醒进程转换到运行状态。Linux 系统中用 S（sleeping）表示。

3）不可中断休眠状态（TASK_UNINTERRUPTIBLE）：与可中断休眠状态类似，进程处于睡眠状态，但是此刻进程是不可中断的。不可中断并不是指 CPU 不响应外部硬件的中断，而是指进程不响应异步信号。该状态通常在等待磁盘资源时发生，Linux 系统中用 D（disk sleep）表示。同样是不可中断休眠状态，I（idle）则表示不可中断内核线程。

4）暂停状态（TASK_STOPPED）：又称挂起状态，进程暂时停止运行。当进程收到一些特殊信号时就会进入暂停状态。Linux 系统中用 T（stopped）表示。

5）僵死状态（TASK_DEAD-EXIT_ZOMBIE）：当进程已停止运行，但其父进程还没有询问其状态时，则称该进程处于僵死状态。Linux 系统中用 Z（zombie）表示。

3. 进程的优先级

进程 CPU 和内存资源分配就是指进程的优先级。优先级高的进程有优先执行权利。进程的优先级有两个：静态值和动态值。静态值即静态优先级或谦让值（niceness），除非用户指定，否则无法改变；动态值即动态优先级（priority），这个值会根据实际情况不断变化，不可控制。

我们平时讨论的优先级一般是指静态优先级。这个优先级在 Linux 内用谦让值来确定，对于系统上其他用户的谦让程度，高谦让值表示进程具有低优先级，低谦让值或负谦让值表示进程具有高优先级。谦让值的允许范围是-20～+19，这也是谦让值数值越小，优先级越高的原因。

一般新创建的进程从它的父进程继承谦让值。进程的属主可以增加其谦让值，但不能减少，即使是让进程返回到默认的谦让值也不行。超级用户可以任意设置谦让值。

6.2.2 作业

正在执行的一个或者多个相关进程称为作业，一个作业可以包含一个或者多个进程。

作业分为两类：前台作业和后台作业。前台作业可与用户进行交互操作，用户可见，同一时间只能有一个前台作业；后台作业运行于后台，不与用户交互，但是可以输出结果。

案例实施

1. 进程管理

（1）启动进程

进程的启动又分为前台启动和后台启动。用户在 shell 命令提示符下输入命令后按 Enter 键就可启动前台进程。如果输入 shell 命令后加上“&”符

进程管理、作业管理和优先级设置

号，再按 Enter 键，则启动了后台进程，此时进程在后台运行，前台可以继续运行和处理其他程序。还有一种进程的启动是由系统调度启动的，如设置 at 和 cron 等调度，则在指定的时间会自动执行指定的任务。

（2）查看进程

查看系统正在运行的命令和程序可以使用 ps 和 top 命令实现。

1）ps 命令。ps 命令用于查看系统的进程。

ps 命令的格式如下：

```
#ps [选项]
```

以下是选项的说明。

- a：显示现行终端下的所有程序，包括其他用户的程序。
- u：以用户为主的格式来显示程序状况。
- x：显示所有程序，不以终端来区分。
- -A：显示所有程序。
- -l：显示进程较为详细的信息。

例 1：

```
[root@www ~]#ps aux
//以用户为主，列出所有终端下的所有进程
```

图 6.1 所示为执行 ps aux 的结果（部分）。

```
[root@www ~]# ps aux
USER         PID %CPU %MEM    VSZ   RSS TTY      STAT START   TIME COMMAND
root           1  0.1  0.8 172608 15036 ?        Ss   16:38   0:01 /usr/lib/systemd/systemd
root           2  0.0  0.0      0     0 ?        S    16:38   0:00 [kthreadd]
root           3  0.0  0.0      0     0 ?        I<   16:38   0:00 [rcu_gp]
root           4  0.0  0.0      0     0 ?        I<   16:38   0:00 [rcu_par_gp]
root           5  0.0  0.0      0     0 ?        I<   16:38   0:00 [slub_flushwq]
root           6  0.0  0.0      0     0 ?        I<   16:38   0:00 [netns]
root          10  0.0  0.0      0     0 ?        I<   16:38   0:00 [mm_percpu_wq]
root          12  0.0  0.0      0     0 ?        I    16:38   0:00 [rcu_tasks_kthre]
root          13  0.0  0.0      0     0 ?        I    16:38   0:00 [rcu_tasks_rude_]
root          14  0.0  0.0      0     0 ?        I    16:38   0:00 [rcu_tasks_trace]
root          15  0.0  0.0      0     0 ?        S    16:38   0:00 [ksoftirqd/0]
root          16  0.0  0.0      0     0 ?        S    16:38   0:00 [pr/tty0]
root          17  0.0  0.0      0     0 ?        I    16:38   0:00 [rcu_preempt]
root          18  0.0  0.0      0     0 ?        S    16:38   0:00 [migration/0]
root          19  0.0  0.0      0     0 ?        S    16:38   0:00 [idle_inject/0]
root          21  0.0  0.0      0     0 ?        S    16:38   0:00 [cpuhp/0]
root          22  0.0  0.0      0     0 ?        S    16:38   0:00 [cpuhp/1]
root          23  0.0  0.0      0     0 ?        S    16:38   0:00 [idle_inject/1]
root          24  0.0  0.0      0     0 ?        S    16:38   0:00 [migration/1]
root          25  0.0  0.0      0     0 ?        S    16:38   0:00 [ksoftirqd/1]
root          28  0.0  0.0      0     0 ?        S    16:38   0:00 [cpuhp/2]
root          29  0.0  0.0      0     0 ?        S    16:38   0:00 [idle_inject/2]
```

图 6.1　执行 ps aux 的结果（部分）

例 2：

```
[root@www ~]#ps -Al
//列出所有终端下的所有进程，并显示详细信息
```

图 6.2 所示为执行 ps -Al 的结果（部分）。

```
[root@www ~]# ps -Al
F S   UID     PID    PPID  C PRI  NI ADDR SZ WCHAN  TTY          TIME CMD
4 S     0       1       0  0  80   0 - 43152 ep_pol ?        00:00:01 systemd
1 S     0       2       0  0  80   0 -     0 kthrea ?        00:00:00 kthreadd
1 I     0       3       2  0  60 -20 -     0 rescue ?        00:00:00 rcu_gp
1 I     0       4       2  0  60 -20 -     0 rescue ?        00:00:00 rcu_par_gp
1 I     0       5       2  0  60 -20 -     0 rescue ?        00:00:00 slub_flushwq
1 I     0       6       2  0  60 -20 -     0 rescue ?        00:00:00 netns
1 I     0      10       2  0  60 -20 -     0 rescue ?        00:00:00 mm_percpu_wq
1 I     0      12       2  0  80   0 -     0 rcu_ta ?        00:00:00 rcu_tasks_kthre
1 I     0      13       2  0  80   0 -     0 rcu_ta ?        00:00:00 rcu_tasks_rude_
1 I     0      14       2  0  80   0 -     0 rcu_ta ?        00:00:00 rcu_tasks_trace
1 S     0      15       2  0  80   0 -     0 smpboo ?        00:00:00 ksoftirqd/0
1 S     0      16       2  0  80   0 -     0 printk ?        00:00:00 pr/tty0
1 I     0      17       2  0  80   0 -     0 -      ?        00:00:00 rcu_preempt
1 S     0      18       2  0 -40   - -     0 smpboo ?        00:00:00 migration/0
1 S     0      19       2  0   9   - -     0 smpboo ?        00:00:00 idle_inject/0
1 S     0      21       2  0  80   0 -     0 smpboo ?        00:00:00 cpuhp/0
1 S     0      22       2  0  80   0 -     0 smpboo ?        00:00:00 cpuhp/1
1 S     0      23       2  0   9   - -     0 smpboo ?        00:00:00 idle_inject/1
1 S     0      24       2  0 -40   - -     0 smpboo ?        00:00:00 migration/1
1 S     0      25       2  0  80   0 -     0 smpboo ?        00:00:00 ksoftirqd/1
```

图 6.2 执行 ps -Al 的结果（部分）

例 3：

```
[root@www ~]#ps -u Admin
//查看用户 Admin 的进程
```

图 6.3 所示为执行 ps -u Admin 的结果。

```
[root@www ~]# ps -u Admin
    PID TTY          TIME CMD
   3100 ?        00:00:00 systemd
   3102 ?        00:00:00 (sd-pam)
   3116 tty3     00:00:00 bash
   3146 tty3     00:00:00 vim
```

图 6.3 执行 ps -u Admin

例 4：

```
[root@www ~]#ps -aux|grep Admin
//查看包含 Admin 字符的进程
```

图 6.4 所示为执行 ps –aux|grep Admin 的结果。

```
[root@www ~]# ps -aux |grep Admin
root        3089  0.0  0.4  16208  7856 ?        Ss   16:58   0:00 login -- Admin
Admin       3100  0.0  0.7  22556 12956 ?        Ss   16:59   0:00 /usr/lib/systemd/systemd --user
Admin       3102  0.0  0.2 173992  4472 ?        S    16:59   0:00 (sd-pam)
Admin       3116  0.0  0.3 224104  6012 tty3     Ss   16:59   0:00 -bash
Admin       3146  0.0  0.4 229592  8600 tty3     S+   16:59   0:00 vim a.txt
root        3723  0.0  0.1 221680  2340 pts/0    S+   17:02   0:00 grep --color=auto Admin
```

图 6.4　查看包含 Admin 字符的进程

2）top 命令。top 命令也可以显示目前正在系统中执行的进程，但与 ps 命令不同的是，它可以实时监控进程的状况，每 5s 刷新一次，按 Q 键退出。图 6.5 所示为执行 top 命令的结果。

```
[root@www ~]# top

top - 17:02:59 up 23 min,  3 users,  load average: 0.00, 0.02, 0.10
Tasks: 354 total,   1 running, 353 sleeping,   0 stopped,   0 zombie
%Cpu(s):  0.1 us,  0.3 sy,  0.0 ni, 99.3 id,  0.0 wa,  0.2 hi,  0.1 si,  0.0 st
MiB Mem :   1732.1 total,    331.1 free,   1221.9 used,    345.3 buff/cache
MiB Swap:   2056.0 total,   1904.8 free,    151.2 used.    510.2 avail Mem

    PID USER      PR  NI    VIRT    RES    SHR S  %CPU  %MEM     TIME+ COMMAND
   2203 root      20   0 4416912 197696 111172 S   1.3  11.1   0:15.02 gnome-shell
   2815 root      20   0  921160  65980  47676 S   0.7   3.7   0:03.07 gnome-terminal-
    906 root      20   0  456596   9712   6772 S   0.3   0.5   0:02.50 vmtoolsd
   2966 root      20   0       0      0      0 I   0.3   0.0   0:00.41 kworker/2:2-events_power_efficient
      1 root      20   0  172608  15036   9796 S   0.0   0.8   0:01.94 systemd
      2 root      20   0       0      0      0 S   0.0   0.0   0:00.08 kthreadd
      3 root       0 -20       0      0      0 I   0.0   0.0   0:00.00 rcu_gp
      4 root       0 -20       0      0      0 I   0.0   0.0   0:00.00 rcu_par_gp
      5 root       0 -20       0      0      0 I   0.0   0.0   0:00.00 slub_flushwq
      6 root       0 -20       0      0      0 I   0.0   0.0   0:00.00 netns
     10 root       0 -20       0      0      0 I   0.0   0.0   0:00.00 mm_percpu_wq
     12 root      20   0       0      0      0 I   0.0   0.0   0:00.00 rcu_tasks_kthre
     13 root      20   0       0      0      0 I   0.0   0.0   0:00.00 rcu_tasks_rude_
```

图 6.5　执行 top 命令的结果

使用 ps 命令或者 top 命令可以查看进程的执行结果代码及含义，如表 6.6 所示。

表 6.6　ps 命令和 top 命令相关执行结果代码及含义（部分）

代码	含义
USER（UID）	进程所属用户（所属用户 UID）
PID	进程 ID
PPID	父进程 ID
C	短期 CPU 使用因子
PRI（PR）	动态优先级（priority）
NI	静态优先级或谦让值（niceness）
%CPU	CPU 使用率

续表

代码	含义
%MEM	内存使用率
VSZ（VIRT）	虚拟内存占用大小
RES（SZ）	进程使用的物理内存大小，单位为 KB
RSS	占用内存大小
TTY	终端号，不是从终端启动的显示为“？”
STAT（S）	进程状态
START	进程启动时间
TIME	消耗 CPU 的时间总计，单位为 s
TIME+	使用 CPU 时间总计，单位为 1/100 s
COMMAND（CMD）	命令的名称或参数

（3）结束进程

在 Linux 系统的运行过程中，常需要对某个异常的进程进行终止操作。另外，管理员对于疑似不安全的进程也需要强行终止，这时可以使用 kill 和 killall 命令来进行处理。

1）kill 命令。kill 命令的作用是向指定的 PID 进程发送终止运行信号，进程收到信号后，会自动结束本进程，并处理好结束前的相关事务。默认信号代码会直接终止进程。超级用户可以终止所有的进程，而普通用户只能终止自己启动的进程。

kill 命令的格式如下：

```
kill [信号代码] <PID>
```

以下为信号代码的说明。

- -9：发送 SIGKILL 信号。无信号的 kill 不能终止时，可强制终止指定进程。
- -15：发送 SIGTERM 信号。一般在使用-9 选项无效的情况下使用。

小提示

可以使用 ps 命令获得该进程的 PID，然后使用 kill 命令将该进程终止。

2）killall 命令。killall 命令使用进程名来结束指定进程的运行。若系统存在同名的多个进程，则这些进程将全部结束运行。该命令使用的信号代码与 kill 命令相同。

killall 命令的格式如下：

```
killall [信号代码] <进程名>
```

例如：

```
[root@www ~]#killall -9 vi
//结束系统中所有的 vi 进程
```

2. 作业管理

（1）查看作业

查看作业可以使用jobs命令，jobs命令的格式如下：

```
jobs [选项]
```

以下为常见选项的说明。

- -p：仅显示进程号。
- -l：同时显示进程号和作业号。

例如：

```
[root@www ~]#jobs -l
//显示所有作业，并同时显示作业号和进程号
```

（2）作业前台、后台切换

利用bg和fg命令可以实现前台作业和后台作业之间的相互转换。

1）bg 命令。使用 bg 命令可以将挂起的作业切换到后台运行。若未指定作业号，则将挂起的作业队列中的第一个作业切换到后台。

bg命令的格式如下：

```
bg [作业号]
```

例如：

```
[root@www ~]#vi a.txt
<ctrl+z>
[1]+stopped
[root@www ~]#bg 1
[1]+vi a.txt &
//使用 vi 编辑 a.txt 文件，然后按 Ctrl+Z 组合键将 vi 进程挂起，再切换至后台
```

小提示

将正在运行的前台作业切换至后台，功能与 shell 命令结尾加上“&”符号相似。

2）fg 命令。可以使用 fg 命令将后台作业调入前台继续执行。

例如：

```
[root@www ~]#fg 1
//将作业 1 切换到前台继续执行
```

3. 优先级设置

优先级决定了CPU的使用时间，优先级越高，则系统会提供越多的CPU使用时间，以

缩短执行时间。在系统管理中，如果需要调整进程的优先级，可以通过 nice 和 renice 命令来进行设置。

（1）nice 命令

nice 命令用指定的优先级来启动指定进程，若没有指定优先级数值，则默认的优先级为 10，-20～-1 的优先级数值只有管理员可以设置。若执行进程时没有指定 nice，则默认优先级为 0。

nice 命令的格式如下：

```
nice [- 优先级数值] 命令
```

例如：

```
[root@www ~]#nice vi &
[root@www ~]#nice -10 vi &
//可以使用 ps -l |grep vi 来验证
```

（2）renice 命令

renice 命令用来修改正在运行的进程的优先级数值，也可以指定用户和组的进程优先级。

renice 命令的格式如下：

```
renice 优先级数值 选项
```

以下是常见选项的说明。

- -p：进程号，修改指定进程的优先级，可以省略。
- -u：用户名，修改指定用户所启用进程的默认优先级。
- -g：组 ID 号，修改指定组中所有用户启用进程的默认优先级。

例如：

```
[root@www ~]#renice -13 2288
//将 PID 为 2288 的进程的优先级改为-13
[root@www ~]#renice -8 -u Manager
//将用户 Manager 的所有进程优先级设置为-8
```

小提示

使用 nice 命令时指定优先级的数字前需要加上一个“-”符号，如果等级设置为-10，则应使用 nice --10；但是 renice 命令中的优先级前不需要加“-”符号，若优先级设置为-10，则应使用 renice -10。

4. 任务调度

Linux 允许用户要求在指定的时间内自动运行进程，也允许用户将非常消耗资源和时间的进程（如备份、扫描病毒等）安排在系统比较空闲的时间来完成，这种让系统在特定的时间执行指定任务的办法就是任务调度。这里主要介绍 Linux 任务调度的一次性 at 调度和周期性执行的 cron 调度。

任务调度

（1）at 调度

用户可以使用 at 命令在指定时刻执行指定的命令序列。也就是说，该命令至少需要指定一个命令、一个执行时间才可以正常运行。at 命令可以只指定时间，也可以将时间和日期一起指定。

at 命令的格式如下：

```
at [-f 文件名] [选项] <时间>
```

以下为主要选项的说明。

- -m：作业结束后发送邮件给执行 at 命令的用户。
- -f file：使用该选项将使命令从指定的文件读取，而不是从标准输入读取。
- -l atq：命令的一个别名。该命令用于查看安排的作业序列，它将列出用户排在队列中的作业，如果是超级用户，则列出队列中的所有工作。
- -d：删除指定的调度作业。

以下为时间（可以使用绝对时间，也可以使用相对时间）的表达方式。

- 绝对时间是“hh:mm”和“hh:mm 日期”形式，时间可以使用 24 小时制，也可以使用 12 小时制。如果使用 12 小时制，要加上 am（代表上午）或者 pm（代表下午）。日期格式可以表达为“month day”“mmddyy”“mm/dd/yy”或“dd.mm.yy”等。日期必须放在时间之后，可以使用 today 代表今天的日期，使用 tomorrow 代表明天的日期。

相对时间是以 now（当前时间）为基准所递增的若干个时间单位。时间单位可以是 minutes、hours、days、weeks 等，表达式是“now+时间间隔”。

例如，指定在今天下午 5:30 执行某命令。假设现在时间是 2024 年 5 月 3 日中午 12:30，其时间可以表示如下：

```
5:30pm
17:30
17:30 today
now + 5 hours
now + 300 minutes
17:30 3.5.2024
17:30 5/3/2024
17:30 May 3
```

使用 at 命令时，在输入 at 后，系统将出现 at>提示符，等待用户输入将要执行的命令。输入完成后按 Ctrl+D 组合键结束，系统将在屏幕上显示 at 调度执行时间。例如：

```
[root@www ~]#at 23:59 12/31/2023
at>who
at>wall Happy New Year!
at><ctrl+D>
job 1 at 2023-12-31 23:59
//在 2023 年 12 月 31 日 23 点 59 分，向所有登录系统用户发送“Happy New Year!”
```

```
//信息，本例测试时可将时间改为“now + 3 minutes”
[root@www ~]# atq
//查询系统内已有 at 调度
[root@www ~]# atrm 1
//删除序号为 1 的待执行的 at 命令任务队列
```

（2）cron 调度

at 调度会在一定时间内完成一定任务，但是要注意它们都只能执行一次。也就是说，当指定了运行命令后，系统在指定时间内完成任务，一切就结束了。但是在很多时候需要不断重复一些命令，如公司每周一自动以邮件方式向员工通知本周公司的工作安排，或者每天例行的数据备份工作，这时就需要使用 cron 命令来完成任务。

cron 任务靠 crond 进程来进行监控，crond 进程在系统启动时自动启动，并在后台运行。crond 每隔 1 分钟就检测一次 crontab 配置文件，并按照设置内容，定期重复执行指定的 cron 调度工作。

1）crontab 配置文件。crontab 配置文件所在的路径是/etc/crontab，crontab 配置文件的内容如图 6.6 所示。crontab 配置文件包含 6 个字段，依次为分钟、小时、日期、月份、星期和命令名称，具体说明如表 6.7 所示。

```
SHELL=/bin/bash
PATH=/sbin:/bin:/usr/sbin:/usr/bin
MAILTO=root

# For details see man 4 crontabs

# Example of job definition:
# .---------------- minute (0 - 59)
# |  .------------- hour (0 - 23)
# |  |  .---------- day of month (1 - 31)
# |  |  |  .------- month (1 - 12) OR jan,feb,mar,apr ...
# |  |  |  |  .---- day of week (0 - 6) (Sunday=0 or 7) OR sun,mon,tue,wed,thu,fri,sat
# |  |  |  |  |
# *  *  *  *  * user-name  command to be executed
```

图 6.6　crontab 配置文件的内容

表 6.7　crontab 配置文件的字段说明

字段名称	作用	取值范围
分钟	每小时的第几分钟执行	0～59
小时	每天的第几小时执行	0～23
日期	每月的第几天执行	1～31
月份	每年的第几个月执行	1～12（或者用英文简写，如 jan、feb、mar……）
星期	每周几执行	0～6（星期日用 0 或者 7 表示，或者用英文简写，如 sun、mon、tue、wed……）
命令名称	所执行的 shell 命令	可以执行的 shell 命令

关于 crontab 配置文件，需要注意以下几点。

- 所有字段不能为空，字段之间用空格隔开。
- 如果不指定字段内容，需要输入“*”通配符，表示全部。例如，在 day 字段输入“*”，表示每天都执行。
- 可以使用“-”表示一段时间，如在 day 字段输入“6-9”，则每个月的 6-9 日都要执行指定的命令。
- 如果不是连续的日期或者时间可用“，”隔开，如在 day 字段输入“6，9”表示每个月 6 日和 9 日执行。
- 可以使用“*/”来表示每隔多长时间执行，如在 minute 字段输入“*/5”表示每 5 分钟执行一次命令。
- 日期和星期只需要有一个匹配即可执行指定命令，但是其他字段必须完全匹配才可以执行相关命令。

2）crontab 命令。crontab 命令的功能是管理用户的周期性执行命令，每个用户在想定制例行性任务时先以用户身份登录，然后执行 crontab 命令。

crontab 命令的格式如下：

```
crontab [选项]
```

以下是常见选项的说明。

- -e：创建、编辑配置文件。
- -l：显示配置文件的内容。
- -r：删除配置文件。

例如，用户 Manager 需要设置 cron 调度，要求每星期一、星期三早上 5:00 将/home/Manager 目录中的所有文件压缩至/bak 目录下，并取名为 Manager.tar.gz。

首先以 Manager 身份登录系统，然后进行如下设置。

```
[Manager@www ~]$crontab -e
```

输入 crontab -e 命令后，系统自动启动 vi 编辑器，用户输入以下配置内容后，保存并退出。

```
0 5 * * 1,3 tar -czf /bak/Manager.tar.gz /home/Manager
```

此时在/var/spool/cron 目录下将出现一个名为 Manager 的文件，文件内容同上，系统会根据设置的时间执行指定命令，全部过程和结果如图 6.7 所示。

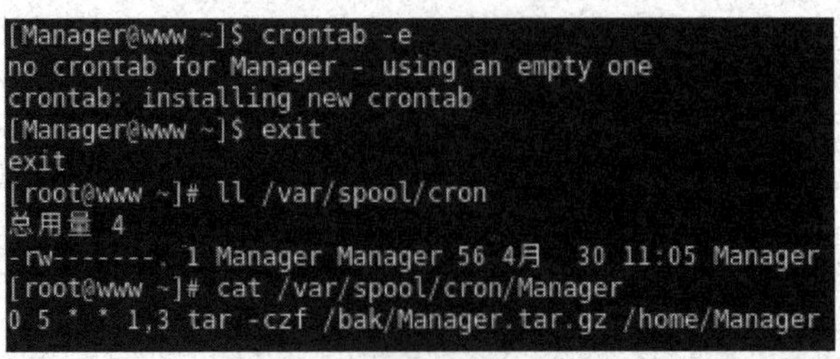

图 6.7　为 Manager 用户创建任务调度

总 结 提 高

1. 小结

RHEL 7 之后的 Red Hat 系列 Linux 发行版本中全面引入了 Systemd 的概念，将原来的 SysVinit 的串行模式改为并行模式，提高了系统启动的效率，进程管理也更加智能和高效。Systemd 体系庞大，功能强大，命令复杂，需要读者认真体会掌握。

Linux 系统资源分配和调度的基本单位是进程，每个进程都有唯一编号 PID。一个或者多个相关进程组成作业。进程和作业既可以在前台运行，也可以在后台运行，每个用户只能有一个前台作业。

进程有优先级，优先级的取值范围是-20～+19，默认优先级为 0，优先级值越大，优先级越低。用户可以修改自己启动的进程的优先级，普通用户只可以调低优先级，超级用户 root 则既可以调高也可以调低优先级。

用户可以通过 at 或者 cron 调度进程和作业。at 调度可以在指定时间执行一次指定的命令，cron 调度则可以周期性地重复执行命令。cron 调度与 crond 进程、crontab 配置文件和 crontab 命令相关。用户的 crontab 位于/var/spool/cron 目录中，文件名与用户名相同。

2. 提高

1）在/home/Admin/下自定义一个 rm.sh 文件，内容为 find /home/Admin/mybak /* -mtime +30 –exec rm -rf {} \;，在/etc/crontab 文件的最后加入一行：0 0 1 * * root /home/Admin/rm.sh。思考一下这样做有什么作用。

2）尝试使用 cron 命令管理更多的工作。

项 目 实 训

1. 修改运行级别

1）使用 root 用户登录系统。

2）使用 systemctl 查询系统默认的运行级别。

3）如果查询出的默认运行级别是 runlevel3，使用 systemctl 命令改为 runlevel5，反之亦然。

4）重启系统测试结果。

2. 管理进程

1）显示所有用户的所有进程的详细信息。

2）运行 more anaconda-ks.cfg 命令，并切换至后台。

3）运行 vi &，使用 jobs 查看作业。

4）查看进程 more。

5）查看 more 的优先级。

6）设定 more 的优先级为 5。

7）使用 kill 命令杀死进程 more。

8）使用 top 命令动态显示当前进程。

3. 任务调度

1）由于 Linux 服务器每月要定期进行维护，故需制定一个 cron 任务：每月 1 日的凌晨 0:00 重启服务器，并给出提示消息“FOR MAINTANCE!”。

2）定制一次性任务，23:45 关闭 Linux 服务器。

项目 7

网络基础设置

案例需求

将公司所安装的 Rocky Linux 主机名改为 www.rocky9.net，IP 地址设置为 172.168.0.8，子网掩码采用 24 位掩码，即 255.255.255.0，网关设置为 172.168.0.254，DNS 服务器设置为 172.168.0.8。

需求分析

Linux 是一个典型的网络操作系统，不管是作为网络服务器，还是需要与其他主机进行通信，都需要正确配置网络。本项目主要介绍网络配置的相关知识和技能，包括主机名、IP 地址、子网掩码、网关、DNS 服务器等。

网络的发展起源于高等院校、科研院所、企业等，最初各方设计的网络雏形不尽相同。OSI 七层模型和 TCP/IP 作为理论指导和实际应用模型，在实际使用中求同存异，完美地解决了各个网络模型之间不能互通的问题。求同存异不仅能够解决网络问题，还能解决国与国之间复杂的政治、经济、外交等问题，更能通过搁置争议，寻找共通之处，实现共赢。在处理个人与个人、个人与社会的关系时，如果有求同存异的智慧，生活会更加幸福和美好。

就本项目来说，读者会发现，同样一个问题有若干的解决办法，可以用命令，可以修改配置文件，也可以用图形界面，学习方法要在实践中检验，读者尽可大胆尝试，“条条大路通罗马”。

知识目标

⊙ 掌握网络配置的相关配置文件和配置参数。

技能目标

⊙ 熟练掌握 Linux 网络相关参数的配置方法。

⊙ 熟练掌握网络服务的启动方法。

思政目标

⊙ 建立求同存异的互联网发展思维。

⊙ “条条大路通罗马”，实践出真知，事情的解决方法多种多样。

任务 7.1　设置 Linux 网络

知识指南

7.1.1　常见网络参数

1. 主机名

主机名就是计算机的名称（计算机名），网络中主机名唯一。主机名用于在网络中识别独立的计算机（即使用户的计算机没有联网，也应该有一个主机名）。Linux 系统的默认主机名为 localhost。

2. IP 地址

IP 地址是 IP 协议提供的一种统一的地址格式，它为互联网上的每个网络和每台主机分配一个逻辑地址。常见的 IP 地址分为 IPv4 与 IPv6 两大类。

IPv4 地址是一个 32 位的二进制数，通常分割为 4 个 8 位二进制数（也就是 4B）。IP 地址通常用“点分十进制”表示成“a.b.c.d”的形式，其中 a、b、c、d 都是 0～255 的十进制整数。例如，点分十进制 IP 地址 100.4.5.7 实际上是 32 位二进制数 01100100.00000100.00000101.00000111。

IP 地址编址方案将 IP 地址空间划分为 A、B、C、D、E 这 5 类，其中 A、B、C 是基本类，由 Internet NIC 在全球范围内统一分配，D、E 类为特殊地址，作为多播和保留使用。

私有地址（private address）属于非注册地址，专门为组织机构内部使用。A、B、C 这 3 类的 IP 地址范围和私有 IP 地址范围详见表 7.1。

表 7.1　IP 地址范围和私有 IP 地址范围

网络类别	最大网络数	IP 地址范围	最大主机数	私有 IP 地址范围
A	126（2^7–2）	1.0.0.0～127.255.255.255	16777214	10.0.0.0～10.255.255.255
B	16384（2^{14}）	128.0.0.0～191.255.255.255	65534	172.16.0.0～172.31.255.255
C	2097152（2^{21}）	192.0.0.0～223.255.255.255	254	192.168.0.0～192.168.255.255

TCP/IP 协议规定网络地址除了标识一台主机外，还规定了几种有特殊意义的 IP 地址。

（1）广播地址

TCP/IP 协议规定，主机号全为“1”的网络地址用于广播，称为广播地址。广播是指同时向网络中所有的主机发送报文。

（2）“0”地址

TCP/IP 协议规定，各位全为“0”的网络号被解释成“本网络”。

（3）回送地址

A 类网络地址 127 是一个保留地址，用于网络软件测试及本地计算机进程间的通信，称为回送地址（loopback address）。无论什么程序，一旦使用回送地址发送数据，协议软件立即返回，不进行任何网络传输。

（4）IPv6 地址

随着“物云大智”（物联网、云计算、大数据、人工智能）技术的发展，IP 地址已经远远不够用，互联网需要更多的可分配 IP 地址，于是 IPv6 应运而生。IPv6 地址采用 128 位二进制，号称可以为全世界的每一粒沙子编上一个 IP 地址（2^{128} 个 IP 地址）。

IPv6 用点分十进制法来表示已经变得不现实，为了方便书写，IPv6 使用冒号分隔十六进制来表示，把 128 位二进制划分为 8 段，每段之间用冒号分隔，每段内部由 4 位十六进制数组成。例如：

FFFF:00AA:0000:0000:ABCD:0000:EFA1:0000

为了更方便地表示，人们还制定了简化的 IPv6 表示规则，具体如下：

如果某段 IP 为“0000”，可以简化为“0”， 如果连续多段 IP 为“0000”，可以简化为“::”，而“::”在一个 IP 中只能出现一次，不仅可以出现在 IP 的中间，也可以出现在 IP 的开头或结尾，因此，上面的 IP 地址可以简化为 FFFF:00AA::ABCD:0:EFA1:0。

IPv6 地址很复杂，所以基本都是系统自动配置的。

3. 子网掩码

子网掩码用来标识两个 IP 地址是否同属于一个子网。它也是一组 32 位长的二进制数字，其每位上的数字代表不同含义：若为“1”代表该位是网络位；若为“0”则代表该位是主机位。和 IP 地址一样，人们同样使用点分十进制法来表示子网掩码，如 255.255.255.0。如果两个 IP 地址分别与同一个子网掩码进行按位“与”运算后得到的结果相同，即表明这两个 IP 地址处于同一个子网中。

例如，一个 IP 地址为 172.168.0.1，若子网掩码为 255.255.255.0，IP 地址和子网掩码做按位“与”运算得 172.168.0.0，则网络设备认为该 IP 地址的网络号与子网号为 172.168.0.0。

4. 网关

从一个房间走到另一个房间，必然要经过一扇门。同样，从一个网络向另一个网络发送信息必须经过一道关卡，这道关卡就是网关（gateway）。在 TCP/IP 协议下的网关实质上是一个网络通向其他网络的 IP 地址。例如，有网络 A 和网络 B，网络 A 的 IP 地址范围为 172.168.1.1～172.168.1.254，子网掩码为 255.255.255.0；网络 B 的 IP 地址范围为 172.168.2.1～172.168.2.254，子网掩码为 255.255.255.0。在没有路由器的情况下，两个网络之间是不能进行 TCP/IP 通信的，即使两个网络连接在同一台交换机（或集线器）上，TCP/IP 协议也会根据子网掩码（255.255.255.0）判定两个网络中的主机处在不同的网络中。要实现这两个网络之间的通信，必须通过网关。如果网络 A 中的主机发现数据包的目的主机不在本地网络中，就把数据包转发给它自己的网关，再由网关转发给网络 B 的网关，网络 B 的网关再转发给网络 B 的某台主机。所以只有设置好网关 IP 地址，TCP/IP 协议才能实现不同网络之间的相互通信。一般来说，网关的 IP 地址是具有路由功能的设备（路由器、启用了路由功能的服务器等）的 IP 地址。

5. DNS 服务器地址

DNS 是计算机域名系统（domain name system）的缩写，DNS 服务器由域名解析器和域名服务器组成。域名服务器是指保存有该网络中所有主机的域名和对应的 IP 地址，并具有将域名转换为 IP 地址功能的服务器。其中域名必须对应一个 IP 地址，而 IP 地址不一定有域名。将域名映射为 IP 地址的过程称为正向解析，将 IP 地址映射成域名的过程称为反向解析。

7.1.2 Linux 网络相关配置文件

在 Linux 中，与网络相关的信息分别存储在不同的配置文件中，包括/etc/hosts 文件、/etc/resolv.conf 文件、/etc/NetworkManager/system-connections 目录下的文件。

1. /etc/hosts 文件

hosts 文件的作用相当于 DNS 的作用，提供 IP 地址与 hostname 的对应。现在一般由 DNS 服务器来提供类似的 IP 地址到域名的对应。Linux 系统如果需要域名解析，首先查询/etc/hosts 文件，然后向 DNS 服务器发出域名解析请求。如果/etc/hosts 里面有相应的记录，就会使用 hosts 里面的记录。/etc/hosts 的内容如下：

```
127.0.0.1       localhost localhost.localdomain localhost4 localhost4.localdomain4
::1             localhost localhost.localdomain localhost6 localhost6.localdomain6
```

小提示

/etc/hosts 与设置 hostname 没有必然的联系，仅仅当在本机上用新的 hostname 来映射自己的 IP 地址时才会用到/etc/hosts 文件。

2. /etc/resolv.conf 文件

/etc/resolv.conf 文件用于在 DNS 客户端指定所使用的 DNS 服务器的相关信息，主要包括 search、nameserver 等设置选项。

- search 选项：指定 DNS 服务器的域名搜索列表，最多 6 个，一般不设置。
- nameserver 选项：用来设置 DNS 服务器的 IP 地址，最多可以设置 3 个，每个服务器记录一行。

例如：

```
search rocky9.net
nameserver 172.168.0.8
nameserver 2409:8057:2000:6::8
nameserver 2409:8057:2000:2::8
```

3. /etc/NetworkManager/system-connections 目录下的文件

/etc/NetworkManager/system-connections 目录下包含网络接口的配置文件，这里默认只有一个“ens160.nmconnection”文件，如果系统设置多个接口，则这个目录下会有多个扩展名为“.nmconnection”的文件，默认权限是“-rw-------”，不建议通过修改这个文件来修改网络配置。

配置文件“ens160.nmconnection”的内容如下：

```
id=ens160
uuid=c2e217e8-96f9-396d-9843-014f69b0cce5
type=ethernet
autoconnect-priority=-999
interface-name=ens160

[ethernet]

[ipv4]
method=auto

[ipv6]
addr-gen-mode=eui64
method=auto

[proxy]
```

或者如下：

```
id=ens160
uuid=c2e217e8-96f9-396d-9843-014f69b0cce5
type=ethernet
autoconnect-priority=-999
interface-name=ens160
timestamp=1706958828

[ethernet]

[ipv4]
address1=172.168.0.8/24,172.168.0.254
dns=172.168.0.8;
method=manual

[ipv6]
addr-gen-mode=eui64
```

```
method=auto

[proxy]
```

以下是常见重要配置项的说明。

- id：网卡名称。
- type：声明此网络适配器的类型为以太网（ethernet）。
- interface-name：表示当前连接名称。
- timestamp：时间戳。
- autoconnect-priority：为当前网络接口的优先级，值越小，优先级越高。
- method：获取地址的方式常见的有 auto（自动获取）、manual（手动）、dhcp 等。
- address1：指定的 IP 地址及掩码，逗号后面是网关。
- dns：设置此连接的 DNS 服务器地址。

案例实施

1. 使用命令配置网络信息

（1）使用 nmcli 命令管理网络

使用 nmcli 命令管理网络

NetworkManager（NM）是 2004 年 Red Hat 启动的项目，旨在让 Linux 用户更轻松地处理现代网络需求，尤其是无线网络，能自动发现网卡并配置 IP 地址。类似在手机上同时开启 Wi-Fi 和蜂窝网络，自动探测可用网络并连接，无须手动切换。虽然初衷是针对无线网络，但在服务器领域，NM 已大获成功。

在 Rocky 9 下，网络管理可以使用 nmcli、ip、ifconfig 等命令，nmcli 是一个功能强大而且复杂的工具，即使最小化安装默认也可以直接使用 nmcli 和 ip 命令。在最小化安装系统时，默认并未安装 ifconfig 命令，如果读者希望使用 ifconfig 命令，请查询所用的系统是否安装，如果未安装，可以通过“#dnf install network-tools”来安装。下面先介绍 nmcli 命令的使用。

nmcli 命令的格式如下：

```
nmcli [选项] {connection|device 等 object} [命令] [参数]
```

nmcli 命令的可操作目标可以是 help、general、networking、radio、connection、device、agent、monitor 中的一个，在输入时可以输入整个单词，也可以用简写（一般用前三个字母，这样容易理解一些，熟练掌握之后用一个字母表示也可以），最常用的操作目标是 connection 和 device，device 一般是指物理设备，connection 则侧重于逻辑功能，一个 device 可以有多个 connection，但是同一时间只能是某个 connection 发挥作用。这样针对一个网卡，就可以设定多个 connection，根据需要，启动或者停用相应的 connection 即可。

例 1：

```
[root@www ~]# nmcli
//查询系统内所有连接 IP 信息和 DNS 配置等
```

```
[root@www ~]# nmcli connection show
//查看连接信息
[root@www ~]# nmcli con show -active
//查看活动连接信息，connection 简写为 con，下同
[root@www ~]# nmcli con show ens160
//查看网络接口卡的详细信息
[root@www ~]# nmcli device show
//查看网络设备的详细信息
[root@www ~]# nmcli dev status
//显示所有设备状态，device 简写为 dev，下同
[root@www ~]# nmcli con reload
//重新载入所有的 ifcfg 到连接，不会立即生效
[root@www ~]# nmcli dev reapply ens160
[root@www ~]# nmcli dev connect ens160
//使连接立即生效
[root@www ~]# nmcli con add type ethernet con-name eth0 ifname ens160
//添加一个网卡连接，con-name 可以使用任意名称，但是 ifname 后必须是某个可用的网卡，是 nmcli device show 中可以看到的，否则添加的连接不可用
//目录"/etc/NetworkManager/system-connections"下会添加一个网卡配置文件 eth0.nmconnection
[root@www ~]# nmcli con down ens160
//停用某个连接
[root@www ~]# nmcli con up eth0
//启用某个连接，使连接立即生效
[root@www ~]# nmcli con modify eth0 connection.autoconnect no
//对应 eth0.nmconnection 配置文件中的 autoconnect=false 配置项
[root@www ~]# nmcli con  modify eth0 ipv4.method manual
//IP 获取方式设置为手动
//method 有三个参数可选，分别为 auto、manual 和 shared
[root@www ~]# nmcli con modify eth0 ipv4.addresses 172.168.0.8
//给 eth0 添加一个 IP（IPADDR）
[root@www ~]# nmcli con modify eth0 ipv4.addresses 172.168.0.8/24
//给 eth0 添加一个子网掩码
[root@www ~]# nmcli con modify eth0 +ipv4.addresses 172.168.0.9/24
//添加一个 IPv4
[root@www ~]# nmcli con modify eth0 -ipv4.addresses 172.168.0.9/24
//删除一个 IPv4
[root@www ~]# nmcli con modify eth0 ipv4.dns 172.168.0.8
//添加 DNS
[root@www ~]# nmcli con modify eth0 -ipv4.dns 172.168.0.8
//删除 DNS
[root@www ~]# nmcli con modify eth0 ipv4.gateway 172.168.0.1
```

```
//添加一个网关（GATEWAY）
[root@www ~]# nmcli con modify eth0 ipv4.dns 172.168.0.8 ipv4.gateway 172.168.0.1
//以上可以合并为一个命令
[root@www ~]# nmcli con modify eth0 ipv4.addresses '172.168.0.10/24, 172.168.0.11/26' ipv4.routes '10.0.0.0/8 172.168.0.10,192.168.0.0/16 172.168.0.11' ipv4.gateway 172.168.0.254 ipv4.dns '8.8.8.8,202.96.128.68' ipv4.method manual
//还可以设置多个 IP、路由、网关、DNS 等，但是不建议这么做，命令太长易输错
[root@www ~]# nmcli con delete eth0
//删除一个网卡连接
```

例 2：使用 nmcli 命令进行如下配置。

```
[root@www ~]# nmcli con modify ens160 ipv4.addresses 172.168.0.8/24
//配置 IP 地址和子网掩码
[root@www ~]# nmcli con modify ens160 ipv4.dns 172.168.0.8 ipv4.gateway 172.168.0.254
//配置 DNS 和网关
[root@www ~]# nmcli con up ens160
//如果 ens160 连接未启用，则启用该连接
```

nmcli 命令还可以启用交互式连接编辑模式，如果不知道该输入什么，可以输入 help，NetworkManager 只能对连接状态为 up 的网卡进行操作。

例 3：

```
[root@www ~]# nmcli con edit ens160
//===| nmcli 交互式连接编辑器 |===
//可编辑下列设置：connection, 802-3-ethernet (ethernet), 802-1x, dcb, sriov,
//ethtool, match, ipv4, ipv6, tc, proxy
nmcli> goto ipv4.addresses
//或者 set ipv4.addresses 也可以
nmcli ipv4.addresses> change
编辑 "addresses" 值：172.168.0.13/24
您是否也要将 "ipv4.method" 设为 "manual"? [yes]: yes
nmcli ipv4.addresses> back
//返回上一级
nmcli ipv4> save
//保存连接设置
nmcli ipv4> activate
//激活连接
nmcli ipv4> quit
//退出
```

nmcli 是一个功能非常强大的命令，本书限于篇幅不能详尽介绍，只能介绍常用设置或

者命令，读者可以使用 man nmcli 或者 man NetworkManager.conf 来获取详细信息。

（2）使用 hostnamectl 命令配置主机信息

设置主机名可以使用 hostnamectl 命令，也可以使用该命令显示系统的主机名称。

hostnamectl 命令的格式如下：

```
hostnamectl [命令][主机名]
```

例如：

```
[root@www ~]# hostnamectl
//查询系统主机名，若有过往主机名则一并显示
[root@www ~]# hostnamectl set-hostname www.rocky9.net
//设置系统主机名为 www.rocky9.net,修改会同步写入配置文件/etc/hostname,读者可自行查看该文件内容
```

2. 使用配置文件管理网络信息

（1）通过修改“ens160.nmconnection”配置网络

通过修改配置文件“ens160.nmconnection”可以配置 IP 地址、子网掩码、网关、DNS 等。

使用配置文件管理网络信息

例如：

```
[ipv4]
address1=172.168.0.11/24,172.168.0.254
dns=172.168.0.11;

DNS1=172.168.0.8
```

小提示

在“.nmconnection”文件里修改 IP 等配置，NetworkManager 不会自动读取，需要通过“systemctl restart NetworkManager.service”重启网络服务使配置生效。或者执行# nmcli con reload 来读取配置文件，然后执行#nmcli con up ens160 或者# nmcli dev connect ens160 使配置立刻生效。

（2）通过修改/etc/hostname 修改主机名

上例通过如下方法修改。

方法 1：使用 vi 修改/etc/hostname，将主机名直接修改为 www.rocky9.net，写入后退出。

方法 2：使用重定向命令 cat >/etc/host/name，输入“www.rocky9.net”，然后按 Ctrl+D 组合键确认。

（3）通过修改/etc/resolv.conf 文件配置 DNS

通过修改/etc/resolv.conf 文件的相关配置项，完成 DNS 相关配置。

上例通过如下方法修改。

使用 vi 修改/etc/resolv.conf 并修改该文件的内容为“nameserver 172.168.0.8”，写入后退出。

小提示

NetworkManager 默认会从配置文件里获取 DNS 信息，并修改/etc/resolv.conf，如果不想让 NetworkManager 管理/etc/resolv.conf，则只需在/etc/NetworkManager/NetworkManager.conf 里的[main]里增加 dns=none 即可。

3. 使用 nmtui 文本图形界面设置网络

可以在 shell 终端开启文本图形界面，使用 root 登录，在命令提示符后输入“nmtui”，即可弹出图 7.1 所示的界面。

使用 nmtui 文本图形界面设置网络

```
[root@www ~]# nmtui
```

此界面和多数 Linux 的 TUI（text-based user interface，文本用户界面）类似，通过 Tab 键和上、下、左、右方向键选择项目，通过 Enter 键确定，通过空格键选择单选框等。

图 7.1 所示界面上的选项有编辑连接、启用连接、设置系统主机名、Radio、退出和确定。

（1）编辑连接

先选择“编辑连接”选项，按 Enter 键，弹出如图 7.2 所示的界面。在此界面中选择需要编辑的连接名，然后选择右侧的“编辑”选项，弹出如图 7.3 所示的“编辑连接”对话框。默认设置信息细节是隐藏起来的，选择对应的“IPv4 配置”→“手动”右侧的“显示”选项，即可完整显示需要设置的具体信息项。在“地址”、“网关”、“DNS 服务器”、“搜索域”和“路由”等选项中输入需要配置的信息，最后选择“确定”选项，如图 7.4 所示。

图 7.1　nmtui 工具界面

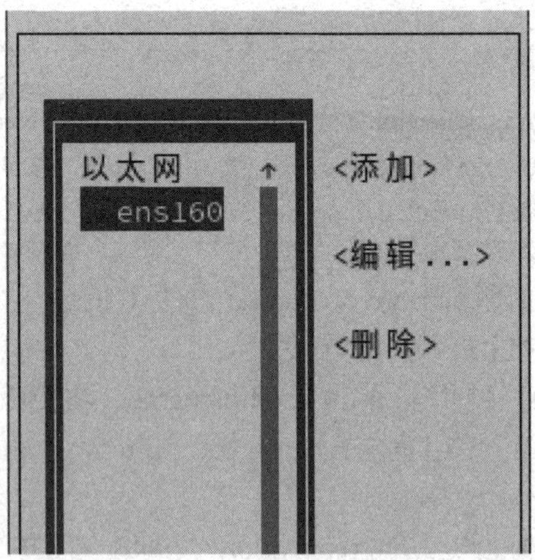

图 7.2　选择连接名称

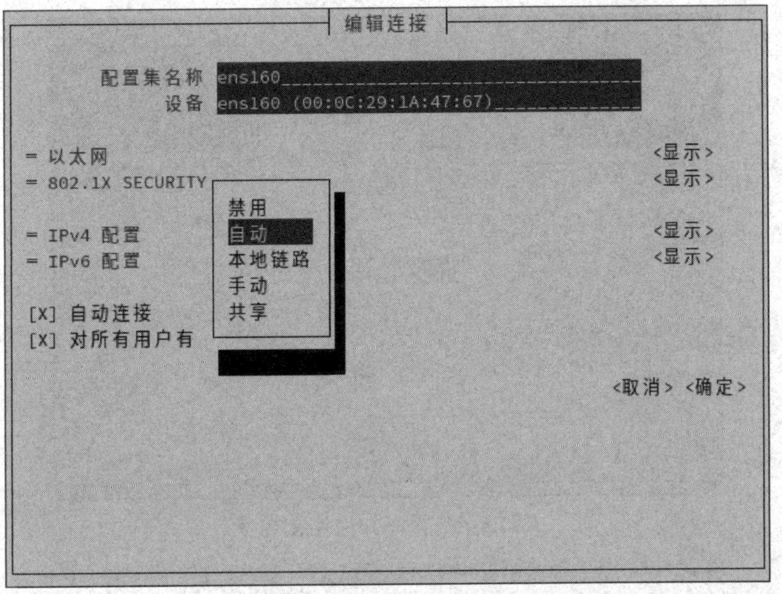

图 7.3　编辑连接界面

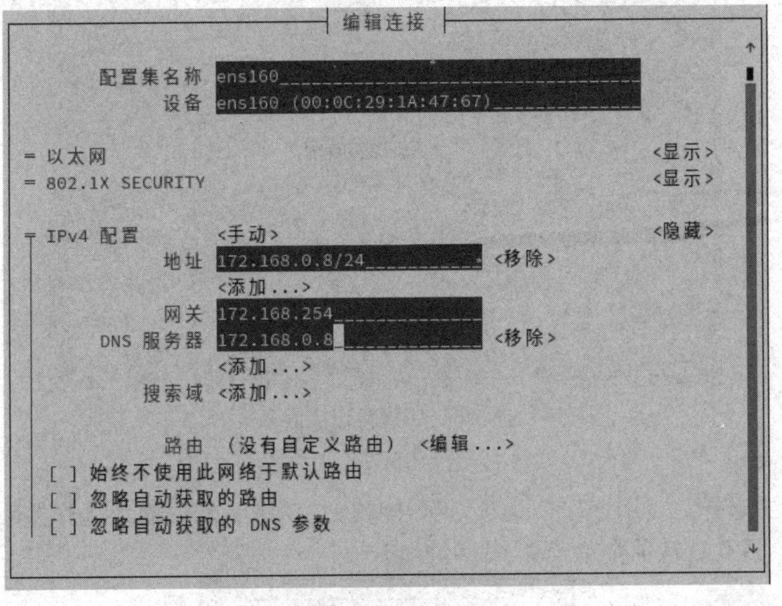

图 7.4　设置相关信息

如果在图 7.2 中选择“添加”选项，则将添加一个新的网络连接，如图 7.5 所示。用户首先需要选择连接类型，本例选择“以太网”，弹出如图 7.6 所示的“编辑连接”对话框，在“配置集名称”中输入连接名称（名称任意，注意此处的名称同时会影响 /etc/NetworkManager/system-connections 下的配置文件名称，如此处输入 eth1，则配置文件为 eth1.nmconnection），在“设备”中输入设备名称（必须是可用设备），“IPv4 配置”选项可以选择“自动”或者“手动”，然后选择“确定”选项即可。

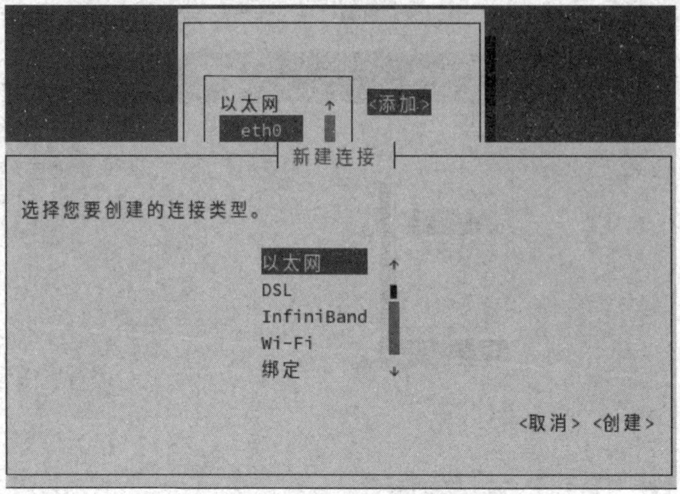

图 7.5　选择添加的连接类型

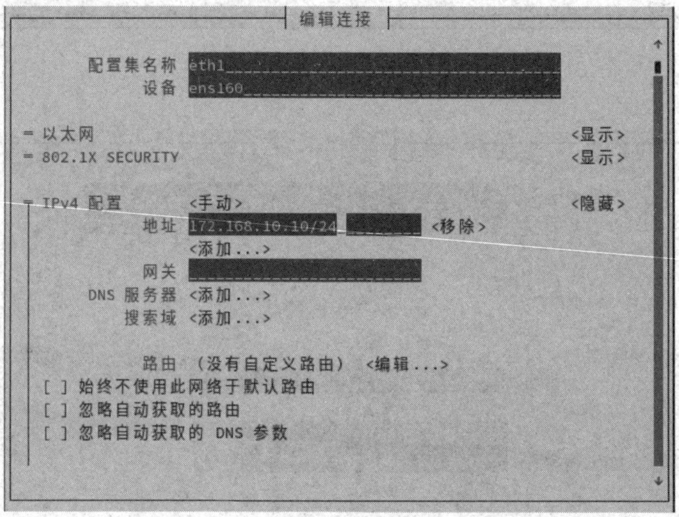

图 7.6　配置新连接信息

（2）启用连接

在图 7.1 中选择“启用连接”选项，弹出如图 7.7 所示的界面，选择要启用的连接，按 Enter 键即可，活动连接前面会有“*”号标识。

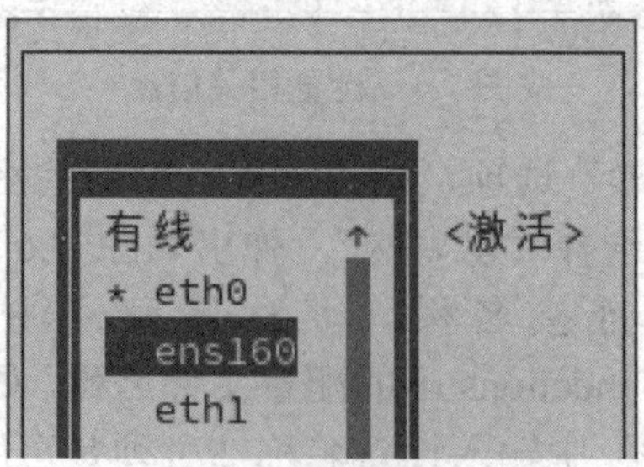

图 7.7　选择要启用的连接

（3）设置系统主机名

在图 7.1 中选择“设置系统主机名”选项，弹出如图 7.8 所示的“设置主机名”对话框，在“主机名”文本框中输入主机名，然后选择“确定”选项，弹出如图 7.9 所示的确认对话框，选择“确定”选项完成设定。

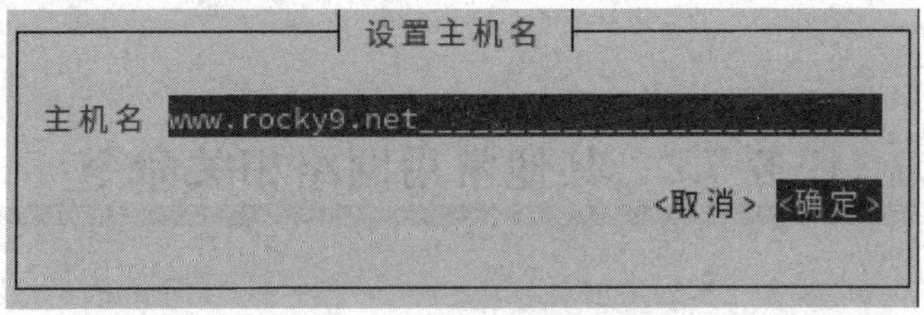

图 7.8　设置主机名

图 7.9　确认主机名

小提示

如果安装了 X Window，还可以通过 X Window 的相关界面进行网络设置，其类似于 Microsoft Windows 的设置界面，比较直观明了，读者可以自行学习，本书限于篇幅不再赘述。

4. 测试网络连通性

测试网络连通性可以使用 ping 命令。

ping 命令的格式如下：

```
ping [选项] <目标主机名或 IP 地址>
```

以下是主要选项的说明。

- -c：数目，发送指定数量的 ICMP 包。
- -q：只显示结果，不显示传送封包信息。
- -R：记录路由过程。

例如：

```
[root@www ~]#ping -c 3 172.168.0.3
//向 IP 地址 172.168.0.3 发送 3 个 ICMP 包
[root@www ~]#ping -R www.baidu.com
//检测到网站 www.baidu.com 的连通性，并记录路由过程
```

任务 7.2　其他常用网络相关命令

知识指南

作为典型的网络操作系统，Linux 提供了各种强大的网络服务和功能。尤其是在网络应用更加丰富的现代社会，人们越发离不开网络。因此，系统地了解 Linux 系统下其他常见的网络命令和网络服务及相关命令就显得很有必要。

7.2.1　ip 命令

ip 命令用来显示或设置 Linux 主机的路由、网络设备、策略路由和隧道，是功能强大的网络配置工具。ip 命令来自 iproute2 软件包，在 RHEL 7 之后的版本默认已安装（dnf install -y iproute）。iproute2 软件包提供了很多命令（rpm -ql iproute |grep sbin），如 ss、bridge 等，这些命令可以完全替代 ifconfig、netstat、route 等命令。

ip 命令的格式：

```
ip [选项] 操作目标 {命令}
```

ip 命令

以下是常见选项的说明。

- -V：显示版本。
- -d：输出更详细的信息。
- -4：指定使用的网络层协议是 IPv4 协议。
- -6：指定使用的网络层协议是 IPv6 协议。
- -f：强制指定使用的协议族（inet、inet6、link 等）。
- -h：更符合阅读习惯的显示输出。
- -o：输出信息，每条记录输出一行，即使内容较多也不换行。
- -r：显示主机时，使用主机的域名，而不是使用 IP 地址。
- -t：使用监视器选项时，输出时间戳。
- -a：执行指定命令给所有对象（如果命令支持这个选项）。

ip 的可操作目标非常多，这里仅介绍常用的操作目标。

- address：网络设备的 IPv4 或者 IPv6 地址信息。
- link：网络设备信息。

- neighbour：邻居表。
- route：路由表。
- rule：IP 策略。

目标可以缩写，在输入时可以输入整个单词，也可以用简写，一般用前三个字母，这样容易理解一些，熟练掌握之后用一个字母表示也可以。

常见命令如下，具体查看帮助。

- add：新增。
- delete：删除。
- show：显示。
- list：列出。
- set：设置参数。

例如：

```
[root@www ~]#ip a
//查看所有 IP 地址，a 为 address 的缩写
[root@www ~]#ip -4 a show ens160
//查看网卡 ens160 的 IPv4 地址
[root@www ~]#ip a add dev ens160 172.168.0.8/24
//向 ens160 网卡上添加一个临时 IP 地址 172.168.0.8/24
//这种方法添加的 IP 地址会在重启主机后失效
[root@www ~]#ip a del 172.168.0.8/24 dev ens160
//从 ens160 网卡上删除一个临时 IP 地址 172.168.0.8/24
//若要修改 IP 可以先删除再添加
[root@www ~]#ip a flush dev ens160
//清除指定设备的所有 IP，慎用
[root@www ~]#ip r show
//查看路由，r 为 route 的缩写
[root@www ~]#ip r add default via 172.168.0.10 dev ens160
//添加默认路由
[root@www ~]#ip r del default via 172.168.0.10 dev ens160
//删除默认路由
[root@www ~]#ip r add  172.168.0.8/24  via 172.168.0.254
//添加到 172.168.0.8/24 的路由经过网关 172.168.0.254
[root@www ~]#ip l list
//l 为 link 的缩写，查看所有的网络设备,因为是链路层，只显示 MAC 地址，不显示 IP 地址
[root@www ~]#ip l show up
//显示当前激活的网络设备
[root@www ~]# ip lin set ens160 down
//停用设备 ens160
[root@www ~]# ip lin set ens160 name ens166
//给网卡改名，运行时不可以改名，要先停用，改完后再启用
```

```
[root@www ~]# ip lin set ens166 up
//启用设备 ens166，这种名称设定重启主机后失效
[root@www ~]#ip n
//查看内核中记录的 ARP 表格，n 为 neighbour 的缩写
```

ip 命令非常强大，对读者的网络相关知识储备要求也相对要高很多，限于篇幅，本书不一一介绍，想要了解更多可使用 man 或者 ip-help 查询。

7.2.2 dig 命令

dig 命令的全称是“domain information groper”，它主要用来从 DNS 域名服务器查询主机相关信息，是一个灵活的 DNS 查询工具，它会将查询的结果输出到屏幕。dig 命令与 nslookup 命令的功能基本相同，但是 dig 命令的灵活性好、易用、输出清晰。

dig 命令的语法如下：

```
dig [选项] [IP]
```

以下是 dig 命令的常用选项。

- -t：指定要查询的 DNS 数据类型，默认为 A 记录。
- -4：使用 IPv4（默认）。
- -x：反向域名查询。

例如：

```
[root@www ~]# dig www.rocky9.net
//查询 www.rocky9.net 对应的 IP 地址
[root@www ~]# dig -x 172.168.0.8
//对 IP 地址进行反向解析查询
[root@www ~]# dig -t MX rocky9.net
//查询指定域名的 MX 记录
```

7.2.3 dhclient 命令

dhclient 命令来自英文词组“DHCP client”的缩写，其功能是用于动态获取或释放 IP 地址。使用 dhclient 命令前需要将网卡模式设置成 DHCP 自动获取，否则静态模式的网卡是不会主动向服务器获取如 IP 地址等网卡信息的。

dhclient 命令的语法格式如下：

```
dhclient [选项] [网卡]
```

以下是 dhclient 命令的常用选项。

- -q：安静模式，不打印任何错误的提示信息。
- -r：释放 IP 地址。
- -x：停止正在运行的 DHCP 客户端，而不释放当前租约，杀死现有的 dhclient 进程。
- -s：在获取 IP 地址之前指定 DHCP 服务器。

例如：

```
[root@www ~]# dhclient ens160
//通过 ens160 网卡发起 dhcp 请求
[root@www ~]# dhclient -r
//释放系统已经获得的网卡参数
[root@www ~]# dhclient -s 172.168.10.1
//向指定的服务器请求网卡参数
[root@www ~]# dhclient -x
//停止执行 dhclient 服务进程
```

7.2.4　常用的网络服务

目前，基于 Linux 平台的网络服务器越来越多，其中常用的网络服务器软件与服务名称如表 7.2 所示。

表 7.2　Linux 常用的网络服务器软件与服务名称

服务器类型	软件名称	服务名称
DHCP 服务	dhcp	dhcpd.service
SAMBA 服务	samba	smb.service
NFS 服务	nfs	nfs.service
DNS 服务	bind	named.service
Web 服务	httpd	httpd.service
FTP 服务	vsftpd	vsftpd.service
MAIL 服务	sendmail、postfix	sendmail.service、postfix.service
数据库服务	mysql	mysqld.service
OpenSSH 服务	openssh	sshd.service
防火墙	firewall	firewalld

7.2.5　网络服务管理

RHEL 7 之后的版本提供了 systemctl 命令来管理网络服务。

systemctl 命令的格式如下：

```
systemctl  [选项] 命令 [unit 名称]
//如果 unit 是“服务.service”，“.service”可以省略
```

例如：

```
[root@www ~]# systemctl status sshd
//查看服务状态，最后一个是服务名，可以更换成需要的服务名，下同
//命令返回结果如下
//active(running)表示有一个或多个程序正在系统中执行
```

```
//active(exited)表示仅执行一次就正常结束的服务，目前没有任何程序在系统中执行
//active(waiting)表示正在执行中，还在等待其他事件
//inactive(dead)表示服务关闭
//enabled表示服务开机启动
//disabled表示服务开机不自启
//static表示服务开机启动项不可被管理
//failed表示系统配置错误
[root@www ~]# systemctl start|stop|restart sshd
//启动|停止|重启("|"表示任选其一)服务
[root@www ~]# systemctl enable sshd
//设定指定服务开机开启
[root@www ~]# systemctl disable sshd
//设定指定服务开机不自启
[root@www ~]# systemctl reload sshd
//使指定服务重新加载配置文件
[root@www ~]# systemctl mask sshd
//冻结指定服务
[root@www ~]# systemctl unmask sshd
//启用服务
[root@www ~]# systemctl list-units|grep sshd
//列出当前系统服务状态，加"grep 服务名"查看指定服务，不加显示所有服务，下同
[root@www ~]# systemctl list-unit-files|grep sshd
//列出服务开机启动状态
//static表示由系统控制，不可以更改
//disable表示开机不启动
//enable 表示开机启动
```

总 结 提 高

1. 小结

TCP/IP 协议是 Linux 网络的基础，Linux 主机必须获得相关配置参数才能进行网络通信。主机可以通过两种方式获取网络配置参数，一种是 DHCP 服务动态分配，另一种是管理员静态分配，既可以通过命令、配置文件进行配置，也可以通过图形化工具进行配置。

2. 提高

1）通过修改配置文件的方式，配置网络、主机名、DNS 服务器等信息。

2）添加一个连接 eth1，并尝试配置多个 IP 和 DNS 等相关项。

3）如果安装了 X Window，尝试使用 nm-connection-editor 来配置网络相关信息。

项 目 实 训

1. 网络基础配置，使用 nmcli 或者 nmtui

1）设置 ens160 网卡的 IP 地址为 172.168.0.7，子网掩码为 255.255.255.0，网关为 172.168.0.1，DNS 服务器为 202.96.128.86 和 202.96.134.133。

2）使用 ens160 网卡，添加一个连接 eth2，设置掩码为 26 位，IP 地址为 172.168.0.6。

3）设置主机名为 www.dglg.com。

4）用 ping 命令测试与宿主机是否可以通信，将虚拟机网卡设置为桥接方式。

2. 网络基础配置，使用 ip 命令

1）修改当前网卡连接的 IP 地址为 172.168.0.10/24。

2）修改当前的网卡名为 ens33。

3）给 ens33 网卡增加一个 IP 地址（172.168.0.9/24）。

4）测试以上 IP 的连通性，然后重启系统观察，再查看相关信息。

5）分别查看 link、route、neighbour 等信息。

3. 网络服务管理

1）尝试启动、关闭、重启 sshd 服务。

2）查看 sshd 服务的状态。

3）设置 sshd 服务为开机启动。

4）查看 sshd 服务的开机启动状态。

若所使用的实验环境系统内未安装 sshd，请使用学过的知识自行安装。

项目 8

管理 Linux 文件共享

案例需求

某公司的管理员为了方便公司员工共享和备份数据，计划搭建内部 SAMBA 共享服务器和 NFS 服务器。

SAMBA 服务器的 IP 地址为 172.168.0.8，SAMBA 服务器的安全级别为 user 级，所在工作组为 workgroup，共享服务器名为 FS。在 SAMBA 服务器上建立两个共享目录：第一个只允许 user1、user2 和 admin 用户访问/mydoc 对应的共享目录，其中 admin 用户可对目录进行读写，其他用户只能读取数据；第二个允许所有用户以匿名方式访问/myshare 对应的共享目录，只能读取数据。此外，按需对该 SAMBA 服务器进行基础安全设置：只允许 172.168.0.0/24 网段的客户机访问，但其中的 172.168.0.244 主机不能访问；为了避免服务器上的用户账户泄露，将具有写权限的用户 admin 映射为客户端的 manager；关闭所有用户的主目录共享，并隐藏/mydoc 目录对应的共享。

NFS 服务器的 IP 地址为 172.168.0.8。输出共享目录/nfsdir1，对 172.168.0.8 主机可读写，远程 root 映射为匿名用户，进行数据同步。输出共享目录/nfsdir2，对所有 172.168.0.0 网段的主机可读写，进行数据同步，并将远程用户映射为本地 UID 为 1234 的用户；/nfsdir2 对其他所有非 172.168.0.0 网段的主机只读，远程用户映射为匿名用户。

需求分析

Linux 提供了 SAMBA 和 NFS 两种非常方便的方式来管理文件共享，SAMBA 让 Linux 可以支持 SMB（server message block，服务信息块）协议，实现跨平台共享文件和打印服务。NFS（network file system，网络文件系统）允许一个系统在网络上与他人共享目录和文件，共享的目录可以像本地磁盘一样挂载到本地目录并直接使用。通过本项目的学习，读者可掌握 SAMBA 和 NFS 服务的配置、启动及验证方法。

作为网络管理人员，在对资源进行共享时要征得资源所有者的同意，同时对共享资源实施分权限管理，兼顾资源共享的便利与安全。同时，要遵守法律法规，自觉履行职业道德，按服务对象需求严谨、细致地实施资源共享，在未经允许的情况下即使拥有管理权限也不能随意查看他人数据。

知识目标

- 掌握 SAMBA 服务的配置文件及配置项。
- 掌握 NFS 服务的配置文件及配置项。

技能目标

- 安装和启动 SAMBA 和 NFS 服务。
- 熟练掌握 SAMBA 和 NFS 服务的配置方法，实现文件共享。

思政目标

- 逐步形成数据共享的安全意识。
- 遵守法律及社会公共道德规范，自觉履行职责。
- 规划资源共享时养成严谨、细致的职业素养。

任务 8.1　认识 SAMBA 服务

知识指南

SAMBA 服务因其良好的跨平台功能，已经成为局域网上文件管理和打印管理的重要手段。SAMBA 服务在 Windows 和 Linux 之间提供一个公共存储区，从而在 Windows 和 Linux 之间共享文件和打印机。

认识 SAMBA 服务

SAMBA 服务器支持 SSL，可以实现安全通信；支持 LDAP，可以实现基于目录服务的身份认证。SAMBA 服务器还可以充当 Windows 域中的 PDC、成员服务器，可以实现在 Linux 服务器上管理 Windows 的计算机和 Linux 工作站。

SMB 基于客户机/服务器协议，因此，一台 SAMBA 服务器既可以充当文件共享服务器，也可以充当一个 SAMBA 的客户端，即 Windows 客户端可以通过 SMB 协议访问 Linux 下架设的 SAMBA 服务器上的共享资源，同时该 SAMBA 服务器也可以访问网络中其他 Windows 系统或者 Linux 系统共享的资源。

小提示

SMB 在 Windows 下使用 NetBIOS 协议，如果想要在 Windows 下访问 Linux 共享的资源，Windows 系统必须提供 NetBIOS 协议。

案例实施

1. 认识 SAMBA 服务相关软件包

使用 dnf list installed |grep samba 命令查询 SAMBA 的安装情况，如图 8.1 所示，发现 SAMBA 主软件包 samba 并没有安装。

```
[root@fs ~]# dnf list installed |grep samba
samba-client.x86_64              4.18.6-101.el9_3              @AppStream
samba-client-libs.x86_64         4.18.6-101.el9_3              @anaconda
samba-common.noarch              4.18.6-101.el9_3              @anaconda
samba-common-libs.x86_64         4.18.6-101.el9_3              @anaconda
```

图 8.1　查询 SAMBA 的安装情况

参考前面所学知识挂载光盘，配置好 dnf 软件源。使用 dnf install samba -y 命令安装 samba-4.18.6，如图 8.2 所示。

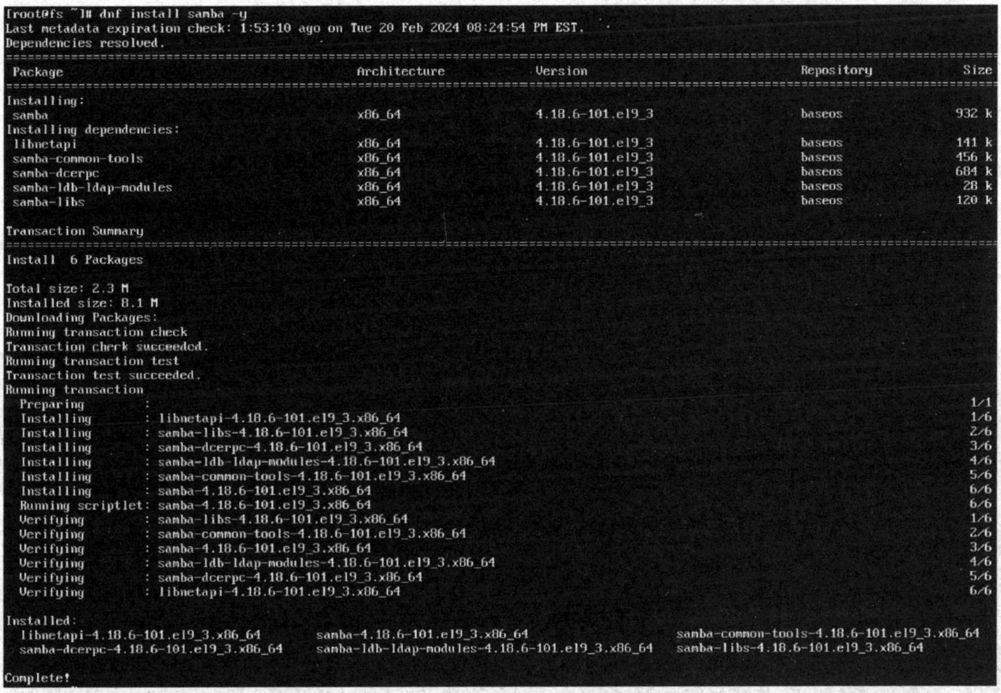

图 8.2　安装 samba 主软件包

2. SAMBA 相关服务的启动

组成 SAMBA 运行的有两个服务：一个是 smb，另一个是 nmb。smb 是 SAMBA 的核心服务，主要负责建立 Linux SAMBA 服务器与 SAMBA 客户机之间的对话，验证用户身份并提供对文件和打印系统的访问，只有 smb 服务启动，才能实现文件的共享；而 nmb 服务负责解析 NetBIOS 名称和网络浏览，nmb 可以把 Linux 系统共享的工作组名称与其 IP 地址对应起来，如果 nmb 服务没有启动，就只能通过 IP 地址来访问共享文件，它监听 UDP 137 和 138 端口。

（1）启动 SAMBA 服务

启动 SAMBA 服务，需要启动 smb 和 nmb，使用 systemctl start smb 和 systemctl start nmb 命令启动相关服务，如图 8.3 所示。

（2）关闭 SAMBA 相关服务

关闭 SAMBA 的两个服务，使用 systemctl stop smb 和 systemctl stop nmb 命令即可，如图 8.4 所示。

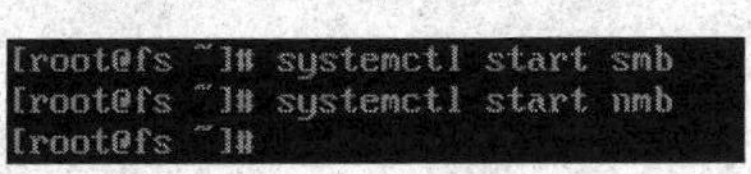

图 8.3　启动 smb 和 nmb 服务

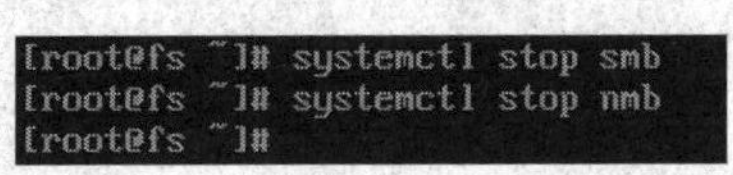

图 8.4　关闭 smb 和 nmb 服务

（3）重启 SAMBA 相关服务

重启 SAMBA 的两个服务，使用 systemctl restart smb 和 systemctl restart nmb 命令即可，如图 8.5 所示。

```
[root@fs ~]# systemctl restart smb
[root@fs ~]# systemctl restart nmb
[root@fs ~]#
```

图 8.5　重启 smb 和 nmb 服务

（4）查看 SAMBA 服务运行状态

使用 systemctl status smb 和 systemctl status nmb 命令可以查看 SAMBA 服务的运行状态，确保服务处于 active（running）状态，如图 8.6 和图 8.7 所示。按 Ctrl+Z 组合键可以退出查看。

```
[root@fs ~]# systemctl status smb
● smb.service - Samba SMB Daemon
     Loaded: loaded (/usr/lib/systemd/system/smb.service; disabled; preset: disabled)
     Active: active (running) since Wed 2024-02-21 08:19:16 EST; 6s ago
       Docs: man:smbd(8)
             man:samba(7)
             man:smb.conf(5)
   Main PID: 3233 (smbd)
     Status: "smbd: ready to serve connections..."
      Tasks: 3 (limit: 10684)
     Memory: 7.1M
        CPU: 50ms
     CGroup: /system.slice/smb.service
             ├─3233 /usr/sbin/smbd --foreground --no-process-group
             ├─3235 /usr/sbin/smbd --foreground --no-process-group
             └─3236 /usr/sbin/smbd --foreground --no-process-group

Feb 21 08:19:16 fs.rocky9.net systemd[1]: Starting Samba SMB Daemon...
Feb 21 08:19:16 fs.rocky9.net smbd[3233]: [2024/02/21 08:19:16.712876,  0] ../../source3/smbd/serve>
Feb 21 08:19:16 fs.rocky9.net smbd[3233]:   smbd version 4.18.6 started.
Feb 21 08:19:16 fs.rocky9.net smbd[3233]:   Copyright Andrew Tridgell and the Samba Team 1992-2023
Feb 21 08:19:16 fs.rocky9.net systemd[1]: Started Samba SMB Daemon.
lines 1-21/21 (END)
```

图 8.6　查看 smb 服务的运行状态

```
[root@fs ~]# systemctl status nmb
● nmb.service - Samba NMB Daemon
     Loaded: loaded (/usr/lib/systemd/system/nmb.service; disabled; preset: disabled)
     Active: active (running) since Wed 2024-02-21 08:19:18 EST; 1min 30s ago
       Docs: man:nmbd(8)
             man:samba(7)
             man:smb.conf(5)
   Main PID: 3239 (nmbd)
     Status: "nmbd: ready to serve connections..."
      Tasks: 1 (limit: 10684)
     Memory: 2.7M
        CPU: 34ms
     CGroup: /system.slice/nmb.service
             └─3239 /usr/sbin/nmbd --foreground --no-process-group

Feb 21 08:19:18 fs.rocky9.net nmbd[3239]: [2024/02/21 08:19:18.895024,  0] ../../source3/nmbd/nmbd.>
Feb 21 08:19:18 fs.rocky9.net nmbd[3239]:   nmbd version 4.18.6 started.
Feb 21 08:19:18 fs.rocky9.net nmbd[3239]:   Copyright Andrew Tridgell and the Samba Team 1992-2023
Feb 21 08:19:18 fs.rocky9.net systemd[1]: Started Samba NMB Daemon.
Feb 21 08:19:51 fs.rocky9.net nmbd[3239]: [2024/02/21 08:19:51.949500,  0] ../../source3/nmbd/nmbd_>
Feb 21 08:19:51 fs.rocky9.net nmbd[3239]:   *****
Feb 21 08:19:51 fs.rocky9.net nmbd[3239]:
Feb 21 08:19:51 fs.rocky9.net nmbd[3239]:   Samba name server FS is now a local master browser for >
Feb 21 08:19:51 fs.rocky9.net nmbd[3239]:
Feb 21 08:19:51 fs.rocky9.net nmbd[3239]:   *****
lines 1-24/24 (END)
```

图 8.7　查看 nmb 服务的运行状态

（5）设置 SAMBA 服务开机自动启动

要设置 SAMBA 的两个服务开机自动启动，使用 systemctl enable smb 和 systemctl enable nmb 命令即可，如图 8.8 所示。

```
[root@fs ~]# systemctl enable smb
Created symlink /etc/systemd/system/multi-user.target.wants/smb.service → /usr/lib/systemd/system/sm
b.service.
[root@fs ~]# systemctl enable nmb
Created symlink /etc/systemd/system/multi-user.target.wants/nmb.service → /usr/lib/systemd/system/nm
b.service.
[root@fs ~]#
```

图 8.8　设置 SAMBA 服务开机自动启动

任务 8.2　配置 SAMBA 服务器实现文件共享

知识指南

SAMBA 服务的配置文件是/etc/samba/smb.conf，该文件主要分为两部分，分别是全局定义部分和共享定义部分，每个部分由若干段构成。

本任务将完成 SAMBA 服务器的基本配置，即建立 SAMBA 用户、建立目录、设置访问权限并实现文件共享。

配置SAMBA服务器实现文件共享

1. 全局定义部分的参数

全局定义部分由[global]段组成，其定义了多个参数。常用全局参数及其说明如表 8.1 所示。

表 8.1　常用全局参数及其说明

全局参数	说明
workgroup	设置 SAMBA 服务器所在工作组，可以在 Windows 的“网络”中看到该工作组名称，默认为 mygroup
server string	设置 SAMBA 服务器的描述信息，显示在 Windows“网络”中，默认为 Samba Server 及版本
netbios name	设置 SAMBA 服务器的 NetBIOS 名
hosts allow	指定可以访问 SAMBA 服务器的 IP 地址范围，默认为允许所有 IP 地址访问
security	设置 SAMBA 服务器的安全等级。SAMBA 服务器共有 5 种安全等级，分别是 share、user、server、domain 和 ads，默认为 user

以下是默认的 5 种安全等级说明。

- share：采用匿名登录，用户不需要输入 SAMBA 用户名和口令就可以登录 SAMBA 服务器。
- user：是 SAMBA 默认的安全等级，由 SAMBA 服务器负责检查 SAMBA 用户名和口令，验证成功后才能访问相应的共享目录。

- server：由 SAMBA 服务器或者 Windows 服务器提供用户身份验证，需指定负责验证服务器的 NetBIOS 名称。
- domain：表示 SAMBA 服务器在某个 Windows 活动目录中，该 SAMBA 服务器作为其中的一台成员服务器，身份认证需要到 PDC 或者 BDC 上进行，需要指定负责验证的 PDC 或者 BDC 的 NetBIOS 名称。
- ads：表示 SAMBA 是 Windows 活动目录中的一台成员服务器，身份验证由活动目录域服务器来进行，需要指定活动目录域服务器的 NetBIOS 名称。ads 具有 domain 模式的所有功能，并且能够配置 Linux 系统成为域控制器。

2. 共享定义部分的参数

smb.conf 文件的共享定义部分由 [homes]段、[printers]段和一些[自定义共享目录]段组成，以下是各段的功能说明。

- [homes]段：设定用户的主目录共享，默认开启。
- [printers]段：设定打印机共享，默认开启。
- [自定义共享目录]段：设定用户自定义的目录共享。

常用共享选项及其说明如表 8.2 所示。

表 8.2　常用共享选项及其说明

共享选项	说明
comment	共享目录描述信息
path	共享目录物理路径
browseable	共享目录浏览权限
writeable	共享目录写权限，与 read only 相反
writable	与 writeable 等效，共享目录写权限，与 read only 相反
guest ok	共享目录是否开放 guest 账号（匿名）访问
read only	共享目录只读权限，与 writeable、writable 相反 如某一共享目录定义部分未指明是否可写，SAMBA 服务器会将此共享默认设置为只读，即 read only =yes
public	设置共享目录是否对所有用户开放
guest only	设置是否只允许 guest 账号访问
valid users	设置允许访问共享目录的用户
write list	共享目录中拥有写权限的用户或组列表，与 writeable、writable、read only 相比拥有最高优先级。即使共享目录定义了 read only =yes，write list 中的用户和组仍可以具有写权限

小提示

当 SAMBA 服务器将 Linux 中的部分目录共享时，共享目录的权限除了与表 8.2 中给定的权限有关，还与其本身的文件系统权限有关。

案例实施

user 级是 SAMBA 服务器的默认级别，除了配置/etc/samba/smb.conf 主配置文件之外，还要配置用户信息。

1. 复制示例文件为主配置文件

在 Rocky 9 自带的 SAMBA 中，主配置文件/etc/samba/smb.conf 已经进行了简化，如需更加全面地查看或修改配置，可查看示例文件/etc/samba/smb.conf.example 或由此文件复制并替换为主配置文件/etc/samba/smb.conf，建议初学者使用这种方法提高效率，如图 8.9 所示。

```
[root@fs ~]# cd /etc/samba/
[root@fs samba]# ls -l
total 20
-rw-r--r--. 1 root root    20 Nov  8 00:00 lmhosts
-rw-r--r--. 1 root root   853 Nov  8 00:00 smb.conf
-rw-r--r--. 1 root root 11319 Nov  8 00:00 smb.conf.example
[root@fs samba]# mv smb.conf smb.conf.bak
[root@fs samba]# cp smb.conf.example smb.conf
```

图 8.9　复制示例文件为主配置文件

2. 编辑主配置文件全局设定部分

根据本例的要求，编辑上述步骤复制而来的 smb.conf 文件，修改 global 部分参数设置，设置服务器所在工作组为 workgroup、NetBIOS 名为 FS，即修改 global 部分的 workgroup 和 netbios name 语句的参数，此外，针对匿名用户的访问需要添加 map to guest = Bad User 语句，如图 8.10 所示。

```
#======================= Global Settings =====================================

[global]

# ----------------------- Network-Related Options -------------------------
#
# workgroup = the Windows NT domain name or workgroup name, for example, MYGROUP.
#
# server string = the equivalent of the Windows NT Description field.
#
# netbios name = used to specify a server name that is not tied to the hostname,
#                maximum is 15 characters.
#
# interfaces = used to configure Samba to listen on multiple network interfaces.
# If you have multiple interfaces, you can use the "interfaces =" option to
# configure which of those interfaces Samba listens on. Never omit the localhost
# interface (lo).
#
# hosts allow = the hosts allowed to connect. This option can also be used on a
# per-share basis.
#
# hosts deny = the hosts not allowed to connect. This option can also be used on
# a per-share basis.
#
        workgroup = WORKGROUP
        server string = Samba Server Version %v

        netbios name = FS
        map to guest = Bad User
```

图 8.10　设置服务器所在工作组和 NetBIOS 名

3. 编辑主配置文件共享定义部分

在主配置文件末尾，通过复制语句等方法建立[FS-doc]共享部分，并设置描述信息、物理路径、允许访问的用户、拥有写权限的用户列表等参数。然后建立[FS-share]共享部分，设置描述信息、共享路径、允许匿名用户访问等参数，由于 SAMBA 默认会将共享目录的权限设置为只读，因此无须设置写权限的相关配置语句。上述两个共享目录的设置结果如图 8.11 所示。

```
[FS-doc]
        comment = FS-doc
        path = /mydoc
        valid users = user1 user2 admin
        write list = admin

[FS-share]
        comment = FS-share
        path = /myshare
        guest ok = yes
```

图 8.11　在主配置文件中定义两个共享目录

小提示

在配置 SAMBA 等文件服务器时，为提高服务器的安全性，防止服务器物理路径暴露，建议使用别名作为共享名。

smb.conf 文件的部分语句具有默认值，用户若未定义这些语句的值则会按默认值执行，可以通过 #man 5 smb.conf 查看。其中，默认 writable = no，默认 read only = yes，二者等效，testparm 检查时会自动统一为 read only = yes，并且不在 testparm 的结果中显示；默认 browseable = yes；默认 public = yes。

4. 创建共享目录

创建两个共享目录，由于/mydoc 为 root 用户所建，admin 用户并没有写权限，因此需要通过 chmod o=rwx /mydoc 命令给其他用户加上写权限，如图 8.12 所示。

```
[root@fs samba]# mkdir /mydoc
[root@fs samba]# mkdir /myshare
[root@fs samba]# chmod o=rwx /mydoc
[root@fs samba]# ls -l / |grep my
drwxr-xrwx.  2 root root    6 Feb 21 11:20 mydoc
drwxr-xr-x.  2 root root    6 Feb 21 11:20 myshare
```

图 8.12　创建共享目录并修改权限

5. 设置 SAMBA 用户

user 级是 SAMBA 服务器的默认级别，除了配置/etc/samba/smb.conf 主配置文件之外，还要配置用户信息。

添加用户 user1、user2、admin 并设置密码，如图 8.13 所示。

使用 pdbedit -a user1 命令设置用户 user1 的 SAMBA 密码，如图 8.14 所示。然后使用 pdbedit -a user2、pdbedit -a admin 命令设置 user2、admin 的 SAMBA 密码。使用 pdbedit -L 命令查看 SAMBA 用户的情况，如图 8.15 所示。

```
[root@fs samba]# useradd user1
[root@fs samba]# passwd user1
Changing password for user user1.
New password:
BAD PASSWORD: The password is shorter than 8 characters
Retype new password:
passwd: all authentication tokens updated successfully.
[root@fs samba]# useradd user2
[root@fs samba]# passwd user2
Changing password for user user2.
New password:
BAD PASSWORD: The password is shorter than 8 characters
Retype new password:
passwd: all authentication tokens updated successfully.
[root@fs samba]# useradd admin
[root@fs samba]# passwd admin
Changing password for user admin.
New password:
BAD PASSWORD: The password is shorter than 8 characters
Retype new password:
passwd: all authentication tokens updated successfully.
```

图 8.13　添加用户

```
[root@fs samba]# pdbedit -a user1
new password:
retype new password:
Unix username:        user1
NT username:
Account Flags:        [U          ]
User SID:             S-1-5-21-1075824751-2688721799-1957686527-1000
Primary Group SID:    S-1-5-21-1075824751-2688721799-1957686527-513
Full Name:
Home Directory:       \\FS\user1
HomeDir Drive:
Logon Script:
Profile Path:         \\FS\user1\profile
Domain:               FS
Account desc:
Workstations:
Munged dial:
Logon time:           0
Logoff time:          Wed, 06 Feb 2036 10:06:39 EST
Kickoff time:         Wed, 06 Feb 2036 10:06:39 EST
Password last set:    Wed, 21 Feb 2024 11:25:39 EST
Password can change:  Wed, 21 Feb 2024 11:25:39 EST
Password must change: never
Last bad password   : 0
Bad password count  : 0
Logon hours         : FFFFFFFFFFFFFFFFFFFFFFFFFFFFFFFFFFFFFFFFFF
```

图 8.14　设置 SAMBA 用户密码

```
[root@fs samba]# pdbedit -L
user1:1001:
admin:1003:
user2:1002:
```

图 8.15　查看 SAMBA 用户的情况

小提示

SAMBA 用户密码可以不同于登录密码，因此最好设置为不同。

可以使用 pdbedit -r user1 命令修改已有 SAMBA 用户 user1 的密码，可以使用 pdbedit -x user1 命令删除 SAMBA 用户 user1。

6. 使用 testparm 命令测试配置文件

testparm 命令可以测试配置文件的语法格式是否正确，且具有部分语句自动修正和语法统一的功能，如图 8.16 所示。如果需要查看共享定义部分，可以按 Enter 键，如图 8.17 所示。

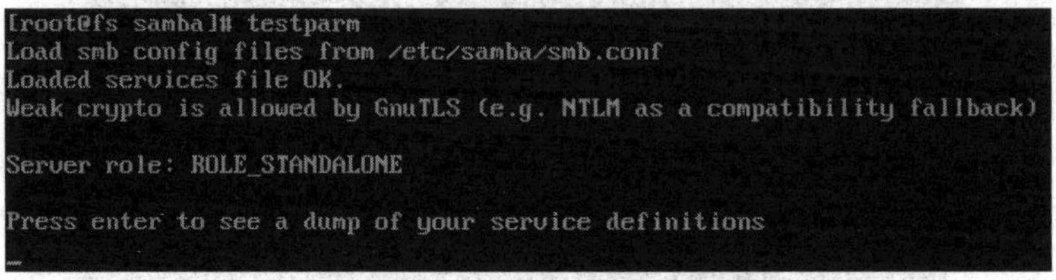

图 8.16　检查配置文件

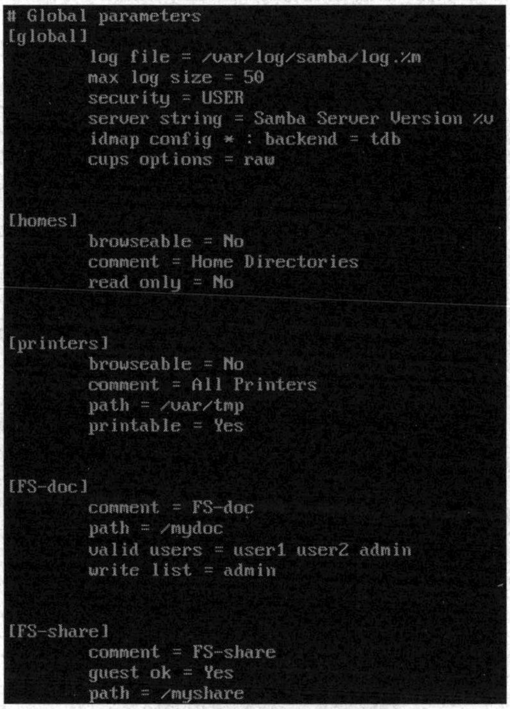

图 8.17　检查配置文件中的共享定义

小提示

testparm 命令可以简单测试 samba 的配置文件，如果配置文件测试通过，samba 服务可以载入配置文件的设置，但是其后的操作结果和用户的具体系统环境相关。

7. 重启 smb 和 nmb 服务

重启 smb 和 nmb 服务，如图 8.18 所示。

```
[root@fs samba]# systemctl restart smb
[root@fs samba]# systemctl restart nmb
```

图 8.18　重启 smb 和 nmb 服务

8. 创建用于测试的文件

在/mydoc 和/myshare 目录中分别创建一个用于测试的文件，结果如图 8.19 所示。

```
[root@fs samba]# touch /mydoc/mydoc.txt
[root@fs samba]# touch /myshare/myshare.txt
[root@fs samba]# ls -l /mydoc
total 0
-rw-r--r--. 1 root root 0 Feb 21 14:59 mydoc.txt
[root@fs samba]# ls -l /myshare
total 0
-rw-r--r--. 1 root root 0 Feb 21 14:59 myshare.txt
```

图 8.19　创建用于测试的文件

任务 8.3　访问 SAMBA 共享资源

知识指南

Windows 计算机需要安装 TCP/IP 和 NetBIOS 协议，才能访问 SAMBA 服务器提供的共享文件和打印机。如果 Windows 计算机要向 Linux 或 Windows 计算机提供共享文件，那么在 Windows 计算机上不仅要设置共享的文件夹，还必须设置 Microsoft 网络共享的文件和打印机。

访问 SAMBA 共享资源

UNC（universal naming convention，通用命名规则）是在网络（主要是局域网）中访问 SMB 等文件服务器上共享资源的路径表示形式，其格式为“\\服务器名或 IP 地址\共享目录名\资源名”。例如“\\192.168.20.1\mydoc\1.docx”，表示访问文件服务器 192.168.20.1 上的共享目录 mydoc 下的一个名为 1.docx 的文件。

案例实施

1. 通过 Windows 访问 SAMBA 共享资源

（1）开启 Windows 10 中的 Lanman 工作站来宾登录策略

在 Windows 10 及后续版本的系统中，已经默认禁用了文件服务器的来宾（匿名用户）登录。需要在命令提示符中运行“gpedlit.msc”打开“本地组策略编辑器”窗口，依次展开“计算机配置”→“管理模板”→“网络”→“Lanman 工作站”，将“启用不安全的来宾登录”设置为“已启用”状态，如图 8.20 所示。设置完毕后刷新组策略或重新启动计算机。

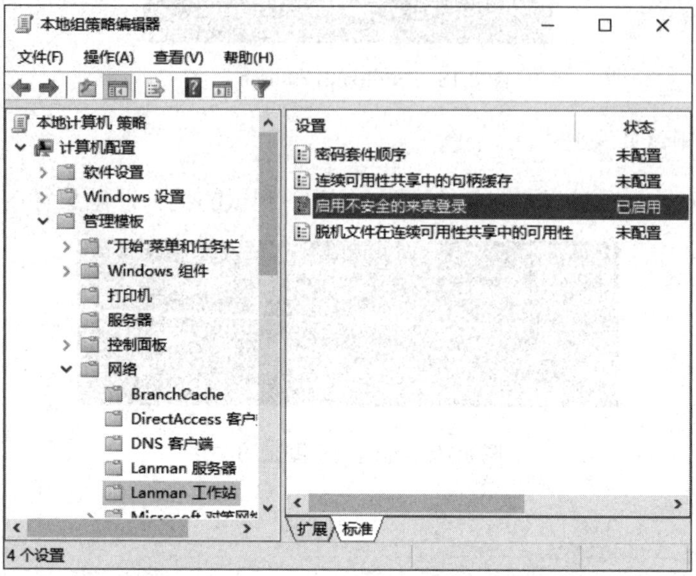

图 8.20　启用 Lanman 工作站来宾登录策略

（2）访问共享目录

打开任意一个 Windows 窗口，在地址栏内输入\\172.168.0.8 或\\FS，按 Enter 键后能够看到 SAMBA 服务器上的共享目录 FS-doc 和 FS-share，如图 8.21 所示。

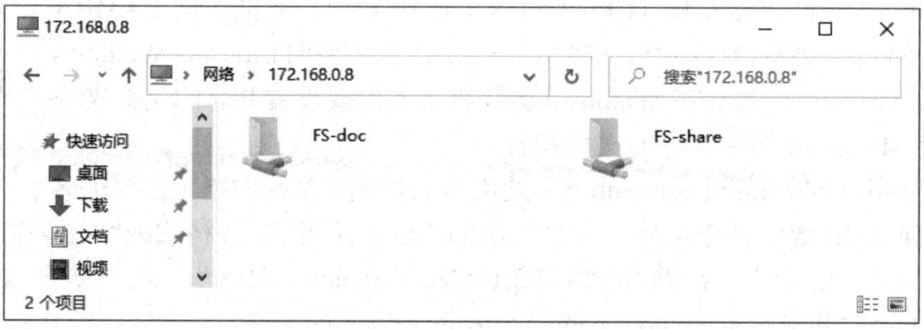

图 8.21　访问 SAMBA 服务器

由于共享目录 FS-share 允许匿名用户访问，因此无须输入用户名和密码即可直接访问，并只具有读取权限，无法创建和修改文件（或文件夹），如图 8.22 所示。

返回 SAMBA 服务器共享目录窗口后，访问共享文件夹 FS-doc。由于该共享目录允许特定的用户访问，此时在弹出的“输入网络凭据”对话框中输入 SAMBA 用户名 admin 及其密码，然后单击“确定”按钮，如图 8.23 所示。

使用 SAMBA 用户 admin 进入共享目录 FS-doc 后，即可查看、创建、修改、删除文件（或文件夹），如图 8.24 所示。使用 SAMBA 用户 user1 进入共享目录 FS-doc 后，只能查看（读取）文件，过程略。

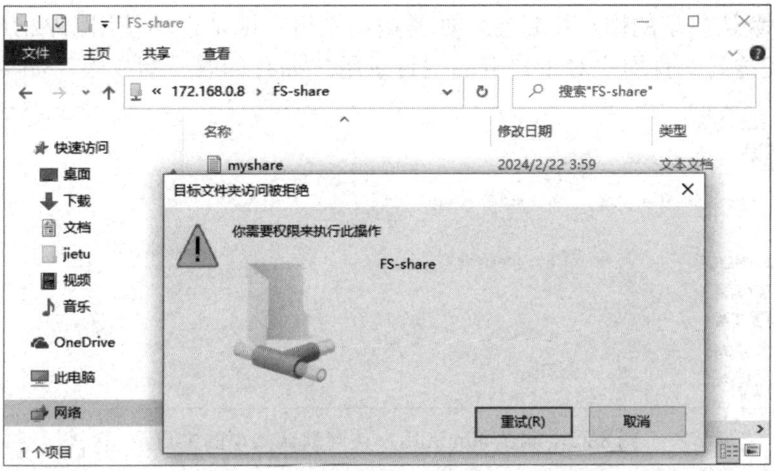

图 8.22　使用匿名用户访问共享目录 FS-share

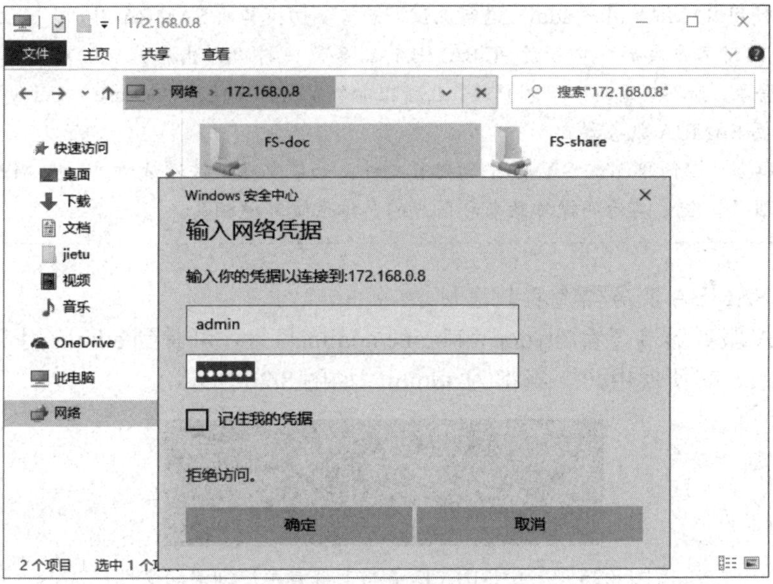

图 8.23　输入 SAMBA 用户凭据

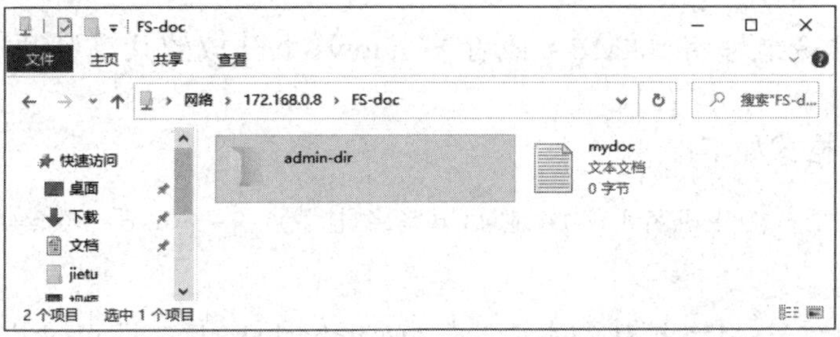

图 8.24　测试 admin 用户访问共享目录 FS-doc 的读取、写权限

由于上述 Windows 10 客户端中开启了匿名用户访问，因此在访问 SAMBA 服务器时不

显示 SAMBA 默认共享的用户主目录，如需访问则可在地址栏中使用\\172.168.0.8\admin 形式的 UNC 路径访问，且用户对于自身的主目录用户拥有读取、写权限，如图 8.25 所示。

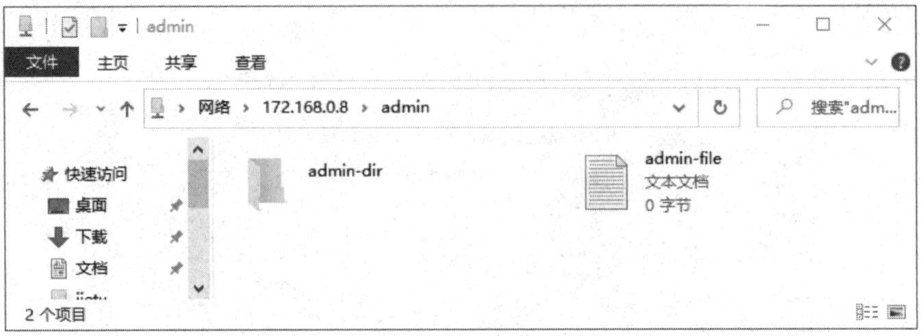

图 8.25　测试 admin 用户访问默认共享的主目录

小提示

上述步骤使用 SAMBA 用户 admin 进行测试，若需要切换其他 SAMBA 用户，可注销当前本地登录用户或重新启动客户端后，重新访问 SAMBA 服务器，再次弹出用户凭据对话框后即可使用新 SAMBA 用户登录。如不想重新启动客户端，也可在命令提示符中使用 “net use * /del /y” 删除 SAMBA 会话后重新访问 SAMBA 服务器。

testparm 命令可以简单测试 SAMBA 的配置文件，如果配置文件测试通过，SAMBA 服务可以载入配置文件的设置，但是其后的操作结果和用户的具体系统环境相关。

（3）返回 SAMBA 服务器查看共享目录

在 SAMBA 服务器端查看/mydoc 和/home/admin 目录，可看到 admin 用户从客户端中创建的文件和目录，其所属用户、组都为 admin，如图 8.26 所示。

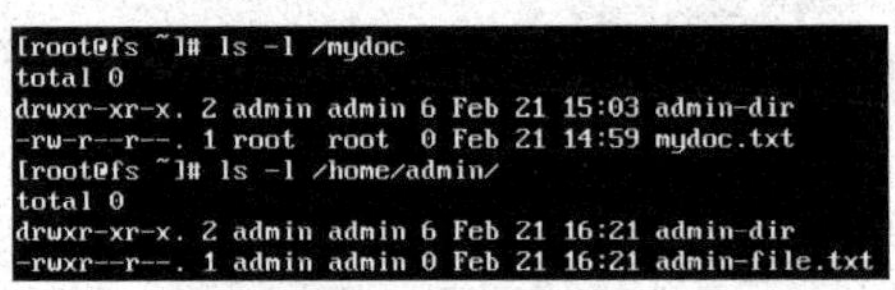

图 8.26　在 SAMBA 服务器上查看用户创建的文件

2. 通过 Linux 访问 SAMBA 共享资源

使用 mount 命令能够将 SAMBA 或者 Windows 上开放的共享资源挂载到本地文件系统中。

mount 命令的格式如下：

```
mount [类型] //主机名或者 IP 地址/共享名 挂载点 [-o username=用户名[,password=口令]]
```

将远程共享目录 FS-doc 挂载到本地挂载点/sambashare 后，即可对共享目录进行相应操作，本任务中使用 admin 用户进行测试，如图 8.27 所示。

```
[root@fs /]# mkdir /sambashare
[root@fs /]# mount -v -t cifs //172.168.0.8/FS-doc /sambashare -o username=admin,password=123456
mount.cifs kernel mount options: ip=172.168.0.8,unc=\\172.168.0.8\FS-doc,user=admin,pass=********
[root@fs /]# cd /sambashare/
[root@fs sambashare]# ll
total 0
drwxr-xr-x. 2 root root 0 Feb 21 15:03 admin-dir
-rwxr-xr-x. 1 root root 0 Feb 21 14:59 mydoc.txt
```

图 8.27 Linux 下访问 SAMBA 共享

小提示

在访问 SAMBA 服务器之前，需关闭 SELinux 和防火墙。后面的所有服务练习中，SELinux 和防火墙都如此设置。

SELinux 状态可以通过 getenforce 命令查看，如果状态不是 disabled 或 Permissive，需要在/etc/selinux/config 中将 SELinux = enforcing 更改为 SELinux = disabled，并重新启动计算机使其生效。

可以通过 systemctl status firewalld 命令查看防火墙状态，可以通过 systemctl stop firewalld 命令关闭防火墙，也可以使用 systemctl disable firewalld 命令关闭防火墙开机自动启动。

任务 8.4 设置 SAMBA 服务器安全选项

知识指南

访问控制列表（access control list，ACL）是一种广泛使用的网络安全机制，用于控制和管理对网络资源（如文件、目录、网络设备或服务等）的访问权限。访问控制列表通过定义一组规则或策略，决定哪些用户、用户组或主机可以访问特定资源，以及在何种条件下允许或拒绝访问。

设置 SAMBA 服务器安全选项

案例实施

1. 设置访问控制列表

在/etc/samba/smb.conf 中，可对客户端进行访问控制。其中，hosts deny 语句用来定义拒绝访问的客户端列表，hosts allow 语句用来定义允许访问的客户端列表，hosts allow 的优先级高于 hosts deny。如果只使用 hosts deny 定义了某些网段或域名的计算机访问，若后续没有 hosts allow 的允许语句，则 hosts deny 定义列表之外的计算机均能访问。

由于 SAMBA 常架设在企业内网环境，本任务以实际应用为例，先禁止所有计算机访问，然后再使用 hosts allow 设置允许访问的计算机列表。

修改/etc/samba/smb.conf 文件，在[global]定义部分添加 hosts deny 和 hosts allow 语句，其中 ALL 表示禁止所有用户访问，172.168.0.是以通配符的方式匹配 172.168.0.0/24 网段的计算机，EXCEPT 是指例外设置。即 172.168.0.0/24 网段中除了 172.168.0.244 以外的计算机可访问 SAMBA 服务器，如图 8.28 所示。

```
hosts deny = ALL
hosts allow = 172.168.0. EXCEPT 172.168.0.244
```

图 8.28　设置 SAMBA 访问控制

2. 关闭[homes]定义的 SAMBA 用户主目录共享

在/etc/samba/smb.conf 中，由于默认开启了[homes]定义的用户主目录共享，所有 SAMBA 用户均可访问位于服务器上的主目录，若要关闭该共享，需要使用“;”或“#”注释[homes]的相关语句，或直接删除该定义部分，如图 8.29 所示。

3. 设置共享目录隐藏

为增加共享目录的安全性，在/etc/samba/smb.conf 中的共享定义部分可添加 browseable = no 语句来实现共享目录隐藏，本任务将物理路径/mydoc 对应的共享 FS-doc 设置为隐藏，如图 8.30 所示。

```
;[homes]
;       comment = Home Directories
;       browseable = no
;       writable = yes
;       valid users = %S
;       valid users = MYDOMAIN\%S
```

图 8.29　关闭[homes]共享

```
[FS-doc]
        comment = FS-doc
        path = /mydoc
        valid users = user1 user2 admin
        write list = admin
        browseable = no
```

图 8.30　设置共享 FS-doc 隐藏

4. 设置 SAMBA 用户账户映射

为了保护 Linux 系统，在一定程度上防护暴力破解，可使用映射功能隐藏 SAMBA 中的系统账户。首先在/etc/samba/smb.conf 的全局配置部分增加 username map=/etc/samba/smbusers 语句，如图 8.31 所示。然后创建并编辑/etc/samba/smbusers，将系统账户映射为客户端访问时使用的 SAMBA 用户名。

```
workgroup = WORKGROUP
server string = Samba Server Version %v

netbios name = FS
map to guest = Bad User
username map = /etc/samba/smbusers
interfaces = lo eth0 192.168.12.2/24 192.168.13.2/24
hosts deny = ALL
hosts allow = 172.168.0. EXCEPT 172.168.0.244
```

图 8.31　开启 SAMBA 用户账户映射

一个 Linux 系统账户可以映射多个 SAMBA 账户（通常对应于 Windows 系统用户），如图 8.32 所示。

其格式如下：

```
Linux 系统用户账户 = SAMBA 账户 1…
```

```
[root@fs ~]# cd /etc/samba/
[root@fs samba]# ls
lmhosts  smb.conf  smb.conf.bak  smb.conf.example
[root@fs samba]# touch smbusers
[root@fs samba]# echo -e "admin = manager" > smbusers
[root@fs samba]# cat smbusers
admin = manager
```

图 8.32　设置 SAMBA 用户账户映射列表

5. 重启 smb 和 nmb 服务

重启 smb 和 nmb 服务，如图 8.33 所示。

图 8.33　重启 smb 和 nmb 服务

6. 测试 SAMBA 安全设置

（1）测试 SAMBA 服务器访问控制

使用 IP 地址为 172.168.0.100/24 的客户端访问 SAMBA 服务器，此客户端的 IP 地址处于 hosts allow 所匹配的网段中，因此能够正常访问 SAMBA 服务器，如图 8.34 所示。

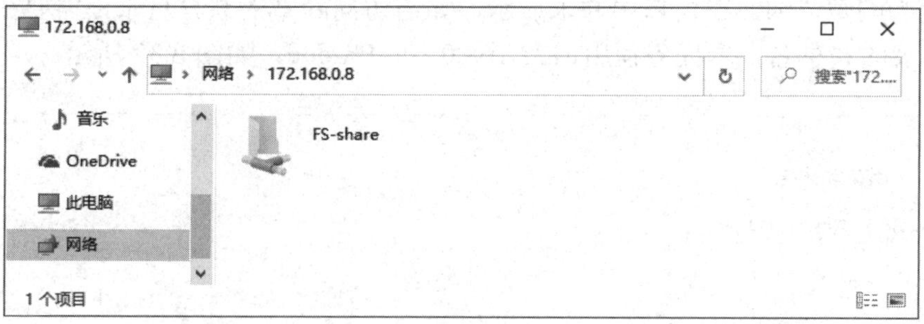

图 8.34　测试 SAMBA 服务器访问控制 1

使用 IP 地址为 172.168.0.244/24 的客户端访问 SAMBA 服务器，此客户端的 IP 地址虽然处于 hosts allow 所匹配的网段中，但处于 EXCEPT 所排除的例外范围，因此无法访问 SAMBA 服务器，如图 8.35 所示。

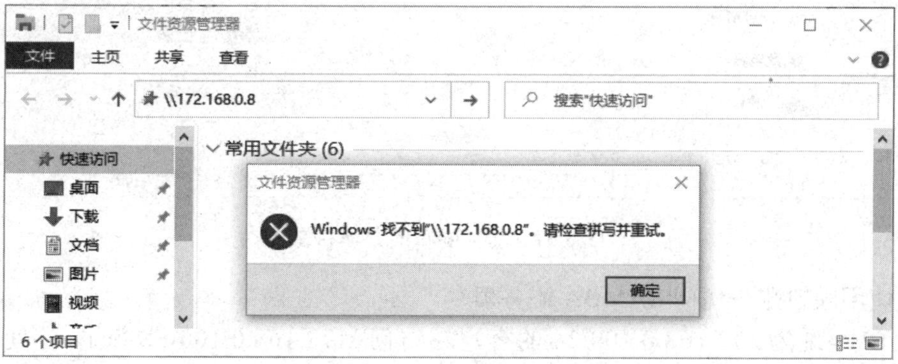

图 8.35　测试 SAMBA 服务器访问控制 2

（2）测试 SAMBA 用户主目录共享

使用 IP 地址为 172.168.0.100/24 的客户端访问\\172.168.0.8\admin，由于此前已在 SAMBA 服务器上关闭了用户主目录共享，因此无法访问 admin 的主目录，如图 8.36 所示。

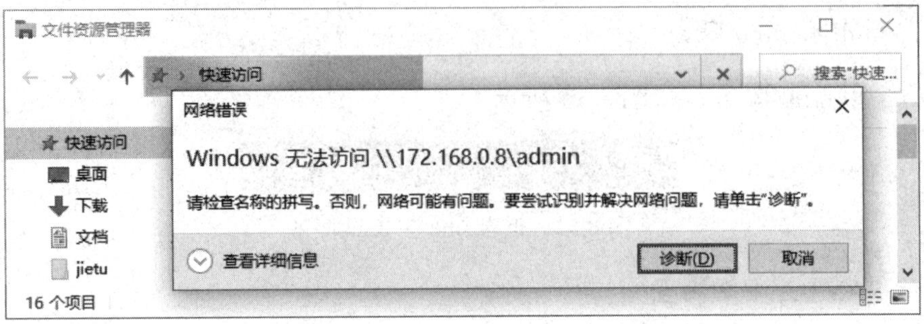

图 8.36　测试 SAMBA 用户主目录共享

（3）访问隐藏的共享目录

使用 IP 地址为 172.168.0.100/24 的客户端访问 SAMBA 服务器，由于已将共享目录 FS-doc 设置为隐藏，因此在窗口中并未显示，如需访问隐藏的共享目录，需要在 UNC 地址中加入该目录的共享名，本任务使用\\172.168.0.100\FS-doc，如图 8.37 所示。

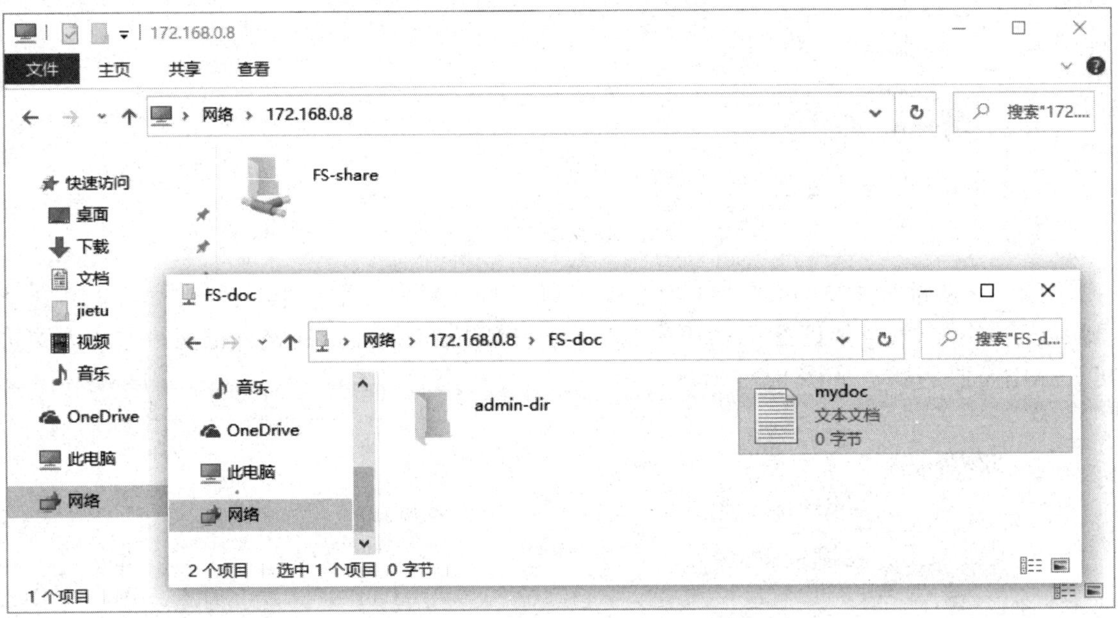

图 8.37　访问隐藏的共享目录

（4）使用映射账户访问 SAMBA 服务器

使用 IP 地址为 172.168.0.100/24 的客户端访问\\172.168.0.100\FS-doc，并使用映射后的账户 manager 登录（对应 SAMBA 服务器上的 admin 用户），可创建文件 manager.txt，如图 8.38 所示。

返回到 SAMBA 服务器上，查看共享目录 FS-doc 的物理目录/mydoc，即可看到 manager.txt 文件的实际创建者为 admin，如图 8.39 所示。

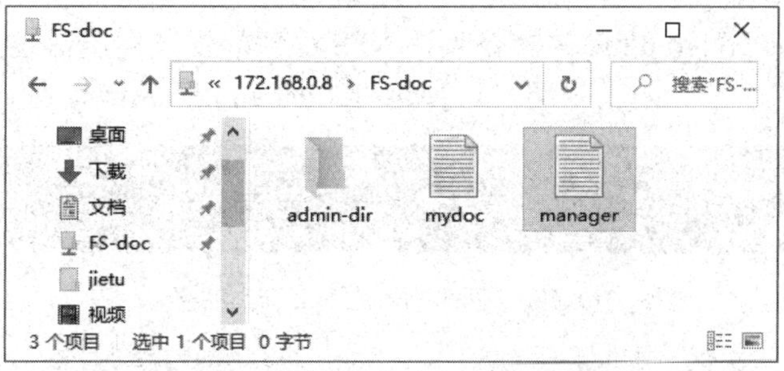

图 8.38　使用映射后的账户访问共享目录

```
[root@fs ~]# ls -l /mydoc
total 0
drwxr-xr-x. 2 admin admin 6 Feb 21 15:03 admin-dir
-rwxr--r--. 1 admin admin 0 Feb 22 11:24 admin.txt
-rwxr--r--. 1 admin admin 0 Feb 22 10:56 manager.txt
```

图 8.39　在 SAMBA 服务器本地查看共享目录的物理路径

任务 8.5　认识 NFS 服务

知识指南

NFS 采用 C/S 工作模式。在 NFS 服务器上将某个目录设置为输出目录（共享目录）后，其他客户端就可以将这个目录挂载到自己系统的某个目录下，只要具有相应的权限，就可以使用复制、移动、删除等命令对磁盘或文件进行相应的操作。使用 NFS 不仅能提高资源利用率，也可以节省客户端本地磁盘空间。

认识 NFS 服务

NFS 本身并不具备数据传输功能，必须借助远程过程调用（remote procedure call，RPC）协议来实现数据的传输。RPC 定义了一种进程间通过网络进行交互的机制，允许客户端通过网络向远程服务器发出服务请求，而不需要了解协议的细节。

案例实施

1. 认识 NFS 服务相关软件包

由于启动 NFS 服务时需要使用 nfs-utils 和 rpcbind 这两个软件包，因此在配置使用 NFS 之前，应先检查系统中是否已经安装了这两个软件包。一般来说，NFS 服务器在安装系统时可以选择，不用另行安装。

NFS 主程序：nfs-utils。

RPC 主程序：rpcbind。

（1）查询 NFS 安装

使用 dnf list installed |grep nfs 等命令查询 NFS 组件的安装情况，可看到主软件包 nfs-utils 已经安装，如图 8.40 所示。如未安装，可使用 dnf install nfs-utils -y 命令进行安装，步骤略。

```
[root@fs ~]# dnf list installed |grep nfs
libnfsidmap.x86_64                    1:2.5.4-20.el9                    @baseos
nfs-utils.x86_64                      1:2.5.4-20.el9                    @baseos
sssd-nfs-idmap.x86_64                 2.9.1-4.el9_3                     @baseos
```

图 8.40　查询 NFS 组件的安装情况

（2）查询 rpcbind 安装

使用 dnf list installed |grep rpcbind 等命令查询 rpcbind 组件的安装情况，如图 8.41 所示。

```
[root@fs ~]# dnf list installed |grep rpcbind
rpcbind.x86_64                        1.2.6-5.el9                       @baseos
```

图 8.41　查询 rpcbind 的安装情况

小提示

rpcbind 负责 RPC 远程过程调用的端口映射（port mapping）工作，而在很多早期 Linux 发行版本中是由 portmap 负责的，读者应注意版本的变化。

2. NFS 相关服务的操作

（1）启动 NFS 相关服务

启动 NFS 服务器需要启动 rpcbind 和 NFS 服务，相关命令如图 8.42 所示。

```
[root@fs ~]# systemctl start rpcbind
[root@fs ~]# systemctl start nfs-server
```

图 8.42　启动 rpcbind 和 NFS 服务

（2）关闭 NFS 相关服务

关闭 NFS 相关服务的相关命令如图 8.43 所示。

```
[root@fs ~]# systemctl stop rpcbind
Warning: Stopping rpcbind.service, but it can still be activated by:
  rpcbind.socket
[root@fs ~]# systemctl stop nfs-server
```

图 8.43　关闭 rpcbind 和 NFS 服务

（3）重启 NFS 相关服务

重启 NFS 服务器的相关命令如图 8.44 所示。

```
[root@fs ~]# systemctl restart rpcbind
[root@fs ~]# systemctl restart nfs-server
```

图 8.44　重启 rpcbind 和 NFS 服务

（4）查看 NFS 服务运行状态

使用 systemctl status rpcbind、systemctl status nfs-server 命令查看 NFS 服务的运行状态，确保服务处于 active（running）状态，如图 8.45 所示。按 Ctrl+Z 组合键可结束查看。

```
[root@fs ~]# systemctl status rpcbind
● rpcbind.service - RPC Bind
     Loaded: loaded (/usr/lib/systemd/system/rpcbind.service; enabled; preset: enabled)
     Active: active (running) since Thu 2024-02-22 21:35:28 EST; 44s ago
TriggeredBy: ● rpcbind.socket
       Docs: man:rpcbind(8)
   Main PID: 6433 (rpcbind)
      Tasks: 1 (limit: 10684)
     Memory: 984.0K
        CPU: 19ms
     CGroup: /system.slice/rpcbind.service
             └─6433 /usr/bin/rpcbind -w -f

Feb 22 21:35:28 fs.rocky9.net systemd[1]: Starting RPC Bind...
Feb 22 21:35:28 fs.rocky9.net systemd[1]: Started RPC Bind.
[root@fs ~]# systemctl status nfs-server
● nfs-server.service - NFS server and services
     Loaded: loaded (/usr/lib/systemd/system/nfs-server.service; disabled; preset: disabled)
     Active: active (exited) since Thu 2024-02-22 21:35:37 EST; 45s ago
    Process: 6440 ExecStartPre=/usr/sbin/exportfs -r (code=exited, status=0/SUCCESS)
    Process: 6441 ExecStart=/usr/sbin/rpc.nfsd (code=exited, status=0/SUCCESS)
    Process: 6454 ExecStart=/bin/sh -c if systemctl -q is-active gssproxy; then systemctl reload gs>
   Main PID: 6454 (code=exited, status=0/SUCCESS)
        CPU: 21ms

Feb 22 21:35:37 fs.rocky9.net systemd[1]: Starting NFS server and services...
Feb 22 21:35:37 fs.rocky9.net systemd[1]: Finished NFS server and services.
lines 1-11/11 (END)
```

图 8.45　查看 NFS 相关服务运行状态

（5）设置 NFS 服务开机自动启动

rpcbind 默认为自动启动状态，再使用 systemctl enable nfs-server 命令将 nfs-server 设置为自动启动即可，如图 8.46 所示。

```
[root@fs ~]# systemctl enable nfs-server
Created symlink /etc/systemd/system/multi-user.target.wants/nfs-server.service → /usr/lib/systemd/sy
stem/nfs-server.service.
[root@fs ~]#
```

图 8.46　设置 nfs-server 服务为开机自动启动

小提示

启动的顺序是先启动 rpcbind 再启动 NFS，否则服务会启动失败。

任务 8.6　配置 NFS 服务器

知识指南

NFS 服务只有主配置文件/etc/exports，设置项如下：

```
    /sharedir1 172.168.0.0/24(rw,sync)*.rocky9.net(ro,
all_squash)
    /sharedir2 172.168.0.8(rw,sync,no_root_squash)*(ro)
```

配置 NFS 服务器

每行都要有共享目录，然后这个目录依照权限共享给不同的主机，主机名后面的小括号内就是权限参数。当权限参数不止一个时，可以用逗号隔开（注意，主机名和小括号之间不能有空格）。

下面是各项参数的详细说明。

- 共享目录：供客户端共享使用的目录，使用绝对路径。
- 客户端：可以是一个，也可以是多个。名称可以是单台主机、IP 网络地址或者 IP 网段，也支持通配符，如“*”或者“?”，但是通配符只能使用在主机名上。主机常用的指定方式如表 8.3 所示。

表 8.3　客户端主机常用的指定方式

客户端	说明
jsj	主机名（需要在同一域下）
jsj.rocky9.net	完整的主机名+域名
*. rocky9.net	域下所有的主机
172.168.0.8	指定 IP 地址
172.168.0.0/24	指定网段中所有客户端主机
*	所有客户端主机

- 选项：NFS 是否可用及使用性能与小括号内相关选项的设置有密切关系，exports 文件中的相关选项及说明如表 8.4 所示。

表 8.4　exports 文件中的相关选项及说明

分类	选项	说明
访问权限	ro	read-only，只读，只允许客户端挂载这个文件系统为只读模式
	rw	read-write，明确指定共享目录为读写权限。用户能否真正写入，还要看该目录对用户有没有开放 Linux 文件系统权限的写权限
常规	sync	根据请求进行同步，数据同步写入内存与硬盘
	async	数据暂时存放在内存中，而非直接写入磁盘
	subtree_check	若输出目录是一个子目录，则 NFS 服务器将检查其父目录的权限
	no_subtree_check	即使输出目录是一个子目录，NFS 服务器也不检查其父目录的权限
	noaccess	禁止访问某一目录下的所有文件和目录，可以阻止其他用户访问共享目录下的一些子目录
	link_relative	如果共享文件系统中包括绝对链接，则把全路径转换为相对路径
	link_absolute	不改变符号链接的任何内容
用户映射	root_squash	登录 NFS 主机的如果是 root 用户，那么这个用户将被视为匿名用户，通常它的 UID 和 GID 都会变成 nobody（nfsnobody）系统账号的身份
	no_root_squash	让客户端的 root 用户在服务器上拥有 root 权限（不安全，不推荐使用）
	all_squash	把所有远程用户映射到 nfsnobody 用户/用户组，使所有用户以匿名用户身份访问共享资源
	no_all_squash	不把所有远程用户映射到 nfsnobody 用户/用户组（默认）
	anonuid	将远程用户映射为匿名用户，并指定到本地特定的用户账户上，当然这个 UID 要存在于 /etc/passwd 中
	anongid	将远程用户映射为匿名用户，并指定到本地特定的用户组账户上

案例实施

1. 创建共享目录

创建共享目录/nfsdir1 和/nfsdir2 并修改权限为其他用户可读写执行，如图 8.47 所示。

```
[root@fs ~]# mkdir /nfsdir1
[root@fs ~]# chmod o=rwx /nfsdir1
[root@fs ~]# mkdir /nfsdir2
[root@fs ~]# chmod o=rwx /nfsdir2
```

图 8.47　创建 NFS 共享目录

2. 编辑主配置文件/etc/exports

根据任务描述和相关选项的含义，打开/etc/exports 文件，输入如图 8.48 所示的内容。

```
/nfsdir1 172.168.0.8(rw,sync,root_squash)
/nfsdir2 172.168.0.0/24(rw,sync,anonuid=1234) *(ro,all_squash)
```

图 8.48　在/etc/exports 文件中定义共享

> **小提示**
>
> 本例中 UID 1234 的用户为 testuser，若没有 UID 1234 的用户，需要读者使用 useradd testuser –u 1234 自行创建。

3. 使用 exportfs 命令配置/etc/exports 文件

每次修改了/etc/exports 文件之后，可重新启动 NFS 相关服务，也可使用 exportfs 命令在不重启服务的情况下使设置立即生效。

exportfs 命令的格式如下：

```
#exportfs [参数]
```

以下是常见选项的说明。

- -a：将/etc/exports 文件中所有共享目录全部输出，即使主配置文件中的设置立即生效。
- -r：重新读取/etc/exports 文件中的设置，并立即生效，且不需要重启 NFS 服务。
- -v：在输出目录时将目录显示到屏幕上。
- -u：将输出目录卸载，即停止输出目录。

例如，重新输出共享目录示例如图 8.49 所示。

```
[root@fs ~]# exportfs -arv
exporting 172.168.0.8:/nfsdir1
exporting 172.168.0.0/24:/nfsdir2
exporting *:/nfsdir2
```

图 8.49　重新输出共享目录

4. 使用 showmount 命令测试 NFS 输出目录状态

showmount 命令的格式如下：

```
#showmount [-ade] 服务器名称或 IP 地址
```

以下是选项的说明。

- -a：显示指定的 NFS 服务器的所有客户端主机及其所连接的目录。
- -d：显示指定的 NFS 服务器中已被客户端连接的所有输出目录。
- -e：显示指定的 NFS 服务器上所有输出的共享目录。

本例查看当前服务器中 NFS 所有输出的共享目录，可以使用如图 8.50 所示的命令。

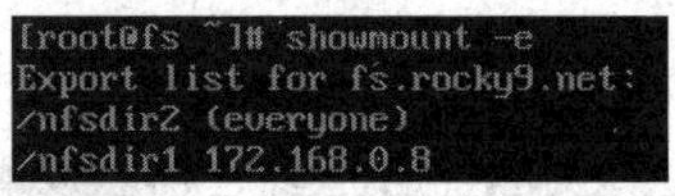

图 8.50　查看输出共享目录

任务 8.7　配置 NFS 客户端

知识指南

NFS 服务器配置完成后，客户端如果想要使用该 NFS 就必须先挂载该文件系统，而且使用后应及时卸载 NFS 挂载点。用户可以使用 mount 命令将可用输出目录挂载到本地文件系统中，也可以直接修改/etc/fstab 文件实现开机自动挂载 NFS。

配置 NFS 客户端

案例实施

1. 查看 NFS 服务器信息

在客户端（系统为 Rocky 9，IP 地址为 172.168.0.154）挂载 NFS 共享目录之前，可以先用 showmount 命令（如果没有此命令，则需要安装 nfs-utils 软件包）查看服务器上有哪些输出目录，以及共享目录是否允许客户端连接。本例 NFS 服务器的 IP 地址为 172.168.0.8，可用如图 8.51 所示的命令查看。

图 8.51　在客户端查看 NFS 服务器的共享目录

2. 挂载输出目录到本地

（1）使用 mount 命令挂载 NFS 文件系统

mount 命令的格式如下：

```
mount -t nfs <NFS 服务器地址:共享目录> <本地挂载点>
```

本例在客户端将 NFS 服务器的/nfsdir1 挂载到/nfsclient-dir1，由于 NFS 服务器设置了只允许 172.168.0.8 的 IP 挂载/nfsdir1，而客户端 IP 地址为 172.168.0.154，因此出现访问拒绝的提示，而将 NFS 服务器的/nfsdir2 挂载到/nfsclient-dir2 成功，如图 8.52 所示。

```
[root@localhost ~]# mkdir /nfsclient-dir1
[root@localhost ~]# mkdir /nfsclient-dir2
[root@localhost ~]# mount -t nfs 172.168.0.8:/nfsdir1 /nfsclient-dir1
Created symlink /run/systemd/system/remote-fs.target.wants/rpc-statd.service → /usr/lib/systemd/syst
em/rpc-statd.service.
mount.nfs: access denied by server while mounting 172.168.0.8:/nfsdir1
[root@localhost ~]# mount -t nfs 172.168.0.8:/nfsdir2 /nfsclient-dir2
[root@localhost ~]# df -hT
Filesystem              Type      Size  Used Avail Use% Mounted on
devtmpfs                devtmpfs  4.0M     0  4.0M   0% /dev
tmpfs                   tmpfs     1.8G     0  1.8G   0% /dev/shm
tmpfs                   tmpfs     724M  9.4M  714M   2% /run
/dev/mapper/rl-root     xfs        51G  4.4G   47G   9% /
/dev/mapper/rl-home     xfs        25G  214M   25G   1% /home
/dev/sda1               xfs       960M  301M  660M  32% /boot
tmpfs                   tmpfs     362M   44K  362M   1% /run/user/0
/dev/sr0                iso9660   9.8G  9.8G     0 100% /media/cdrom
172.168.0.8:/nfsdir2 nfs4          52G  4.5G   48G   9% /nfsclient-dir2
```

图 8.52　将 NFS 服务器共享目录挂载到本地挂载点

（2）测试 NFS 挂载点的权限

在客户端上进入 NFS 挂载点/nfsclient-dir2，可查看共享目录中的数据，也可创建文件，如图 8.53 所示。

```
[root@localhost ~]# cd /nfsclient-dir2
[root@localhost nfsclient-dir2]# ls -l
total 0
-rw-r--r--. 1 root root 0 Feb 23 00:04 nfsdir2-file
[root@localhost nfsclient-dir2]# touch b.txt
[root@localhost nfsclient-dir2]# ls -l
total 0
-rw-r--r--. 1 1234 nobody 0 Feb 23 00:31 b.txt
-rw-r--r--. 1 root root   0 Feb 23 00:04 nfsdir2-file
```

图 8.53　测试 NFS 挂载点权限

（3）修改/etc/fstab 实现自动挂载

如果要经常使用远程服务器上的共享目录，每次挂载略显麻烦，这时可在客户端上使用 autofs 工具或直接修改/etc/fstab 文件的内容实现自动挂载。本例在客户端/etc/fstab 文件中添加内容，如图 8.54 所示。重新启动本地服务器后 NFS 服务器的输出目录将被自动挂载到本地，也可使用 systemctl daemon-reload 命令重新加载守护进程，然后执行 mount -a 加载/etc/fstab 的挂载关系，如图 8.55 所示。

```
172.168.0.8:/nfsdir2     /nfsclient-dir2                nfs_  defaults        0 0
```

图 8.54　修改/etc/fstab 实现自动挂载

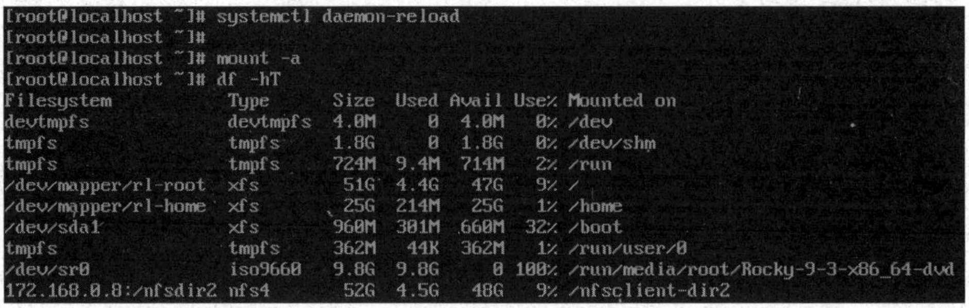

图 8.55　卸载输出目录挂载点

总 结 提 高

1．小结

SAMBA 是在 Linux 和 UNIX 系统上支持 SMB 协议的一个免费软件，由服务器及客户端程序构成，实现跨平台共享文件和打印服务。SAMBA 服务的配置文件是/etc/samba/smb.conf，该文件分为全局设置和共享定义两部分。全局设置部分定义了多个全局参数，共享定义部分则定义了用户定义目录和打印机的共享。SAMBA 的默认共享级别是 user 级，需要检查用户名和口令，而 share 级的共享可以直接登录。

NFS 允许网络中的计算机之间通过 TCP/IP 协议共享网络资源，采用 C/S 结构，类似于 Windows 系统的资源共享。NFS 服务器端将某个目录设置为输出（共享）目录，其他客户端可以将该目录挂载到自己的系统下，可以透明地读写位于远端 NFS 服务器上的文件，就像访问本地文件一样。NFS 的配置文件是/etc/exports，可定义共享目录、访问权限和允许访问的主机参数等。

2．提高

1）使用 Linux 系统访问 Windows 系统共享文件夹。

2）尝试来宾用户的 SAMBA 共享。

项 目 实 训

1．SAMBA 服务器的配置

1）设置工作组，名为 workgroup。

2）建立 Linux 的本地账户 shareuser，登录密码为 s1h2a3re，主目录为/home/shareuser，对应 Windows 的管理员账户为 administrator，SAMBA 共享密码为 share。

3）设定 SAMBA 访问验证方式为用户验证。

4）共享/ShareDocs 目录，共享名为 wdgx，权限为可以写入，并在 Windows 下测试。

5）将 Windows 中 C:\Windows\Fonts 下的任意一个字体文件复制至上述共享目录。

2. NFS 服务器的配置

1）NFS 服务器地址为 172.168.0.10。

2）输出/tmp/nfssharedocs 目录，供所有用户读取信息。

3）输出/tmp/nfsupload 目录作为 172.168.0.0/24 网段的数据上传目录，并将所有用户及所属的用户组都映射为用户 nfstest，其 UID 与 GID 均为 1432。

4）输出/tmp/nfstest 仅共享给 172.168.0.20 这台主机，权限为读写。

5）把 NFS 服务器上的/tmp/nfsupload 共享目录挂载到客户端的/tmp/nfsshare 文件夹，并实现自动挂载。

6）在客户端上测试和访问共享资源。

项目 9

配置与管理 DHCP 服务器

案例需求

某公司需要一台 DHCP（dynamic host configuration protocol，动态主机配置协议）服务器（服务器地址为 172.168.0.3）来给内部计算机分配 IP 地址，分配的地址池是 172.168.0.2 ~ 172.168.0.222，子网掩码为 24 位，DNS 服务器是 202.96.128.68，网关是 172.168.0.1；给 MAC 地址为 00:0c:29:35:e9:92 的 sz-cli1 主机分配固定 IP 地址 172.168.0.88。

需求分析

DHCP 是一个局域网的网络协议，使用 UDP 协议工作，主要用于管理内部网络的计算机，特别是 IP 地址分配。

在计算机网络中，每台计算机都有自己的 IP 地址，IP 地址是它们的唯一标识。如果同一网络内的计算机数量过多，由管理员为每台计算机单独指定 IP 地址，这样工作量很大，且易出现 IP 地址重复现象。此时，可以借助 DHCP 服务器来配置客户端的网络配置信息，如 IP 地址、子网掩码、网关、DNS 服务器等，这为网络的集中管理提供了方便，在企事业单位中应用广泛。本项目介绍 DHCP 服务器的基本工作原理和 DHCP 服务器的配置方法。

配置 DHCP 服务器免除了手动配置 IP 地址的繁杂，能够智能检测 IP 地址冲突，便于网络地址统一管理。但是 DHCP 本身不存在身份认证机制，黑客容易模拟 DHCP 服务器或客户机，对局域网进行 DHCP 欺骗攻击。作为网络管理人员，应充分考虑此类问题，掌握 DHCP 监听技术，并对关键主机绑定 MAC 地址配置 DHCP 保留地址。同时，要遵守法律法规，自觉履行职业道德。

知识目标

- ⊙ 了解 DHCP 服务器的工作原理。
- ⊙ 掌握 DHCP 服务器的主配置文件。

技能目标

- ⊙ 安装、配置和启动 DHCP 服务器。
- ⊙ 配置 DHCP 客户端来验证 DHCP 服务。

思政目标

- ⊙ 提高网络地址分配的安全意识及风险防范意识。
- ⊙ 配置 DHCP 服务时培养严谨、细致的职业素养。

任务 9.1　认识 DHCP 服务

知识指南

DHCP 服务器所提供的服务是为网络中的计算机动态分配 IP 地址。下面介绍 DHCP 服务器的工作原理。

认识DHCP服务

1. 寻找 DHCP 服务器

当 DHCP 客户端第一次登录网络时，会向网络发出一个 DHCPDISCOVER（发现信息）封包。封包的源地址为 0.0.0.0，目的地址为 255.255.255.255，然后附上 DHCPDISCOVER 的信息（封包内会带有其 MAC 地址信息等），向网络进行广播。网络上每台安装了 TCP/IP 的主机都会接收到这种广播信息，但只有 DHCP 服务器才会做出响应，如果一直没有响应，则 DHCPDISCOVER 错误。

2. 提供 IP 租用地址

当 DHCP 服务器监听到客户端发出的 DHCPDISCOVER 广播后，会从还没有租出的地址池内选择未使用的 IP 地址，连同其他 TCP/IP 设定，回应给客户端一个 DHCPOFFER 封包。服务器会根据 MAC 地址等信息将资料传递给要求租约的客户端。根据服务器端的设定，DHCPOFFER 封包会包含一个租约期限的信息。

3. 接受 IP 地址租约

如果客户端收到网络上多台 DHCP 服务器的回应，则只会挑选其中一个 DHCPOFFER（通常是最先抵达的那个），并且会向网络发送一个 DHCPREQUEST（请求信息）广播封包，告诉所有 DHCP 服务器它将指定接受哪一台服务器提供的 IP 地址。之所以要以广播方式回答，是为了通知所有的 DHCP 服务器。客户端在选择某台 DHCP 服务器所提供的 IP 地址的同时，还会向网络发送一个 ARP 封包，查询网络中有没有其他机器使用该 IP 地址。如果发现该 IP 地址已经被占用，则客户端会发送一个 DHCPDECLINE 封包给 DHCP 服务器，以拒绝接受其 DHCPOFFER，并重新发送 DHCPDISCOVER 信息。

4. 确认阶段

确认阶段即 DHCP 服务器确认所提供的 IP 地址的阶段。当 DHCP 服务器收到 DHCP 客户端回答的 DHCPREQUEST 之后，便向 DHCP 客户端发送一个包含它所提供的 IP 地址和其他设置的 DHCPACK（确认信息），告诉 DHCP 客户端可以使用它所提供的 IP 地址。然后 DHCP 客户端便将其 TCP/IP 与网卡绑定。另外，除 DHCP 客户端选中的服务器外，其他的 DHCP 服务器都将收回曾提供的 IP 地址。

5. 重新登录

通过前面的设置，以后 DHCP 客户端每次重新登录网络时，就不需要再发送 DHCPDISCOVER 了，而是直接发送包含前一次所分配的 IP 地址的 DHCPREQUEST。当 DHCP 服务器收到这一信息后，会尝试让 DHCP 客户端继续使用原来的 IP 地址，并回答一个 DHCPACK。如果此 IP 地址已无法再分配给原来的 DHCP 客户端使用（如该 IP 地址已分配给其他 DHCP 客户机使用），则 DHCP 服务器给 DHCP 客户端回答一个 DHCPNACK（否认信息）。当原来的 DHCP 客户端收到此 DHCPNACK 后，就必须重新发送 DHCPDISCOVER 来请求新的 IP 地址。

6. 更新 IP 地址租约

DHCP 服务器向 DHCP 客户端出租的 IP 地址一般都有一个租借期限，期满后 DHCP 服务器便会收回出租的 IP 地址。如果 DHCP 客户端要延长其 IP 地址租约，则必须更新其 IP 地址租约。DHCP 客户机启动时和 IP 地址租约期限过半时，DHCP 客户端都会自动向 DHCP 服务器发送更新其 IP 地址租约的信息。DHCP 客户端除了在开机时发出 DHCPREQUEST 外，在租约期限过半时也会发出 DHCPREQUEST，如果此时得不到 DHCP 服务器的确认，工作站还可以继续使用该 IP 地址，如果在剩下的租约期限一半时（即租约的 75%）还得不到确认，那么工作站就不能拥有这个 IP 地址了。

案例实施

1. 认识 DHCP 服务相关软件包

由于启动 DHCP 服务时需要安装 dhcp 包，因此在配置使用 DHCP 之前，应先检查系统中是否已经安装了这个软件包。最好在安装系统时，选择安装 DHCP 相关服务。

DHCP 服务的主程序软件包是 dhcp-server-4.4.2。可以通过 rpm 命令查询主程序软件包是否已安装，如果没有安装，可以使用 yum 或者 dnf 命令进行安装。

（1）查询 DHCP 服务

查询 DHCP 服务可以使用如图 9.1 所示的命令。

```
[root@rocky9 iso]# yum list | grep dhcp
dhcp-client.x86_64                    12:4.4.2-19.b1.el9          InstallMedia-BaseOS
dhcp-common.noarch                    12:4.4.2-19.b1.el9          InstallMedia-BaseOS
dhcp-relay.x86_64                     12:4.4.2-19.b1.el9          InstallMedia-BaseOS
dhcp-server.x86_64                    12:4.4.2-19.b1.el9          InstallMedia-BaseOS
[root@rocky9 iso]# rpm -qa |grep dhcp
[root@rocky9 iso]#
```

图 9.1　查询 DHCP 服务

（2）安装 DHCP 服务

安装 DHCP 服务可以使用如图 9.2 所示的命令。

```
[root@rocky9 iso]# yum install dhcp* -y
上次元数据过期检查：0:09:41 前，执行于 2024年01月02日 星期二 11时26分28秒。
依赖关系解决。
================================================================================================================
 软件包                    架构              版本                          仓库                           大小
================================================================================================================
安装：
 dhcp-client               x86_64            12:4.4.2-19.b1.el9            InstallMedia-BaseOS            788 k
 dhcp-common               noarch            12:4.4.2-19.b1.el9            InstallMedia-BaseOS            128 k
 dhcp-relay                x86_64            12:4.4.2-19.b1.el9            InstallMedia-BaseOS            403 k
 dhcp-server               x86_64            12:4.4.2-19.b1.el9            InstallMedia-BaseOS            1.2 M
安装依赖关系：
 ipcalc                    x86_64            1.0.0-5.el9                   InstallMedia-BaseOS             41 k
安装弱的依赖：
 geolite2-city             noarch            20191217-6.el9                InstallMedia-AppStream          23 M
 geolite2-country          noarch            20191217-6.el9                InstallMedia-AppStream         1.6 M

事务概要
================================================================================================================
安装  7 软件包

总计：27 M
安装大小：71 M
下载软件包：
运行事务检查
事务检查成功。
运行事务测试
事务测试成功。
运行事务
  准备中    :                                                                                               1/1
  安装      : dhcp-common-12:4.4.2-19.b1.el9.noarch                                                        1/7
  安装      : geolite2-city-20191217-6.el9.noarch                                                          2/7
  安装      : geolite2-country-20191217-6.el9.noarch                                                       3/7
  安装      : ipcalc-1.0.0-5.el9.x86_64                                                                    4/7
  安装      : dhcp-client-12:4.4.2-19.b1.el9.x86_64                                                        5/7
  运行脚本  : dhcp-server-12:4.4.2-19.b1.el9.x86_64                                                        6/7
  安装      : dhcp-server-12:4.4.2-19.b1.el9.x86_64                                                        6/7
  运行脚本  : dhcp-server-12:4.4.2-19.b1.el9.x86_64                                                        6/7
  安装      : dhcp-relay-12:4.4.2-19.b1.el9.x86_64                                                         7/7
  运行脚本  : dhcp-relay-12:4.4.2-19.b1.el9.x86_64                                                         7/7
  验证      : geolite2-country-20191217-6.el9.noarch                                                       1/7
  验证      : geolite2-city-20191217-6.el9.noarch                                                          2/7
  验证      : ipcalc-1.0.0-5.el9.x86_64                                                                    3/7
  验证      : dhcp-server-12:4.4.2-19.b1.el9.x86_64                                                        4/7
  验证      : dhcp-relay-12:4.4.2-19.b1.el9.x86_64                                                         5/7
  验证      : dhcp-client-12:4.4.2-19.b1.el9.x86_64                                                        6/7
```

图 9.2　安装 DHCP 服务

2. 认识 DHCP 服务进程的操作

DHCP 服务器配置完成后需要重启才可以使用，相关配置文件若进行了修改也需要重新启动才可生效。DHCP 服务的进程名称为 dhcpd。

（1）启动 dhcpd

启动 dhcpd 的命令如图 9.3 所示。

```
[root@rocky9 dhcp]# systemctl start dhcpd.service
Job for dhcpd.service failed because the control process exited with error code.
See "systemctl status dhcpd.service" and "journalctl -xeu dhcpd.service" for details.
[root@rocky9 dhcp]#
```

图 9.3　启动 dhcpd

小提示

如果未配置主配置文件 dhcpd.conf，本次启动将失败。

（2）关闭 dhcpd

关闭 dhcpd 的相关命令如图 9.4 所示。

```
[root@rocky9 dhcp]# systemctl stop dhcpd.service
[root@rocky9 dhcp]#
```

图 9.4　关闭 dhcpd

任务 9.2　配置 DHCP 服务

知识指南

DHCP 服务器的配置文件存放在/etc/dhcp 目录中，主配置文件为 dhcpd.conf。默认情况下，该文件的内容如下：

配置 DHCP 服务

```
# DHCP Server Configuration file.
# see /usr/share/doc/dhcp-server/dhcpd.conf.example
# see dhcpd.conf(5) man page
```

命令 see /usr/share/doc/dhcp-server/dhcpd.conf.example 用于通知配置文件可以参考该模板文件，可采用复制的方式或者文件重定向的方式，将该文件的内容读入/etc/dhcp/dhcpd.conf 中。在命令提示符后输入如下命令。

```
#cp /usr/share/doc/dhcp-server/dhcpd.conf.example /etc/dhcp/dhcpd.conf
//复制模板文件到配置文件
#cat /usr/share/doc/dhcp-server/dhcpd.conf.example >/etc/dhcp/dhcpd.conf
//重定向模板文件到配置文件
```

以下是文件的主要配置项及说明（无关的配置行和注释可以删除）。

```
option domain-name "example.org";
#设置 DNS 域名后缀
option domain-name-servers  ns1.example.org, ns2.example.org;
#指定 DNS 服务器的域名或者 IP 地址
default-lease-time 600;
#指定默认租期
max-lease-time 7200;
#最大租期
subnet 10.5.5.0 netmask 255.255.255.224 {
```

```
    #用户可以用 subnet 语句通知 DHCP 服务器,把服务器可以分配的 IP 地址限制在规定的子网内,
subnet 语句包含表示子网掩码的 netmask
    range 10.5.5.26 10.5.5.30;
    #通过 range 可以指定动态分配给客户端的起始 IP 地址和结束 IP 地址，可设定多个 range
    option domain-name-servers  ns1.internal.example.org;
    option domain-name  "internal.example.org";
    option routers 10.5.5.1;
    #设置默认网关
    option broadcast-address 10.5.5.31;
    #设置广播地址
    default-lease-time 600;
    max-lease-time 7200;
    }
    host fantasia {
    #给某些主机（本例为 fantasia）绑定固定 IP 地址，可对多个主机进行绑定
    hardware ethernet 08:00:07:26:c0:a5;
    #需绑定 IP 地址的网卡的 MAC 地址
    fixed-address fantasia.example.com;
    #对指定的 MAC 地址绑定 IP 地址
    }
```

案例实施

1. 修改本机 IP 地址

详见项目 7，通过修改/etc/NetworkManager/system-connections/目录下网卡的配置文件 ens160.nmconnection，把 IP 地址修改为 172.168.0.3，重新启动网卡后，查看 IP 地址，如图 9.5 所示。

图 9.5　查看 IP 地址

2. 重定向模板文件到配置文件

重定向模板文件到主配置文件，并打开编辑，相关命令如图 9.6 所示。

```
[root@rocky9 dhcp]# pwd
/etc/dhcp
[root@rocky9 dhcp]# ls
bak.conf  dhclient.d  dhcpd6.conf  dhcpd.conf
[root@rocky9 dhcp]# cp /usr/share/doc/dhcp-server/dhcpd.conf.example dhcpd.conf
cp: 是否覆盖'dhcpd.conf'?  y
[root@rocky9 dhcp]# vim dhcpd.conf
```

图 9.6　重定向模板文件到主配置文件

3. 编辑主配置文件

分配的地址池是 172.168.0.2～172.168.0.222，子网掩码为 24 位，DNS 服务器是 202.96.128.68，网关是 172.168.0.1。给 MAC 地址为 00:0c:29:35:e9:92 的 sz-cli1 主机分配固定 IP 地址 172.168.0.88。

对配置文件进行如图 9.7 所示的修改。

```
# dhcpd.conf
option domain-name "Rocky9.net";
option domain-name-servers 202.96.128.68;

default-lease-time 600;
max-lease-time 7200;
subnet 172.168.0.0 netmask 255.255.255.0 {
  range 172.168.0.2 172.168.0.222;
  option domain-name-servers 202.96.128.68;
  option domain-name "Rocky9.net";
  option routers 172.168.0.1;
  option broadcast-address 172.168.0.255;
}
host sz-cli1 {
  hardware ethernet 00:0c:29:35:e9:92;
  fixed-address 172.168.0.88;
}
~
```

图 9.7　编辑主配置文件

4. 重启 DHCP 服务

重启 DHCP 服务的命令如图 9.8 所示。

```
[root@rocky9 dhcp]# systemctl restart dhcpd.service
[root@rocky9 dhcp]#
```

图 9.8　重启 DHCP 服务

任务 9.3　配置 DHCP 客户端

知识指南

不同操作系统下的 DHCP 客户端的配置有所不同，下面主要介绍 Windows 客户端的配置。

配置 DHCP 客户端

案例实施

将 Windows 主机配置为 DHCP 客户端比较简单，可以采用图形化配置。以 Windows 11 为例，配置步骤如下：在桌面右击“网络”图标，在弹出的快捷菜单中选择“属性”命令，打开“网络和共享中心”窗口。在左侧的导航窗格中单击“更改适配器设置”链接，可以看到系统内所有的网络适配器。选中需要设置的适配器，右击，在弹出的快捷菜单中选择“属性”命令，在弹出的对话框中双击“Internet 协议版本 4（TCP/IPv4）”选项，弹出“Internet 协议版本 4（TCP/IPv4）属性”对话框，如图 9.9 所示。

选中“自动获得 IP 地址”和“自动获得 DNS 服务器地址”单选按钮，单击“确定”按钮即可完成客户端的配置。

在虚拟机菜单栏中选择“编辑”→“虚拟网络编辑器”选项，打开“虚拟网络编辑器”对话框，如图 9.10 所示，取消选中“使用本地 DHCP 服务将 IP 地址分配给虚拟机”复选框。

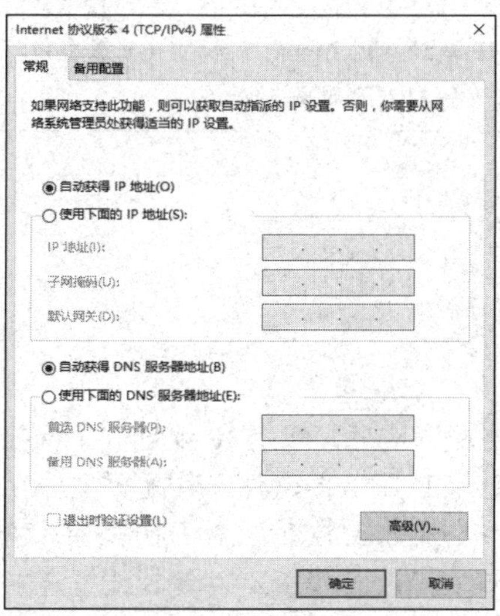

图 9.9　“Internet 协议版本 4（TCP/IPv4）属性”对话框

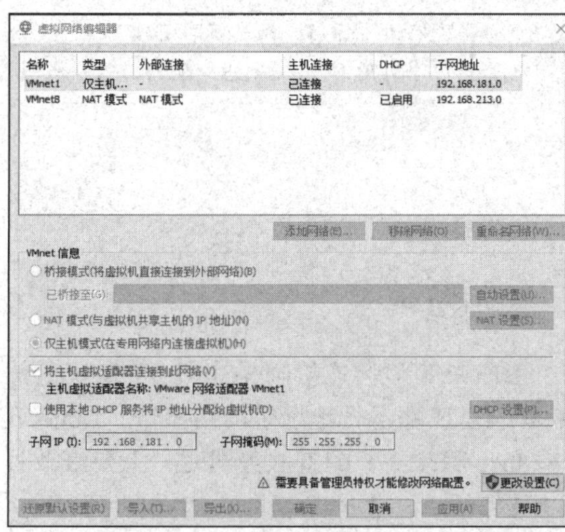

图 9.10　“虚拟网络编辑器”对话框

选择“开始”→“运行”选项，在“运行”对话框中输入“cmd”命令，选择“命令提示符”选项。可以通过 ipconfig /release 命令释放获得的 IP 地址，使用 ipconfig /renew 命令重新获得 IP 地址。通过 ipconfig /all 命令查看获得的 IP 地址参数，如图 9.11 所示，可以看出 DHCP 客户端已经成功获得 IP 地址。

```
C:\Windows\system32\cmd.exe

C:\>ipconfig/all

Windows IP 配置

   主机名  . . . . . . . . . . . . . : sz-cli1
   主 DNS 后缀 . . . . . . . . . . . :
   节点类型  . . . . . . . . . . . . : 混合
   IP 路由已启用 . . . . . . . . . . : 否
   WINS 代理已启用 . . . . . . . . . : 否
   DNS 后缀搜索列表  . . . . . . . . : Rocky9.net

以太网适配器 Ethernet0:

   连接特定的 DNS 后缀 . . . . . . . : Rocky9.net
   描述. . . . . . . . . . . . . . . : Intel(R) 82574L Gigabit Network Connection
   物理地址. . . . . . . . . . . . . : 00-0C-29-35-E9-92
   DHCP 已启用 . . . . . . . . . . . : 是
   自动配置已启用. . . . . . . . . . : 是
   IPv4 地址 . . . . . . . . . . . . : 172.168.0.88(首选)
   子网掩码  . . . . . . . . . . . . : 255.255.255.0
   获得租约的时间  . . . . . . . . . : 2024年1月2日 15:39:02
   租约过期的时间  . . . . . . . . . : 2024年1月2日 15:49:01
   默认网关. . . . . . . . . . . . . : 172.168.0.1
   DHCP 服务器 . . . . . . . . . . . : 172.168.0.3
   DNS 服务器  . . . . . . . . . . . : 202.96.128.68
   TCPIP 上的 NetBIOS  . . . . . . . : 已启用
```

图 9.11　查看 DHCP 客户端获得的 IP 地址参数

小提示

如果没有设置保留，而是获取 DHCP 服务器地址池的 IP 地址，则 Linux 下的 DHCP 服务是从地址池最后一个可用 IP 地址开始分配的，这一点与 Windows 下的 DHCP 服务正好相反。

总 结 提 高

1. 小结

DHCP 可以为连接到 TCP/IP 网络的系统提供网络配置信息，包括 IP 地址、子网掩码、网关、DNS 服务器地址等网络参数。Linux 自带的 DHCP 服务器软件，其配置文件存放在 /etc/dhcp 目录下。配置服务器时，主要修改目录下的 dhcpd.conf 文件。对于初学者，建议参考模板文件/usr/share/doc/dhcp-server/dhcpd.conf.example 的配置，把模板文件复制或重定向到主配置文件再进行修改，常修改的项有子网网段、地址池范围、网关地址、DNS 服务器地址、租期、保留地址等。

DHCP 配置文件分为三大部分：整体设置部分、局部设置部分和主机设置部分。整体设置部分类似于 Windows 里的 DHCP 服务器的选项，局部设置部分类似于作用域选项，而主机设置部分类似于保留选项。优先级由低到高依次为整体设置、局部设置、主机设置。一般来说，将整体设置放在配置文件的最前面。

如果启动 DHCP 服务失败，可能的原因包括如下方面。

1）90%是配置文件中设置项写错，如少写字母，或少写分号（;）等。

2）主机没有设置静态 IP 地址，主机本身就是动态获得 IP 地址时，服务是无法启动的。

3）防火墙的原因。

2. 提高

1）配置多个地址池，即指定多个 range。

2）指定 Linux 作为客户端来进行验证。

项 目 实 训

配置如下 DHCP 服务。

1）某公司在 Linux 服务器上配置 DHCP 服务，DHCP 服务器的 IP 地址为 172.168.1.1。

2）IP 地址的使用范围是 172.168.1.100～172.168.1.199。

3）子网掩码是 255.255.255.0。

4）默认网关是 172.168.1.1。

5）DNS 域名后缀为 Rocky9.net，域名服务器的地址是 202.96.128.86。

6）为宿主机分配保留地址 172.168.1.177（提示：宿主机的 MAC 地址可通过 ipconfig /all 命令查看）。

项目 10

配置与管理 DNS 服务器

案例需求

某公司的管理员为了方便公司员工使用 FTP 服务器和 Web 服务器，计划搭建内部 DNS 服务器。公司内部的域名为 rocky9.net。这样做的目的是使公司员工可以使用 ftp.rocky9.net 访问 FTP 服务器，使用 www.rocky9.net 访问 Web 服务器。另外，为了保障 DNS 服务器的安全，增加一台辅助 DNS 服务器作为主 DNS 服务器的备份，为域 rocky9.net 的正反向解析数据提供容错。

主 DNS 服务器的 IP 地址为 172.168.0.3。

辅助 DNS 服务器的 IP 地址为 172.168.0.4。

Web 服务器的 IP 地址为 172.168.0.3。

FTP 服务器的 IP 地址为 172.168.0.5。

需求分析

DNS 是计算机域名系统或域名服务器（domain name system 或 domain name server）的缩写，它用于将易记忆的域名和不易记忆的 IP 地址进行转换。承担解析任务的网络主机称为 DNS 服务器。本项目主要介绍 DNS 服务的基本知识，以及 DNS 主、辅助服务器的配置和验证。

DNS 是计算机网络中最重要的子系统之一，在 IPv4 时代全世界共有 13 台根 DNS 服务器，它们部署在美国、欧洲和日本等地，而在网络使用大国的中国并没有部署，这使中国的网络服务在某种程度上受制于人。近年来，经过中国科技工作者的不懈努力，形势已经有所改变，在 IPv6 时代，中国通过“雪人计划”已经部署了 4 台 DNS 根服务器，占全球数量的 16%，大大提升了在 DNS 方面的安全性。

知识目标

- 了解 DNS 服务器的工作原理。
- 掌握 DNS 服务器的相关配置文件。

技能目标

- 掌握主 DNS 服务的配置和验证。
- 掌握辅助 DNS 服务的配置和验证。

思政目标

- 了解中国 DNS 发展的现状，激发科技强国的信心。
- 增强爱国意识，树立科技改变世界信念。

任务 10.1　认识 DNS 服务

知识指南

在网络上所有计算机之间的通信都是依赖 IP 地址进行的，但是由于 IP 地址难以记忆，使用起来很不方便，所以人们就使用文字性的、有意义的域名来访问网络上的主机，如使用域名 www.baidu.com 就可以访问百度的主机。但是在使用域名访问的过程中，还是需要把域名转换为 IP 地址，这样计算机才能找到正确的主机。通常这种转换都由专门的 DNS 服务器来完成。

1. DNS 的功能

DNS 是一种基于 TCP/UDP 的服务，同时监听 TCP 和 UDP 的 53 号端口。DNS 服务器所提供的服务是完成主机名或域名与 IP 地址的相互转换。通常把域名转换为 IP 地址称为正向解析，把 IP 地址转换为域名称为反向解析。

2. DNS 的组成

DNS 主要由以下部分组成。

1）域名空间：指定结构化的域名层次结构和相应的数据。

2）域名服务器：服务器用于管理区域（zone）内的域名或资源记录，并负责其控制范围内所有的主机域名解析请求的程序。

3）解析器：客户端向域名服务器提交解析请求的程序。

整个 Internet 的域名系统采用树形层次结构，由许多域组成，从上到下依次为根域、顶级域、二级域及三级域。以 www.google.com 为例解析 DNS 的树形结构，如图 10.1 所示。

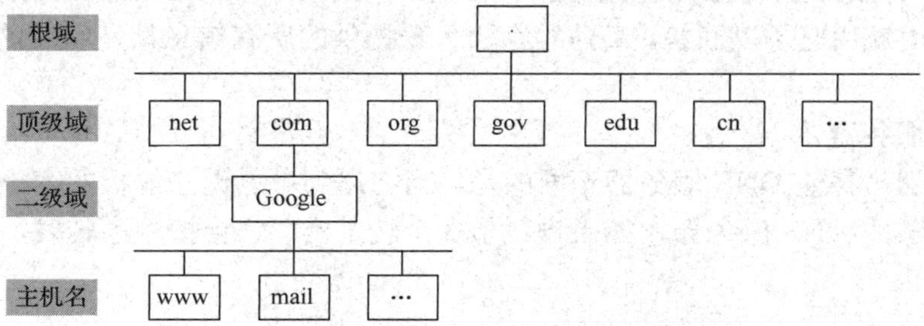

图 10.1　DNS 的树形结构

每个域至少有一个域名服务器，该服务器只需存储其管辖内的域名和 IP 地址信息，同时向上级域的 DNS 服务器注册，一级域名服务器管理二级域名服务器，二级域名服务器管理三级域名服务器。若是美国以外的国家，其顶级域为国家代码，如中国为 cn，英国为 uk，而 com、edu 则称为二级域，如 www.sina.com.cn，其顶级域为 cn，二级域为 com，三级域为 sina，主机名为 www。全球有 13 台 IPv4 根服务器，1 个为主根服务器在美国，其余 12 个均为辅根服务器，其中 9 个在美国，2 个在欧洲（位于英国和瑞典），1 个在亚洲（位于日本）。三级域一般由各个国家的网络管理中心统一分配和管理。

3. DNS 的工作过程

由本地主机发出请求，首先查询本地的/etc/hosts 文件，如果 hosts 文件里有解析记录，那么返回 hosts 文件的解析结果；如果没有，则查询本地 DNS 缓存。如果本地的 DNS 缓存内保存有结果，则返回结果；如果没有，则查询本地第一台 DNS 服务器。具体过程如下：首先查找该 DNS 服务器缓存，如果有对应记录，则返回结果；如果没有对应记录，则检查是不是自己负责的域，如果不是，则启用第二个 DNS 服务器。在第二个服务器上也是类似步骤，如果是自己负责的域，则去该域的上一级服务器查找，直至根域。如果上一级服务器有该记录，则在本地服务器添加该记录以方便下次查询。如果根域也没有结果，则查询失败。

4. 常见 DNS 服务器的类型

常见的 DNS 服务器有如下几种。

（1）主域名服务器

主域名服务器是本区域最权威的域名服务器，它在本地存储所管理区域的地址数据库文件，负责为客户提供权威的地址解析。通常可以在主域名服务器的区域配置文件中看到 type=master 这样的属性。

（2）辅助域名服务器

辅助域名服务器也称从域名服务器，它通常与主域名服务器一起工作，是主域名服务器的一个备份。辅助域名服务器的地址数据来源于主域名服务器，并且随着主域名服务器数据的变化而变化。通常可以在辅助域名服务器的区域配置文件中看到 type=slave 这样的属性。

（3）缓存域名服务器

缓存域名服务器可以运行域名服务器软件，但是不保存地址数据库文件。当客户端发起查询，它就从其他远程服务器取得域名服务器查询的结果，并将结果放在高速缓存中，以后遇到相同查询时就用它予以回答。高速缓存服务器提供的所有信息都是间接的，所以它不是权威服务器。

（4）转发服务器

转发服务器与其他 DNS 服务器不同的是，当它遇到自己无法解析的客户端请求时，会把请求转发到其他 DNS 服务器，如果设置了多个转发器，它会按顺序转发，直到找到地址或全部转发为止。

小提示

虽然每次为了加快查询速度、节约带宽资源，优先查询本地缓存，但是本地缓存有时不是最权威的结果，而通过服务器一级一级查找返回的才是最权威的结果。

案例实施

1．认识 DNS 服务相关软件包

由于启动 DNS 服务器时需要安装 bind（Berkeley internet name domain，伯克利互联网域名）相关软件包，因此在配置使用 DNS 之前，先检查系统中是否已经安装了这个软件包。一般情况下，最小化安装的系统没有安装 bind。

DNS 主程序：9.16.23。

（1）查询 DNS 安装

使用 rpm -qa |grep bind 命令查询安装，如果已经安装了 bind，会出现图 10.2 所示的结果。

```
[root@localhost ~]# rpm -qa | grep bind
bind-license-9.16.23-14.el9_3.0.1.noarch
bind-libs-9.16.23-14.el9_3.0.1.x86_64
bind-utils-9.16.23-14.el9_3.0.1.x86_64
bind-dnssec-doc-9.16.23-14.el9_3.0.1.noarch
python3-bind-9.16.23-14.el9_3.0.1.noarch
bind-dnssec-utils-9.16.23-14.el9_3.0.1.x86_64
bind-9.16.23-14.el9_3.0.1.x86_64
bind-dyndb-ldap-11.9-8.el9_1.x86_64
bind-chroot-9.16.23-14.el9_3.0.1.x86_64
```

图 10.2　查询安装结果

主要软件包功能介绍如下：

```
bind-9.16.23-14.el9_3.0.1.x86_64                //bind 主程序
bind-utils-9.16.23-14.el9_3.0.1.x86_64          //bind 服务的常用软件包
```

（2）DNS 的安装

如果没有查询到上述软件包，则需要自行安装 bind 和 bind-utils 两个软件包。

使用 dnf install bind bind-utils -y 命令安装 DNS 所需要的软件包，如图 10.3 所示。

```
Installed:
  bind-32:9.16.23-14.el9_3.0.1.x86_64          bind-dnssec-doc-32:9.16.23-14.el9_3.0.1.noarch          bind-dnssec-utils-32:9.16.23-14.el9_3.0.1.x86_64
  bind-libs-32:9.16.23-14.el9_3.0.1.x86_64     bind-license-32:9.16.23-14.el9_3.0.1.noarch             bind-utils-32:9.16.23-14.el9_3.0.1.x86_64
  checkpolicy-3.5-1.el9.x86_64                 fstrm-0.6.1-3.el9.x86_64                                libmaxminddb-1.5.2-3.el9.x86_64
  libuv-1:1.42.0-1.el9.x86_64                  policycoreutils-python-utils-3.5-3.el9_3.noarch         protobuf-c-1.3.3-13.el9.x86_64
  python3-audit-3.0.7-104.el9.x86_64           python3-bind-32:9.16.23-14.el9_3.0.1.noarch             python3-distro-1.5.0-7.el9.noarch
  python3-libsemanage-3.5-2.el9.x86_64         python3-ply-3.11-14.el9.0.1.noarch                      python3-policycoreutils-3.5-3.el9_3.noarch
  python3-setools-4.4.3-1.el9.x86_64           python3-setuptools-53.0.0-12.el9.noarch
```

图 10.3　bind 安装结果

2．DNS 相关服务的操作

（1）启动 DNS 服务

使用命令 systemctl start named 启动 DNS 服务，启动成功后并不会出现任何提示，如果想查询服务的状态，可以使用命令 systemctl status named，如图 10.4 所示。

```
[root@www ~]# systemctl status named
```

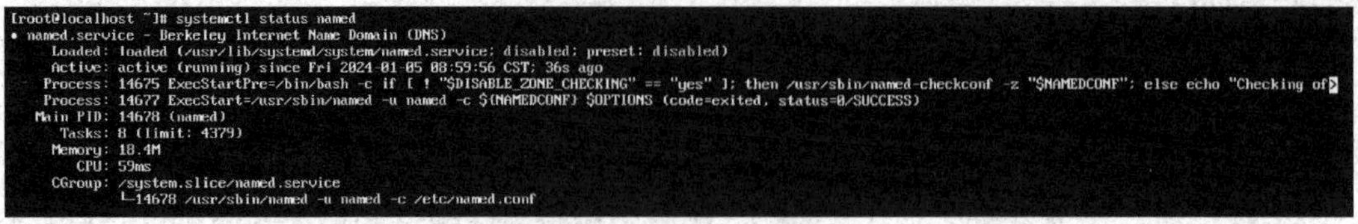

图 10.4　查看 DNS 服务的状态

（2）关闭 DNS 服务

使用命令 systemctl stop named 可关闭 DNS 服务。同样地，关闭服务成功后并没有任何提示，如果想查询服务的状态，可以使用前面所介绍的命令 systemctl status named。

```
[root@www ~]# systemctl stop named
```

任务 10.2　配置主 DNS 服务

知识指南

10.2.1　DNS 配置文件概述

配置域名服务器需要配置一组文件，最为关键的是 DNS 的主配置文件/etc/named.conf 和/etc/named.rfc1912.zones。named 守护进程首先从 named.conf 文件获取其他配置文件的信息，然后按照各区域文件的设置内容提供域名解析服务。DNS 还有其他重要配置文件，下面介绍各文件及其功能。

配置主 DNS 服务

- 主配置文件/etc/named.conf 和/etc/named.rfc1912.zones：用来配置 DNS 服务器的全局参数，并指定区域类型、区域文件名及其保存路径。
- 根域配置文件/var/named/named.ca：记录全球根域服务器的 IP 地址和域名，用户可以定期对此文件进行更新。
- 本机正向区域文件/var/named/named.localhost：用于将本机名 localhost 解析为本地回送 IP 地址（127.0.0.1）。
- 本机反向区域文件/var/named/named.loopback：用于将本地回送 IP 地址（127.0.0.1）解析为 localhost。
- 正向区域数据库文件：由 named.rfc1912.zones 文件指定，用于实现域名到 IP 地址的正向解析。
- 反向区域数据库文件：由 named.rfc1912.zones 文件指定，用于实现 IP 地址到域名的反向解析。

10.2.2　named.conf 配置文件

bind 在安装时会在/etc 目录下创建一个名为 named.conf 的文件，所属用户为 root，所属组为 named。该文件内容及其说明如下：

```
options {
    listen-on port 53 { 127.0.0.1; };
    #表示使用 53 号端口监听本地主机，使用时一般把 127.0.0.1 修改为 any，表示监听所有
IP 地址
    listen-on-v6 port 53 { ::1; };
    #监听 IPv6 地址和端口
    directory   "/var/named";
    #设置区域数据库文件的存储目录，若安装了 bind-chroot，其实际的工作目录为/var/
named/chroot/var/named
    dump-file "/var/named/data/cache_dump.db";
    statistics-file "/var/named/data/named_stats.txt";
    memstatistics-file "/var/named/data/named_mem_stats.txt";
    allow-query    {localhost; };
    #表示仅允许本地主机查询，使用时一般把 localhost 修改为 any，表示允许网络内所有
主机查询
    recursion yes; #可以递归查询
    dnssec-enable yes;
    dnssec-validation yes;
    dnssec-lookaside auto;
    /* Path to ISC DLV key */
    bindkeys-file "/etc/named.iscdlv.key";
    managed-keys-directory "/var/named/dynamic";
};
logging {
      channel default_debug {
              file "data/named.run";
              severity dynamic;
          };
};
zone ". " IN {                            #本段定义根域
    type hint;                            #定义区域类型为提示类型
    file "named.ca";                      #指定该区域数据库文件为 named.ca
};
#本段定义根域
include "/etc/named.rfc1912.zones";       #包含解析文件列表
include "/etc/named.root.key";
```

10.2.3　named.rfc1912.zones 区域配置文件

/etc/named.rfc1912.zones 区域配置文件是 DNS 服务的核心组成部分，定义了 DNS 服务

器管理的各个域名区域，指定了每个区域的数据文件位置及更新权限，保证了 DNS 记录的准确性和安全性。每个区域都以关键字 zone 开头，下面以一个典型的区域进行说明。

```
zone "localhost.localdomain" IN {
    type master;
    file "named.localhost";
    Allow-update { none; };
};
```

- zone "localhost.localdomain" IN：关键字 zone 开始定义一个 DNS 区域；localhost.localdomain 代表该区域的名称，其中根域名用“.”表示，其他域名可以分为正向解析域名和反向解析域名。正向解析域名形如×××.com、×××.net 等，反向解析域名形如 1.168.192.in-addr.arpa，即由网段 IP 地址的逆序加上.in-addr.arpa 后缀组成；IN 代表“Internet”。
- type 配置项：说明区域的类型，区域类型在 master、slave、stub、forward、hint 中选择。以下是各区域类型的说明。
  - master：主 DNS 区域，该区域保存主 DNS 服务器信息。
  - slave：辅助 DNS 区域，需要从主服务器定期更新数据。
  - stub：存根区域，与辅助 DNS 区域相似，但只保留 DNS 服务器名称。
  - forward：转发区域，将任何 DNS 查询请求重定向到转发语句所定义的转发服务器。
  - hint：提示区域，提示 Internet 根域名服务器的名称及 IP 地址。
- file 配置项：指定区域数据库文件名称，要用双引号括起来。
- allow-update 配置项：指定哪些主机或网络可以更新这个区域的 DNS 记录，其中 nome 代表了不允许任何更新。

10.2.4 区域数据库文件说明

区域数据库文件定义了一个区的域名和 IP 地址的映射信息，由资源记录组成。区域数据库文件的名称由 named.rfc1912.zones 文件中 zone 语句块中的 file 配置项指定，名称可以任意，但是为了方便区分，一般与区域名相同，如×××.com。

1. 典型正向区域文件

典型正向区域文件如下：

```
$TTL 1D
@   IN SOA www.rocky9.net. ben.rocky9.net. (
0       ;serial
1D      ;refresh
1H      ;retry
1w      ;expire
3H  )   ;minimum
        NS      www.rocky9.net.
www     A       192.168.10.3
```

```
ftp     A       192.168.10.5
news IN CNAME www
@ IN MX 10 www.rocky9.net.
```

以下是对以上文件内容的说明。

- TTL 1D 表示客户端查询 DNS 服务器后，DNS 服务器将数据记录在本地的缓存时间。
- @表示 zone 定义的域名，本例假设 zone 为 rocky9.net。IN 表示 Internet 类；SOA 即 start of authority，表示要开始设定，后面第一个为主机名称，第二个为管理员的 E-mail。因为这里不能使用@，所以以“.”来取代。加上了“.”表示完整的主机名称（FQDN），即 hostname + domain name，否则会自动加上@表示的 zone 名称。
- 括号内的参数按顺序进行如下说明。
    - serial：zone 文件的序号（一般来说，序号使用容易记忆的数字，如使用时间作为序号，即 2020 年 5 月 12 日第 01 号，写作 2020051201）。
    - refresh：slave 与 master 服务器同步时间的时间间隔（本例为 1 天）。
    - retry：同步未成功，slave 会在此处时间间隔内再次尝试（本例为 1 小时）。
    - expire：slave 一直未同步成功，在此时间间隔后，放弃操作（本例为 1 周）
    - minimum：如果同步操作未能成功，则 TTL 最小值会应用到区域中所有资源记录（本例为 3 小时）。
- NS 即 name server，后面是 hostname 或 FQDN，表示前面的 domain 是由后面的这个主机所管理。
- A 为正向解析符号（address），主机名称对应到 IP 地址。
- CNAME 记录即主机别名资源记录，如这里 news IN CNAME www 是为 www 这台主机设置别名 news。
- 最后为邮件交换程序资源记录，设置担任邮件服务器的主机。其中的数字 10 代表优先级，当有多台邮件服务器时才起作用，值越小优先级越高，最高级为 0。

2. 典型反向区域文件

典型反向区域文件如下：

```
$TTL 1D
@   IN SOA www.rocky9.net.ben.rocky9.net. (
0       ;serial
1D      ;refresh
1H      ;retry
1w      ;expire
3H )    ;minimum
        NS      www.rocky9.net.

3       PTR     www.rocky9.net.
5       PTR     ftp.rocky9.net.
```

可以发现，反向解析文件与正向解析文件的主要区别在资源记录上。

PTR 是英文“pointer”的缩写，是 DNS 反向记录类型，注意这里的域名都是使用 FQDN，并且域名后面要加一个点“.”，否则会自动补上@的值，那样会很容易造成错误。

案例实施

1．配置 named.conf 文件

在主 DNS 服务器中打开/etc/named.conf 配置文件（修改前最好做好备份），修改 listen-on port 53 和 allow-query 的参数值为 any，如图 10.5 所示。

```
options {
        listen-on port 53 { any; };
        listen-on-v6 port 53 { ::1; };
        directory       "/var/named";
        dump-file       "/var/named/data/cache_dump.db";
        statistics-file "/var/named/data/named_stats.txt";
        memstatistics-file "/var/named/data/named_mem_stats.txt";
        secroots-file   "/var/named/data/named.secroots";
        recursing-file  "/var/named/data/named.recursing";
        allow-query     { any; };
```

图 10.5　修改后的 named.conf

2．配置 named.rfc1912.zones

在主 DNS 服务器中打开/etc/named.rfc1912.zones 配置文件（修改前最好做好备份），在该文件后面增加一个正向区域数据库文件和一个反向区域数据库文件。正向区域数据库文件名为 rocky9.net，反向区域数据库文件名为 rocky9.net.rev，如图 10.6 所示。

```
zone "rocky9.net" IN {
        type master;
        file "rocky9.net";
        allow-update { none; };
};
zone "0.168.172.in-addr.arpa" IN {
        type master;
        file "rocky9.net.rev";
        allow-update { none; };
};
```

图 10.6　增加正、反向区域数据库文件

3．正向区域数据库文件的建立和配置

在主 DNS 服务器的/var/named 目录下建立正向区域数据库文件 rocky9.net，内容如图 10.7 所示。在建立正向区域数据库文件时，可以本机正向解析文件 named.localhost 为例进行修改，注意，如果使用 cp 命令复制，为了保证权限一致，应使用-p 参数。如果安装了 bind-chroot，也可以把区域数据库文件保存于/var/named/chroot/var/named 目录下。

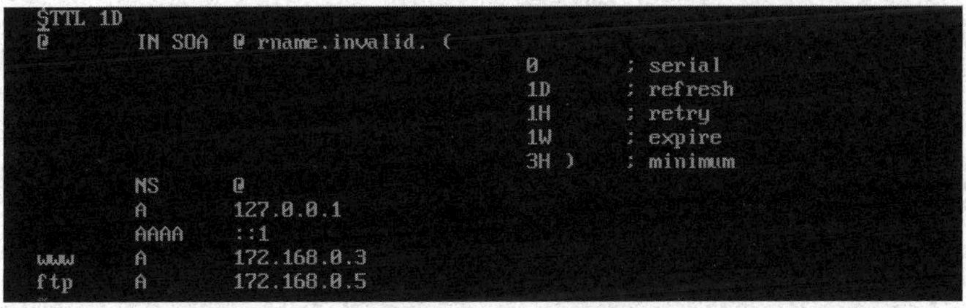

```
$TTL 1D
@       IN SOA  @ rname.invalid. (
                                        0       ; serial
                                        1D      ; refresh
                                        1H      ; retry
                                        1W      ; expire
                                        3H )    ; minimum
        NS      @
        A       127.0.0.1
        AAAA    ::1
www     A       172.168.0.3
ftp     A       172.168.0.5
```

图 10.7　正向区域文件内容

4. 反向区域数据库文件的建立和配置

在主 DNS 服务器的/var/named 目录下建立反向区域数据库文件 rocky9.net.rev，内容如图 10.8 所示。

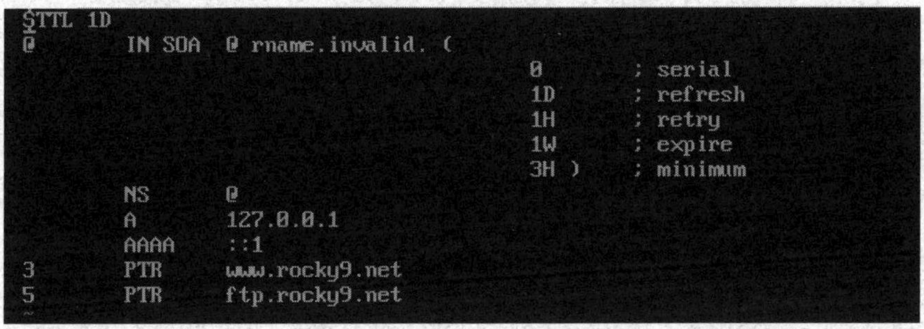

```
$TTL 1D
@       IN SOA  @ rname.invalid. (
                                        0       ; serial
                                        1D      ; refresh
                                        1H      ; retry
                                        1W      ; expire
                                        3H )    ; minimum
        NS      @
        A       127.0.0.1
        AAAA    ::1
3       PTR     www.rocky9.net
5       PTR     ftp.rocky9.net
```

图 10.8　反向区域文件内容

5. 重启 DNS 服务

重启 DNS 服务的命令如下：

```
[root@www ~]# systemctl restart named
```

任务 10.3　配置辅助 DNS 服务

知识指南

辅助 DNS 是 DNS 服务的一种容错机制，当主 DNS 遇到故障不能正常工作或者流量很高时，辅助 DNS 可以分担主 DNS 的工作，提供域名解析服务。因为辅助 DNS 的所有地址数据来源于主 DNS，所以在主 DNS 故障无法修复的情况下可以把辅助 DNS 升级为主 DNS。

配置辅助 DNS 服务

案例实施

1. 在辅助 DNS 服务器上安装 bind 服务

bind 服务的安装前面已经介绍，这里不再赘述。

2. 配置 named.conf 文件

打开/etc/named.conf 配置文件，修改 listen-on port 53 和 allow-query 的参数值为 any，具体请参考任务 10.2。

3. 配置 named.rfc1912.zones 文件

与主 DNS 服务器一样，辅助 DNS 服务器同样要配置 named.rfc1912.zones 文件，建立接收主 DNS 数据的区域，如本项目的 rocky9.net 和 0.168.172.in-addr.arpa。与主 DNS 不同的是，要把 type 的属性设置为 slave，说明这是一个辅助区域，并且增加一个 masters 参数，告诉辅助 DNS 该区域的主 DNS 的 IP 地址，辅助 DNS 就会从该 IP 地址接收数据。在主 DNS 中，区域数据库文件存放在/var/named 目录下，一般情况下，这些数据是管理员创建的；而在辅助 DNS 中，一般会把区域数据库文件存放在/var/named/slaves 目录下，所以在配置数据库文件位置时要使用“slaves/文件名”的形式，系统会自动把主 DNS 传送过来的数据保存在该目录下而不需要人为干预。如果想把区域数据库文件存放到/var/named 以外的目录，就必须修改新目录的所有者和所属组为 named，并设置目录权限为 770，这样系统才可以自动创建和保存区域数据库文件。

在此版本的 bind 中，配置项 allow-update 不能出现在类型为 slave 的 zone 中，否则 named 服务将无法启动。如果确实需要在辅助域中开启动态更新，可以使用 allow-update-forwarding，辅助 DNS 服务器会把更新请求转发到主 DNS 服务器实现动态更新。

小提示

默认情况下，主 DNS 服务器可以传送区域数据到所有服务器。为了安全起见，一般会设定主 DNS 服务器只允许传送区域数据到指定的辅助 DNS 服务器。在主 DNS 的 named.conf 中加入“allow-transfer{ip 地址;};”可以设定全局允许传送的地址，或者在区域 zone 中加入“allow-transfer{ip 地址;};”可以设定某个区域允许传送的地址。

4. 重启辅助 DNS 服务

重启辅助 DNS 服务的命令如下：

```
[root@www ~]# systemctl restart named
```

5. 查看区域传送情况

（1）查看主 DNS 服务器上的 bind 日志文件

可以通过查看 bind 的日志文件来监测主辅 DNS 的数据传送情况，查看主 DNS 服务器上的 bind 日志文件命令如下：

```
[root@www ~]# cat /var/named/data/named.run |grep transfer
```

结果如图 10.9 所示，可以看出 rocky9.net 的正反向区域数据库文件已经传送。

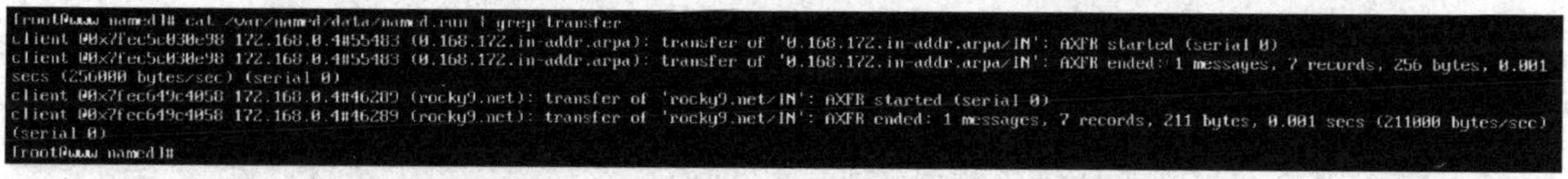

图 10.9　查看主 DNS 服务器上的 bind 日志文件

（2）查看辅助 DNS 服务器上的 bind 日志文件

查看辅助 DNS 服务器上的 bind 日志文件的命令如图 10.10 所示。

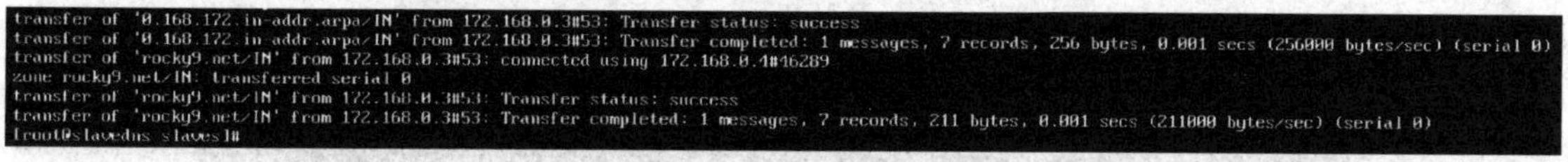

图 10.10　查看辅助 DNS 服务器上的 bind 日志文件

由图 10.10 可以看出，从 172.168.0.3 服务器传送过来区域 0.168.172.in-addr.arpa，一共 7 个记录，共 256B，用时 0.001s；区域 rocky9.net，一共 7 个记录，共 211B，用时 0.001s。

（3）查看辅助 DNS 中的 slaves 目录

查看辅助 DNS 中的 slaves 目录的命令如图 10.11 所示。

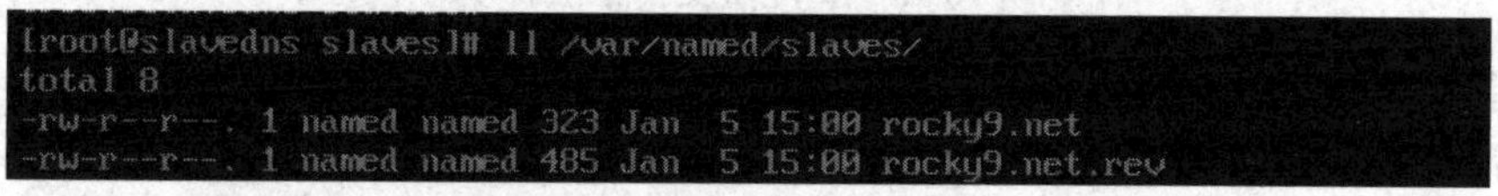

图 10.11　slaves 目录

由图 10.11 可以看出，已经自动生成了正、反向两个区域数据库文件。

任务 10.4　测试 DNS 服务

知识指南

测试 DNS 可以分为两个步骤：第一步是 DNS 服务器配置文件语法测试，通常使用 named-checkconf 和 named-checkzone 两个命令进行；第二步是 DNS 功能测试，通常可以使用 ping、dig、host、nslookup 等命令进行。实际生产中，两种测试方法都要掌握。当进行服务器配置测试时，如果没有反馈错误，则证明服务器的配置语法正常。当进行功能测试时，如果测试机能够通过域名获得正确的 IP 地址，正向解析就是正常的；相反，能够通过 IP 地址得到正确的域名，反向解析就是正常的。

测试 DNS 服务

由于本项目还有一个辅助 DNS 服务器，因此测试该服务器时要把主 DNS 服务器断开或者关机，只要辅助 DNS 服务器能提供正常解析，则表明配置成功。以下测试全部在 Rocky 9.3 下进行。

案例实施

1. DNS 服务器配置文件语法测试

（1）主 DNS 服务器主配置文件语法测试

本项目的主 DNS 服务器配置文件位置是默认的/etc/named.conf，所以要测试该配置文件的语法，可以直接运行命令 named-checkconf，如果配置文件没有错误，则返回空，如图 10.12 所示；反之，返回错误所在的行号和具体的错误信息，如图 10.13 所示。

```
[root@www ~]#
[root@www ~]# named-checkconf
[root@www ~]#
```

图 10.12　主配置文件语法正确

```
[root@www ~]#
[root@www ~]# named-checkconf
/etc/named.conf:11: missing ';' before '}'
[root@www ~]#
```

图 10.13　主配置文件语法有误

（2）DNS 服务器区域数据库文件语法测试

一般情况下，可以使用 named-checkzone 命令来测试区域数据库文件的语法，具体的格式如下：

```
named-checkzone [参数] [区域名字] [区域数据库文件的路径]
```

如果区域数据库文件语法正确，则返回 OK，如图 10.14 所示；否则，返回错误的具体内容和位置，如图 10.15 所示。

```
[root@www ~]#
[root@www ~]# named-checkzone rocky9.net /var/named/rocky9.net
zone rocky9.net/IN: loaded serial 0
OK
[root@www ~]#
[root@www ~]#
[root@www ~]# named-checkzone 0.168.172.in-addr.arpa /var/named/rocky9.net.rev
zone 0.168.172.in-addr.arpa/IN: loaded serial 0
OK
[root@www ~]#
```

图 10.14　区域数据库文件语法正确

```
[root@www ~]#
[root@www ~]# named-checkzone rocky9.net /var/named/rocky9.net
dns_rdata_fromtext: /var/named/rocky9.net:12: near '172.168.0.5.': bad dotted quad
zone rocky9.net/IN: loading from master file /var/named/rocky9.net failed: bad dotted quad
zone rocky9.net/IN: not loaded due to errors.
[root@www ~]#
```

图 10.15　区域数据库文件语法有误

2. DNS 服务器功能测试

（1）设置测试机的 DNS

将测试机的 DNS 设定为主 DNS 服务器的 IP，打开/etc/resolv.conf，插入一行 nameserver 172.168.0.3，如图 10.16 所示。

```
nameserver 172.168.0.3
```

图 10.16　设置 DNS

（2）使用 ping 命令测试

正向测试，输入 ping www.rocky9.net，结果如图 10.17 所示，能得到正确的 IP 地址。

```
[root@www ~]# ping www.rocky9.net
PING www.rocky9.net (172.168.0.3) 56(84) bytes of data.
64 bytes from www.rocky9.net.0.168.172.in-addr.arpa (172.168.0.3): icmp_seq=1 ttl=64 time=0.017 ms
64 bytes from www.rocky9.net.0.168.172.in-addr.arpa (172.168.0.3): icmp_seq=2 ttl=64 time=0.093 ms
64 bytes from www.rocky9.net.0.168.172.in-addr.arpa (172.168.0.3): icmp_seq=3 ttl=64 time=0.072 ms
64 bytes from www.rocky9.net.0.168.172.in-addr.arpa (172.168.0.3): icmp_seq=4 ttl=64 time=0.044 ms
64 bytes from www.rocky9.net.0.168.172.in-addr.arpa (172.168.0.3): icmp_seq=5 ttl=64 time=0.048 ms
```

图 10.17　ping www.rocky9.net 测试结果

正向测试，输入 ping ftp.rocky9.net，结果如图 10.18 所示，也能得到正确的 IP 地址。

```
[root@www ~]# ping ftp.rocky9.net
PING ftp.rocky9.net (172.168.0.5) 56(84) bytes of data.
64 bytes from ftp.rocky9.net.0.168.172.in-addr.arpa (172.168.0.5): icmp_seq=1 ttl=64 time=0.481 ms
64 bytes from ftp.rocky9.net.0.168.172.in-addr.arpa (172.168.0.5): icmp_seq=2 ttl=64 time=0.621 ms
64 bytes from ftp.rocky9.net.0.168.172.in-addr.arpa (172.168.0.5): icmp_seq=3 ttl=64 time=0.622 ms
```

图 10.18　ping ftp.rocky9.net 测试结果

使用 ping 命令可以测试正向的 DNS 解析，但无法测试反向的 DNS 解析。

（3）使用 dig 命令测试

正向测试，输入 dig www.rocky9.net，结果如图 10.19 所示，能得到正确的 IP 地址。

反向测试，输入 dig -x 172.168.0.3，结果如图 10.20 所示，能得到正确的域名信息。

用同样的方法测试 ftp.rocky9.net，可得到正确的解析结果，这里不再详述。

（4）使用 host 命令测试

正向测试，输入 host ftp.rocky9.net，结果如图 10.21 所示，能得到正确的 IP 地址。

反向测试，输入 host 172.168.0.5，结果如图 10.22 所示，能得到正确的域名信息。

```
[root@www ~]# dig www.rocky9.net

; <<>> DiG 9.16.23-RH <<>> www.rocky9.net
;; global options: +cmd
;; Got answer:
;; ->>HEADER<<- opcode: QUERY, status: NOERROR, id: 49534
;; flags: qr aa rd ra; QUERY: 1, ANSWER: 1, AUTHORITY: 0, ADDITIONAL: 1

;; OPT PSEUDOSECTION:
; EDNS: version: 0, flags:; udp: 1232
; COOKIE: 7ccb03176e4d9e8b010000006597ad3477ee7a2faa23b6b6 (good)
;; QUESTION SECTION:
;www.rocky9.net.                        IN      A

;; ANSWER SECTION:
www.rocky9.net.         86400   IN      A       172.168.0.3

;; Query time: 1 msec
;; SERVER: 172.168.0.3#53(172.168.0.3)
;; WHEN: Fri Jan 05 15:18:12 CST 2024
;; MSG SIZE  rcvd: 87
```

图 10.19　dig www.rocky9.net 测试结果

```
[root@www ~]# dig -x 172.168.0.3

; <<>> DiG 9.16.23-RH <<>> -x 172.168.0.3
;; global options: +cmd
;; Got answer:
;; ->>HEADER<<- opcode: QUERY, status: NOERROR, id: 28835
;; flags: qr aa rd ra; QUERY: 1, ANSWER: 1, AUTHORITY: 0, ADDITIONAL: 1

;; OPT PSEUDOSECTION:
; EDNS: version: 0, flags:; udp: 1232
; COOKIE: cc0f61d1952775d7010000006597ad5d14809ed791e6c209 (good)
;; QUESTION SECTION:
;3.0.168.172.in-addr.arpa.      IN      PTR

;; ANSWER SECTION:
3.0.168.172.in-addr.arpa. 86400 IN      PTR     www.rocky9.net.0.168.172.in-addr.arpa.

;; Query time: 2 msec
;; SERVER: 172.168.0.3#53(172.168.0.3)
;; WHEN: Fri Jan 05 15:18:53 CST 2024
;; MSG SIZE  rcvd: 132
```

图 10.20　dig -x 172.168.0.3 测试结果

```
[root@www ~]# host ftp.rocky9.net
ftp.rocky9.net has address 172.168.0.5
[root@www ~]#
```

图 10.21　host 正向测试结果

```
[root@www ~]#
[root@www ~]# host 172.168.0.5
5.0.168.172.in-addr.arpa domain name pointer ftp.rocky9.net.0.168.172.in-addr.arpa.
[root@www ~]#
```

图 10.22　host 反向测试结果

用同样的方法测试 www.rocky9.net，可得到正确的解析结果，这里不再详述。

（5）使用 nslookup 命令测试

正向测试，输入 nslookup 命令后，再分别输入 www.rocky9.net 和 ftp.rocky9.net，能得到正确的 IP 地址，如图 10.23 所示。

```
[root@www ~]# nslookup
> www.rocky9.net
Server:         172.168.0.3
Address:        172.168.0.3#53

Name:   www.rocky9.net
Address: 172.168.0.3
> ftp.rocky9.net
Server:         172.168.0.3
Address:        172.168.0.3#53

Name:   ftp.rocky9.net
Address: 172.168.0.5
>
```

图 10.23　nslookup 正向测试结果

反向测试，输入 nslookup 命令后，再分别输入 172.168.0.3 和 172.168.0.5，能得到正确的域名信息，如图 10.24 所示。

```
[root@www ~]#
[root@www ~]# nslookup
> 172.168.0.3
3.0.168.172.in-addr.arpa        name = www.rocky9.net.0.168.172.in-addr.arpa.
> 172.168.0.5
5.0.168.172.in-addr.arpa        name = ftp.rocky9.net.0.168.172.in-addr.arpa.
>
```

图 10.24　nslookup 反向测试结果

3. 测试辅助 DNS 服务器

在测试辅助 DNS 服务器前，要先把主 DNS 服务器关机，然后把测试机的 DNS 指向辅助 DNS 的 IP 地址，测试方法与测试主 DNS 服务器的方法相同，这里不再详述。

总 结 提 高

1. 小结

DNS 将不便于记忆的 IP 地址和便于记忆的域名进行了映射。DNS 主要由域名空间、域名服务器和解析器三部分组成。DNS 服务器分为主域名服务器、辅助域名服务器、缓存域名服务器和转发服务器等。

Linux 系统使用的 DNS 软件是 bind，利用 bind 软件可架设不同类型的 DNS 服务器。对于主域名服务器，主要配置/etc/named.conf、/etc/named.rfc1912.zones、正向区域数据库文件和反向区域数据库文件。named.conf 文件定义域名服务器的基本信息，/etc/named.rfc1912.zones 文件定义区域名和区域数据库文件的文件名和保存路径。区域数据库文件保存域名与 IP 地址的映射关系。区域数据库文件由 SOA 开始，并一定包含 NS 记录。正向区域文件可能包含 A 记录、MX 记录、CNAME 记录，而反向区域文件包括 PTR 记录。

配置辅助 DNS 服务器与主 DNS 服务器的区别在于，在/etc/named.rfc1912.zones 中定义区域时要把 type 的属性修改为 slave，增加 masters 参数指向主 DNS 服务器，不能使用 allow-update，辅助区域的区域数据库文件最好存放在/var/named/slaves 目录下。

DNS 服务器测试经常使用 ping、dig、host 和 nslookup 命令来完成。

2. 提高

1）使用/etc/hosts 文件完成解析。

2）自行添加别名和 MX 记录，并进行测试。

3）配置多个域名进行测试，如 bwsu.com 和 bwsu.net。

4）配置辅助 DNS 服务器，主服务器分别由 Windows 和 Linux 搭建。

5）配置转发服务器。

项 目 实 训

本项目实训内容为搭建 DNS 服务器。

1）某公司为了便于员工使用内部网络，需要搭建 DNS 服务器，服务器的 IP 地址为 192.168.3.1，服务器需要完成以下域名与 IP 地址的正反向解析工作。

www.abc.com	192.168.1.10
ftp.abc.com	192.168.1.100
mail.abc.com	192.168.1.200
www.byxz.com	192.168.2.22
ftp.byxz.com	192.168.2.23
mail.byxz.com	192.168.2.24

2）在完成以上主 DNS 服务器搭建的基础上，增加一台辅助 DNS 服务器，辅助服务器 IP 地址为 192.168.3.2。在主服务器上配置，使 byxz.com 域不允许传送，而 abc.com 域仅允许传送到辅助服务器中。

项目 11

配置与管理 Web 服务器

案例需求

某公司为了对外宣传和扩大影响，决定搭建公司的门户网站。网站相关页面已经设计完成，现在要架设一个 Web 服务器运行网站。

考虑到成本和维护方便，公司决定用 Linux 系统配合 Apache 或者 Nginx 来搭建 Web 服务器。公司注册的域名为 rocky9.net，并且为分公司——某网络股份有限公司注册了域名 rocky9.com，还制作了网站页面。为节约管理和维护成本，两个域名放在一台服务器内，www.rocky9.net 可以使用证书（自签名）来访问。www.rocky9.net 的 IP 地址为 172.168.0.3；www.rocky9.com 的 IP 地址为 172.168.0.6。

需求分析

本案例需要搭建 Web 服务器，目前较为流行的服务器搭建软件为 Apache 和 Nginx。Apache HTTP Server（简称 Apache）是 Apache 软件基金会的一个开放源代码的网页服务器，可以在大多数计算机操作系统中运行，由于其多平台和安全性而被广泛使用，是开发比较早并且较为流行的 Web 服务器端软件。Nginx 是一款轻量级的 Web 服务器软件，能提供高性能的超文本传送协议（hypertext transfer protocol，HTTP）服务，特别是在高并发量的环境中能表现出令人吃惊的性能，越来越多的服务器正在选用 Nginx 作为 Web 服务器软件。

本项目分别介绍了 Apache 和 Nginx 的基本原理、配置文件、服务器的搭建、虚拟主机的使用、虚拟目录的配置和 Web 证书等内容。

目前，Web 技术在中国应用广泛，Web 技术的发展大大提升了信息传播的速度，促进了互联网产业的发展，为社会创造了巨大的价值。作为 Web 服务器管理者要加强学习最新的技术，争取为该产业做更多的贡献。

知识目标

- ⊙ 了解 Web 服务器的发展和技术特点。
- ⊙ 掌握 Apache 服务的配置文件和配置项。
- ⊙ 掌握 Nginx 服务的配置文件和配置项。

技能目标

- ⊙ 掌握 Apache 和 Nginx 软件的安装、启动。
- ⊙ 掌握 Apache 和 Nginx 常见配置项的配置。
- ⊙ 掌握 Apache 和 Nginx 虚拟主机的配置。
- ⊙ 掌握 Apache 和 Nginx 虚拟目录的配置。
- ⊙ 了解 Nginx 负载均衡的配置。
- ⊙ 了解 Nginx 反向代理的配置。

思政目标

- ⊙ 体会科技创新的魅力，激发学习动力。
- ⊙ 做好用户需求分析，做好规划。
- ⊙ 配置服务器需要养成严谨的工作态度。

任务 11.1　认识 Web 服务

知识指南

HTTP 是一个基于请求与响应模式的、无状态的、应用层的协议，常基于 TCP 的连接方式。HTTP 1.1 版本中给出一种持续连接的机制，绝大多数的 Web 开发都是构建在 HTTP 之上的 Web 应用。

HTTP 的 URL 格式为 http://host[:port]。其中，http 表示要通过 HTTP 协议来定位网络资源；host 表示合法的 Internet 主机域名或者 IP 地址；port 指定一个端口号，默认端口号为 80。

Apache 源自美国国家超级计算应用中心（National Center for Supercomputing Applications，NCSA）所开发的 httpd。1994 年以后，许多 Web 管理员在 httpd 的基础上不断发展附加功能，一些 Web 管理员通过电子邮件沟通并实现功能，并以补丁（patches）形式发布。1995 年，几位核心成员成立了 Apache 组织（取自 A Patche）。随后 Apache 不断更新版本，革新服务器架构，一年内超过了 httpd，成为排名第一的 Web 服务器软件。1999 年，Apache 组织正式转变为 Apache 软件基金会，成为一个非营利组织，支持开源软件项目的发展。

Apache 以其开源、快速、可靠，并且可通过简单的 API 扩展将 Perl/Python 等解释器编译到服务器中等特点，成为广泛使用的 Web 服务器软件。它可以运行在几乎所有的计算机平台上，可移植性非常好。

案例实施

1. 认识 Apache 服务相关软件包

Apache 的相应软件包名为 httpd，由于 httpd 服务的相关性，还要安装 httpd-tools 软件包，因此在配置、使用 Apache 之前，要先检查系统中是否已经安装了这两个软件包。一般来说，Apache 服务器在安装系统时可以选择，不用另行安装。

Apache 主程序为 httpd-2.4.57。

查询 httpd 是否安装，如果没有安装，可用前面学习的知识自行安装，如图 11.1 所示。

```
[root@www ~]# rpm -qa | grep httpd
httpd-tools-2.4.57-5.el9.x86_64
httpd-filesystem-2.4.57-5.el9.noarch
httpd-core-2.4.57-5.el9.x86_64
rocky-logos-httpd-90.14-1.el9.noarch
httpd-2.4.57-5.el9.x86_64
```

图 11.1　查询 httpd 的安装情况

2. Apache 服务的操作

（1）启动 Apache 服务

```
[root@www ~]# systemctl start httpd
```

（2）关闭 Apache 服务

```
[root@www ~]# systemctl stop httpd
```

（3）重启 Apache 服务

```
[root@www ~]# systemctl restart httpd
```

任务 11.2 配置 Web 服务器

知识指南

Apache 服务的默认主配置文件是/etc/httpd/conf/httpd.conf，这个配置文件的内容大多是注释，即前面有“#”的行，详细说明了很多配置项的作用和用法，真正起作用的配置项为前面没有“#”的行。

常用参数详细说明如下：

```
ServerRoot "/etc/httpd"
#服务器相关配置文件目录
Listen 80
#监听端口
DocumentRoot "/var/www/html"
#主目录
DirectoryIndex index.html
#指定起始页（主页）名称
<Directory "/var/www/html">
#用<Directory></Directory>括起来的属于区域配置
    Options Indexes FollowSymLinks
    AllowOverride None
    Require all granted
</Directory>
/var/log/httpd/access_log
#访问日志
/var/log/httpd/error_log
#错误日志
Include conf.d/*.conf
#所有放置在/etc/httpd/conf.d/目录下的.conf 配置文件都会在启动服务时读入
```

```
ServerAdmin  root@localhost
#设置管理员的E-mail，当网站出问题时会向管理员发邮件
ServerName  www.rocky9.net
#设置主机名称
```

小提示

设置完毕后需要使用 systemctl restart httpd 命令重启 httpd 服务才能使新的配置生效。

案例实施

1. 搭建最简单的 Web 测试环境

当确认 Apache 的相关软件包正确安装后，其实不需要更改任何配置文件，直接启动服务，然后在浏览器的地址栏中输入服务器 IP 地址，即可看到 HTTP 服务器测试页面，如图 11.2 所示。能看到该页面，证明服务已经正确安装和启动。

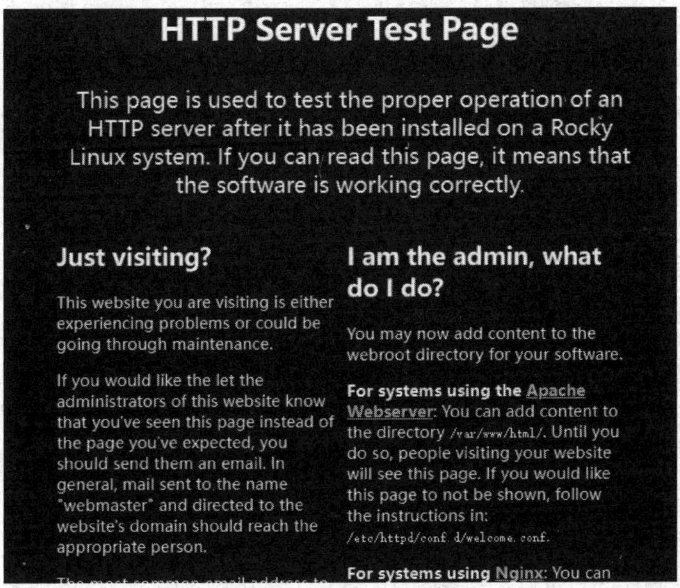

图 11.2　HTTP 服务器测试页面

可以通过建立一个简单的测试页面来测试 Apache 服务安装与启用正确与否，命令如下：

```
[root@www ~]#echo "this is a test page!" >> /var/www/html/index.html
#创建默认主页
```

在浏览器的地址栏中输入服务器的 IP 地址进行访问，效果如图 11.3 所示。

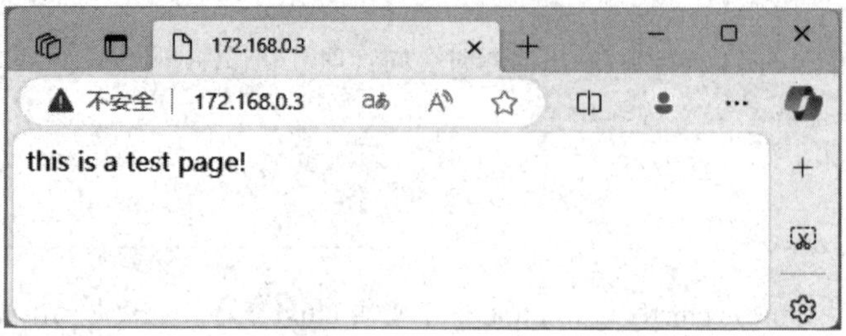

图 11.3　自建测试页

2. 配置主配置文件常用项

（1）指定主目录

指定主目录即指定 Apache 服务器存放网页的路径。默认所有要求提供 HTTP 服务的连接都以这个目录为主目录，在虚拟主机内也可以通过该项指定虚拟主机的主目录。例如：

```
DocumentRoot /myweb
#将主目录设置为/myweb
```

（2）指定主页

指定主页即指定站点的默认主页名称，当输入网站地址或者网站域名时即打开该页面，不需要输入页面名称。例如，网站 www.rocky9.net 主目录下有一个页面 mypage.html，在未将 mypage.html 设置为主页前，需要输入 http://www.rocky9.net/mypage.html 访问，当将页面 mypage.html 设置为主页后，只需输入 http://www.rocky9.net 即可访问。指定主页的命令格式如下：

```
DirectoryIndex mypage.html
#指定主页为mypage.html
```

（3）指定端口

指定端口即指定 Apache 服务器的监听端口，默认端口号为 80。例如：

```
Listen 80
#默认设置，监听本机所有 IP 地址的 80 端口
Listen 172.168.0.100:80
#监听 172.168.0.100 的 80 端口
Listen 172.168.0.100:8080
#监听 172.168.0.100 的 8080 端口
```

（4）访问控制

访问控制即对可以访问 Apache 服务器目录的 IP 地址、用户或主机进行控制，可以限定某些 IP 地址、用户或主机是否可以访问特定或全部目录。

例如：

```
Require all granted
#允许所有主机访问目录
Require all denied
```

```
#拒绝所有主机访问目录
Require user userid [ userid ]
#允许特定的用户访问目录
Require group group-name [group-name]
#允许特定的组访问目录
Require ip 100.160.0.189
#允许特定 IP 地址的主机访问目录
Require host example.org
#允许特定主机名的主机访问目录
```

（5）设定最大连接数

设定最大连接数即设定 Apache 所能提供服务的最高数值，即同一时间连接的数目不能超过这个数值。一旦连接数目达到这个限制，Apache 服务器则不再为别的连接提供服务，以免系统性能大幅度下降。

例如：

```
MaxClients 100
#最大连接数是 100 个
```

（6）设定默认字符集

定义服务器返回给客户端的默认字符集。

例如：

```
AddDefaultCharset UTF-8
AddDefaultCharset GB2312
```

任务 11.3　配置虚拟主机

知识指南

虚拟主机（virtual host）可以让一台主机同时运行多个网站，看上去像同时有多台主机在工作，其实是 httpd 虚拟出来的主机，所以称为虚拟主机。

在 httpd.conf 配置文件中，虚拟主机由<VirtualHost>段定义，内容如下：

```
#<VirtualHost *:80>
#"*"可以改为 IP 地址或者域名，冒号后是端口号，可以进行修改
#    ServerAdmin webmaster@dummy-host.example.com
#定义虚拟主机的管理员邮件地址
#    DocumentRoot /www/docs/dummy-host.example.com
#定义虚拟主机的主目录
#    ServerName dummy-host.example.com
#定义虚拟主机的名称，特别是基于域名的虚拟主机，此处非常重要
<Directory "/vh/www.ex.com ">
#定义网站目录/vh/www.ex.com 的访问权限
```

```
Require all granted
#所有用户或主机都可以访问
</Directory>
#    ErrorLog logs/dummy-host.example.com-error_log
#错误日志
#    CustomLog logs/dummy-host.example.com-access_log common
#访问日志
</VirtualHost>
```

案例实施

1. 配置基于 IP 地址的虚拟主机

配置基于 IP 地址的虚拟主机

基于 IP 地址的虚拟主机，需要 Web 服务器的网卡绑定多个 IP 地址，可通过运行 nmtui 命令为网卡配置多个 IP 地址。

（1）运行 nmtui

运行以下命令：

```
[root@localhost ~]# nmtui
```

在弹出的窗口中选择 Edit a connection 选项，然后选择要编辑的网卡名字进行编辑，在 IPv4 CONFIGURATION 配置项中选择<Manual>，即手动配置，再添加两个 IP 地址，如图 11.4 所示。

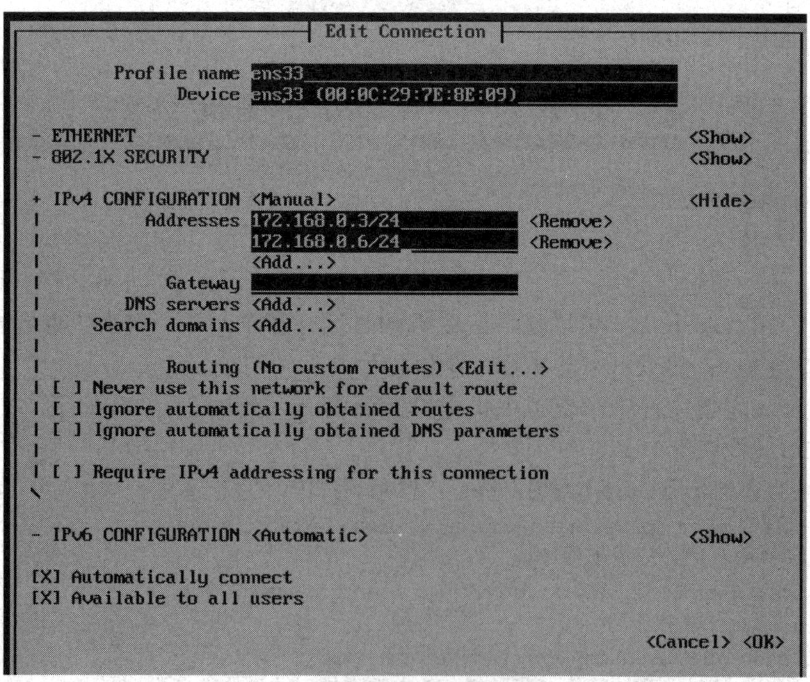

图 11.4　为网卡配置两个 IP 地址

（2）激活连接

添加 IP 后，连接不会马上生效，可以通过 nmcli connection up ens33 命令激活连接，如图 11.5 所示，其中 ens33 为网卡的名字。

```
[root@www ~]#
[root@www ~]# nmcli connection up ens33
Connection successfully activated (D-Bus active path: /org/freedesktop/NetworkManager/ActiveConnection/6)
[root@www ~]#
```

图 11.5　激活连接

使用 ip addr 命令查询网络配置结果，可以清楚地看到网卡已经绑定两个 IP 地址的信息，如图 11.6 所示。

```
[root@www ~]# ip a
1: lo: <LOOPBACK,UP,LOWER_UP> mtu 65536 qdisc noqueue state UNKNOWN group default qlen 1000
    link/loopback 00:00:00:00:00:00 brd 00:00:00:00:00:00
    inet 127.0.0.1/8 scope host lo
       valid_lft forever preferred_lft forever
    inet6 ::1/128 scope host
       valid_lft forever preferred_lft forever
2: ens33: <BROADCAST,MULTICAST,UP,LOWER_UP> mtu 1500 qdisc fq_codel state UP group default qlen 1000
    link/ether 00:0c:29:7e:8e:09 brd ff:ff:ff:ff:ff:ff
    altname enp2s1
    inet 172.168.0.3/24 brd 172.168.0.255 scope global noprefixroute ens33
       valid_lft forever preferred_lft forever
    inet 172.168.0.6/24 brd 172.168.0.255 scope global secondary noprefixroute ens33
       valid_lft forever preferred_lft forever
    inet6 fe80::20c:29ff:fe7e:8e09/64 scope link noprefixroute
       valid_lft forever preferred_lft forever
[root@www ~]#
```

图 11.6　网络配置结果查询

小提示

做此测试时，若使用物理机最好添加物理网卡，若使用虚拟机也最好添加一块虚拟网卡，若只是临时测试、学习知识，可以使用 ifconfig 命令来配置。但是在 Rocky 9.3 中，首先要安装 net-tools 软件包，具体命令如下：

```
[root@www ~]#ifconfig ens33 172.168.0.3 netmask 255.255.255.0 up
[root@www ~]#ifconfig ens33:0 172.168.0.6 netmask 255.255.255.0 up
```

注意，这样操作 IP 地址只是临时的，重启服务器或者网络服务之后设置失效。

在主配置文件中插入如图 11.7 所示的两个基于 IP 的虚拟主机，其中标签<VirtualHost>和</VirtualHost>之间就是一个虚拟主机。

为了方便测试，创建与各虚拟主机对应的目录及主页。

```
[root@www ~]# mkdir /vh/{ip1,ip2} -p
[root@www ~]# echo "This is 172.168.0.3" > /vh/ip1/index.html
[root@www ~]# echo "This is 172.168.0.6" > /vh/ip2/index.html
```

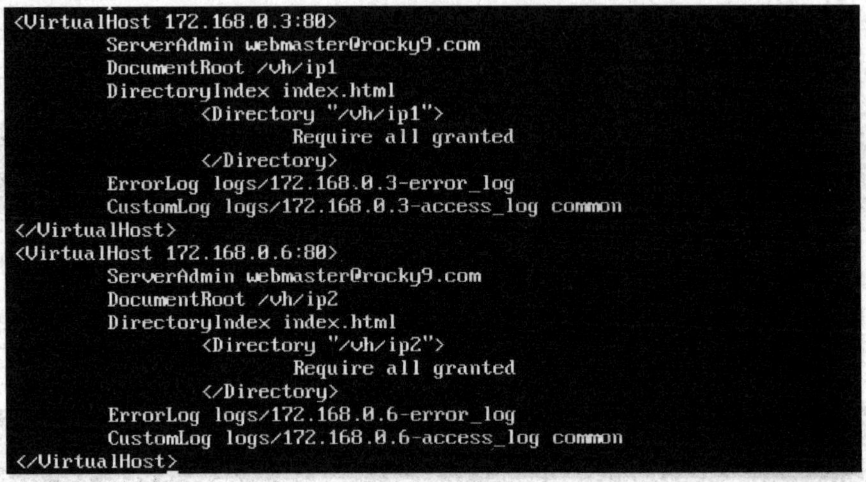

```
<VirtualHost 172.168.0.3:80>
        ServerAdmin webmaster@rocky9.com
        DocumentRoot /vh/ip1
        DirectoryIndex index.html
                <Directory "/vh/ip1">
                        Require all granted
                </Directory>
        ErrorLog logs/172.168.0.3-error_log
        CustomLog logs/172.168.0.3-access_log common
</VirtualHost>
<VirtualHost 172.168.0.6:80>
        ServerAdmin webmaster@rocky9.com
        DocumentRoot /vh/ip2
        DirectoryIndex index.html
                <Directory "/vh/ip2">
                        Require all granted
                </Directory>
        ErrorLog logs/172.168.0.6-error_log
        CustomLog logs/172.168.0.6-access_log common
</VirtualHost>
```

图 11.7　基于 IP 的虚拟主机配置

重启服务，读入新的配置，命令如下：

```
[root@www ~]# systemctl restart httpd
```

配置完成后，在浏览器的地址栏中分别输入两个 IP 地址进行测试，效果如图 11.8 所示。

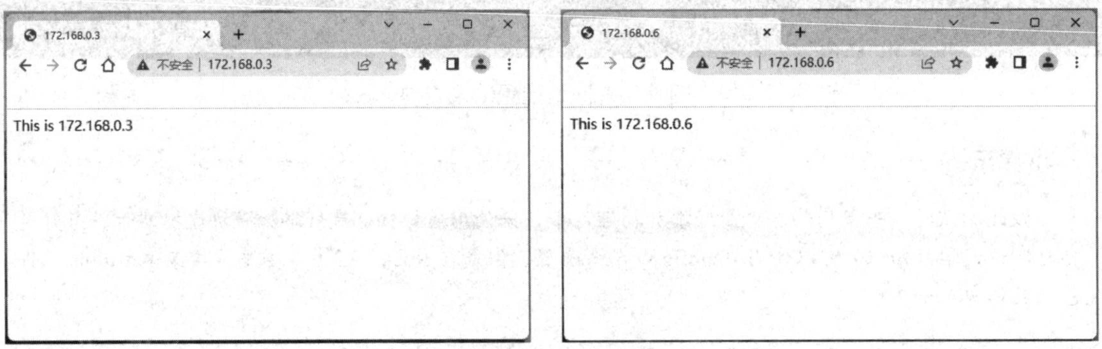

图 11.8　基于 IP 地址的虚拟主机测试

2. 配置基于端口的虚拟主机

配置基于端口的虚拟主机，必须要修改主配置文件中的 Listen 项，添加需要监听的端口号，具体修改如图 11.9 所示。

配置基于端口的虚拟主机

在主配置文件中插入两个基于端口的虚拟主机，如图 11.10 所示。

为了方便测试，创建与各虚拟主机对应的目录及主页，并重启 httpd 服务。

```
[root@www ~]# mkdir /vh/{port8080,port8088} -p
[root@www ~]# echo "This is port8080" > /vh/port8080/index.html
[root@www ~]# echo "This is port8088" > /vh/port8088/index.html
```

```
#Listen 12.34.56.78:80
Listen 80
Listen 8080
Listen 8088
```

图 11.9　修改 Listen 项

```
<VirtualHost *:8080>
        ServerAdmin webmaster@rocky9.com
        DocumentRoot /vh/port8080
        DirectoryIndex index.html
                <Directory "/vh/port8080">
                        Require all granted
                </Directory>
        ErrorLog logs/8080-error_log
        CustomLog logs/8080-access_log common
</VirtualHost>

<VirtualHost *:8088>
        ServerAdmin webmaster@rocky9.com
        DocumentRoot /vh/port8088
        DirectoryIndex index.html
                <Directory "/vh/port8088">
                        Require all granted
                </Directory>
        ErrorLog logs/8088-error_log
        CustomLog logs/8088-access_log common
</VirtualHost>
```

图 11.10　基于端口的虚拟主机配置

配置完成后，在浏览器的地址栏中分别输入“IP 地址:端口号”进行测试，效果如图 11.11 所示。

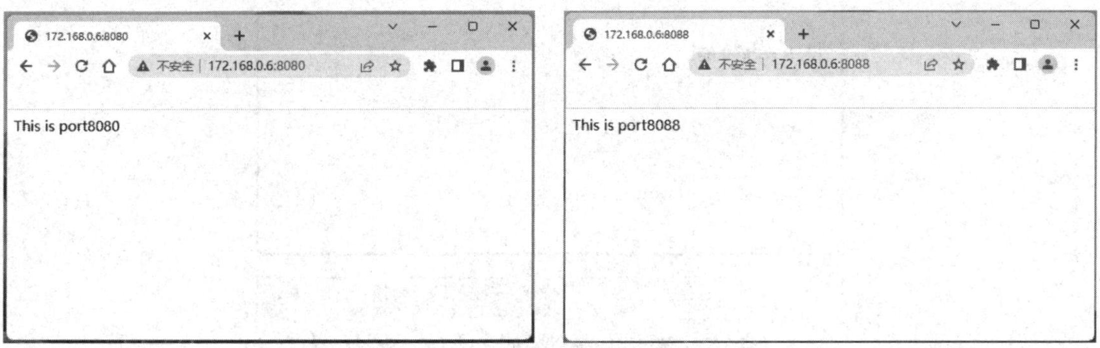

图 11.11　基于端口的虚拟主机测试

3. 配置基于域名的虚拟主机

本任务要求两个虚拟主机的域名分别为 www.rocky9.net 和 www.rocky9.com，首先使用 DNS 服务器完成这两个域名的解析，具体方法详见项目 10，在此不再赘述，如图 11.12 所示。

在主配置文件中插入两个基于域名的虚拟主机。注意，基于域名的虚拟主机必须带有 ServerName 配置项，这是区分不同虚拟主机的标识，结果如图 11.13 所示。

配置基于域名的虚拟主机

配置文件修改完成后，创建与各虚拟主机对应的目录及主页，并且重启 httpd 服务。

```
[root@www ~]# mkdir /vh/{rocky9.net,rocky9.com} -p
[root@www ~]# echo "This is rocky9.net" > /vh/rocky9.net/index.html
[root@www ~]# echo "This is rocky9.com" > /vh/rocky9.com/index.html
```

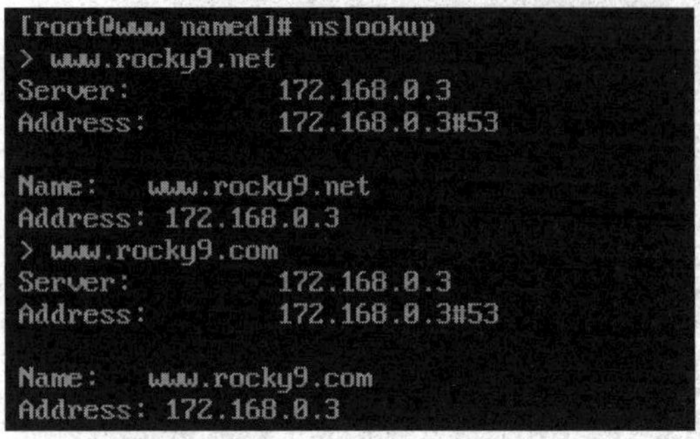

图 11.12　域名的解析

图 11.13　基于域名的虚拟主机配置

配置完成后，在浏览器的地址栏中分别输入两个域名进行测试，效果如图 11.14 所示。

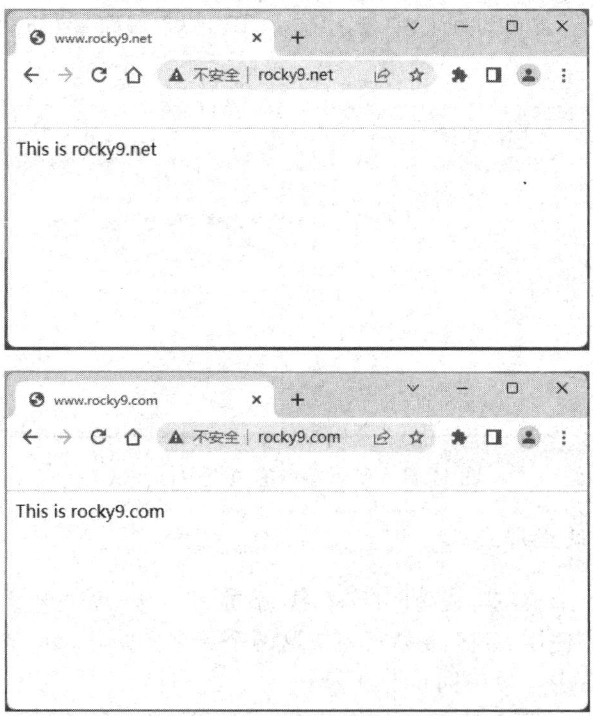

图 11.14　基于域名的虚拟主机测试

小提示

试验前需将 SELinux 设置为 disabled，关闭防火墙。

将/etc/selinux/config 配置文件中的 SELinux 项设置为 SELinux=disabled。

若发现访问效果仍不正常，常见错误有如下两种：一是没有创建相应的文件夹和主页文件；二是主配置文件的虚拟主机部分填写错误，需仔细检查。

任务 11.4　配置 Web 虚拟目录

知识指南

虚拟目录（别名）是将根目录以外的内容加入站点的一种方法，在 Windows 下的 IIS 中经常配置。例如，httpd 中定义的默认主目录在/var/www/html 下，而/var/www/icons/和/var/www/error 在主目录之外，因此使用虚拟目录进行访问。例如：

配置 Web 虚拟目录

```
Alias /icons/ "/var/www/icons/"
#Alias 表示定义虚拟目录，后面是虚拟目录名称和物理路径
<Directory "/var/www/icons">
        Options Indexes FollowSymLinks
        AllowOverride None
        Require all granted
</Directory>
#使用 Directory 定义该虚拟目录的访问权限
```

案例实施

1. 创建虚拟目录

下面以 www.rocky9.net 为例，添加虚拟目录/vd，对应物理目录/vd/vdir1，虚拟目录的主页为 indexvd.html。

编辑/etc/httpd/conf/httpd.conf，在原来的基于域名的虚拟主机内添加以下内容。

```
Alias /vd "/vd/vdir1/"
DirectoryIndex index.html indexvd.html
    #DirectoryIndex 是指定本虚拟机上的主页，由于 indexvd.html 不是默认的主页名字
    #所以这里必须指定主页的名字
     <Directory "/vd/vdir1">
       Options Indexes FollowSymLinks
       AllowOverride None
       Require all granted
     </Directory>
```

最终结果如图 11.15 所示。

图 11.15　在虚拟主机中配置虚拟目录

接下来，创建相应的目录及文件，并重启服务。

```
[root@www ~]# mkdir /vh/vdir1 -p
[root@www ~]# echo "Vd test page!" > /vh/vdir1/indexvd.html
[root@www ~]# systemctl restart httpd
```

2. 测试虚拟目录

在浏览器的地址栏中输入网址“http://IP 或者域名/虚拟目录名称/”进行访问，效果如图 11.16 所示。

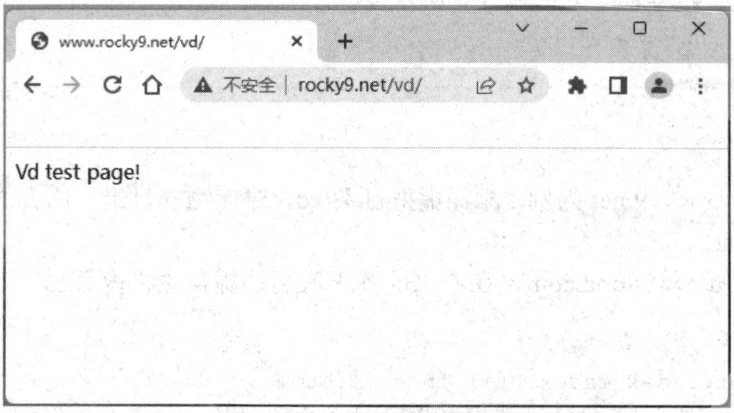

图 11.16　虚拟目录测试

小提示

若发现访问效果不正常，常见错误有两种：一是没有创建虚拟目录的相应文件夹和主页文件；二是主配置文件的虚拟目录部分有填写错误，最常见的错误是定义虚拟目录的名字错误，如把“/vd”写成“/vd/”，这是两个不同的名字，需仔细检查。

任务 11.5　配置安全的 Web 服务器

知识指南

互联网的使用已经深入各行各业，人们通过互联网获取资讯、进行工作交流和网上支付等，所以保证访问互联网的安全很重要。在 HTTP 的基础上加入 SSL 技术，也就是 HTTPS 技术，它使浏览器和 Web 服务器之间能够进行身份确认，保证客户访问的服务器是正确的；同时，该技术让数据在传输过程中进行了加密，保证了数据安全。

配置安全的 Web 服务器

在生产环境中，服务器证书通常是向权威的证书颁发机构申请和购买的，而在实验环境中，可以通过自签名证书来搭建安全的 Web 服务器。在 Rocky 9.3 中，可以使用 openssl 对证书进行管理，一般情况下，openssl 是默认安装到 Rocky 9.3 系统中的，可以通过以下命令来查询是否安装成功。

```
[root@www ~]# rpm -qa | grep openssl
openssl-libs-3.0.7-24.el9.x86_64
openssl-3.0.7-24.el9.x86_64
xmlsec1-openssl-1.2.29-9.el9.x86_64
```

若没有安装，可以使用以下命令来安装。

```
[root@www ~]# dnf install openssl -y
```

使用 openssl 可以很轻易地生成服务器私钥和证书，具体命令如下：

```
[root@localhost ~]# openssl req -x509 -nodes -days 365 -newkey rsa:
2048 -keyout /etc/httpd/conf/.ssl/server.key -out /etc/httpd/conf/.ssl/
server.crt
#生成自签名证书和私钥
#-x509：生成自签名证书
#-nodes：指定私钥不需要密码
#-days365：证书有效期为 365 天
#-newkey rsa:2048：生成新的私钥，采用 2048 位 rsa 加密
#-keyout：指定私钥存放的目录
#-out：指定自签名证书存放的目录
```

在虚拟主机中增加以下内容即可开启安全认证。

```
SSLEngine on
#打开 SSL
```

```
SSLCertificateFile /etc/httpd/conf/.ssl/server.crt
#指定证书位置
SSLCertificateKeyFile /etc/httpd/conf/.ssl/server.key
#指定私钥位置
```

案例实施

1. 创建相关目录及证书

下面以 www.rocky9.net 为例，为该服务器增加 SSL 安全认证。

本任务需要用到 openssl、httpd 和 mod_ssl 3 个软件包，其中 openssl 已经默认安装，只需要安装其余两个即可，命令如下：

```
[root@www ~]# dnf install httpd mod_ssl -y
```

创建存放证书的目录/etc/httpd/conf/.ssl，并在该目录中创建服务器私钥和证书，相关命令如下。

```
[root@www ~]# mkdir /etc/httpd/conf/.ssl
[root@www ~]# openssl req -x509 -nodes -days 365 -newkey rsa:2048 -keyout
    /etc/httpd/conf/.ssl/server.key-out/etc/httpd/conf/.ssl/server.crt
```

在创建证书过程中，需要输入证书的相关信息，如图 11.17 所示。

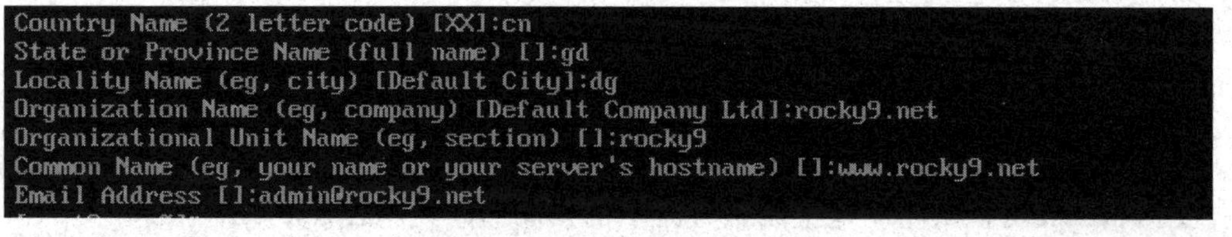

图 11.17　输入证书信息

以下是各选项的说明。

- Country Name（2 letter code）[XX]：国家。
- State or Province Name（full name）[]：省份。
- Locality Name（eg，city）[Default City]：城市。
- Organization Name（eg，company）[Default Company Ltd]：单位名称。
- Organizational Unit Name（eg，section）[]：部门名称。
- Common Name（eg，your name or your server's hostname）[]：通用名字。
- Email Address []：管理员邮箱。

以上信息除 Common Name 为必填外，其他信息可以根据需要选填。要注意的是，Common Name 必须要填写完整的域名，否则客户使用域名访问时会出现证书错误提示。

编辑/etc/httpd/conf/httpd.conf，在原来的基于域名的虚拟主机内添加以下内容。

```
SSLEngine on
```

```
SSLCertificateFile /etc/httpd/conf/.ssl/server.crt
SSLCertificateKeyFile /etc/httpd/conf/.ssl/server.key
```

然后把虚拟主机监听的端口设置为 443，最终结果如图 11.18 所示。

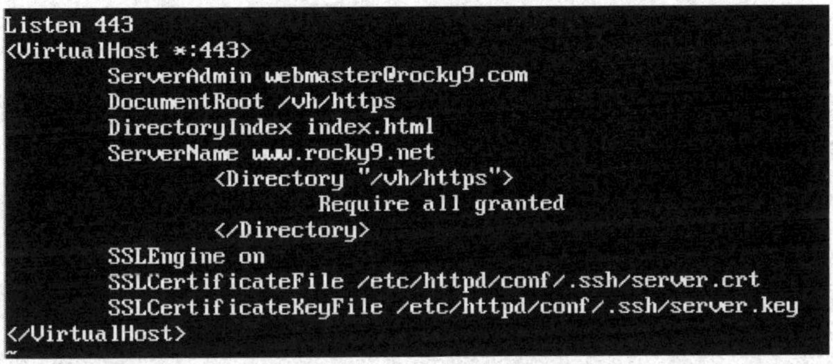

图 11.18 在虚拟主机中配置证书

接下来，创建相应的测试目录及文件，并重启服务。

```
[root@www ~]# mkdir /vh/https/ -p
[root@www ~]# echo "this is https web" > /vh/https/index.html
[root@www ~]# systemctl restart httpd
```

2. 测试 https 服务

在 Web 服务器中输入如下命令，可以测试证书是否正确导入。

```
[root@www ~]# openssl s_client -connect www.rocky9.net:443 -verify_
hostname www.rocky9.net < /dev/null | openssl x509 -text
```

当结果能返回证书信息，可以确认证书已经正确配置，如图 11.19 所示。

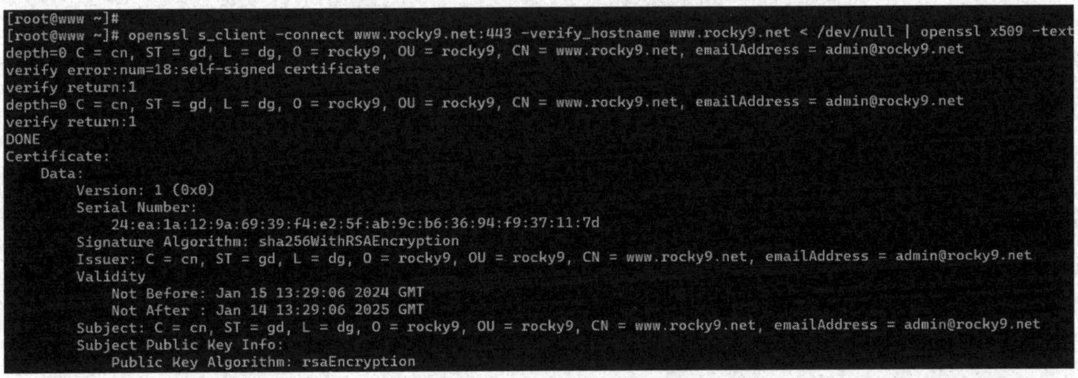

图 11.19 用命令测试证书

在客户端浏览器的地址栏中输入网址"https://www.rocky9.net"并进行访问，效果如图 11.20 所示。

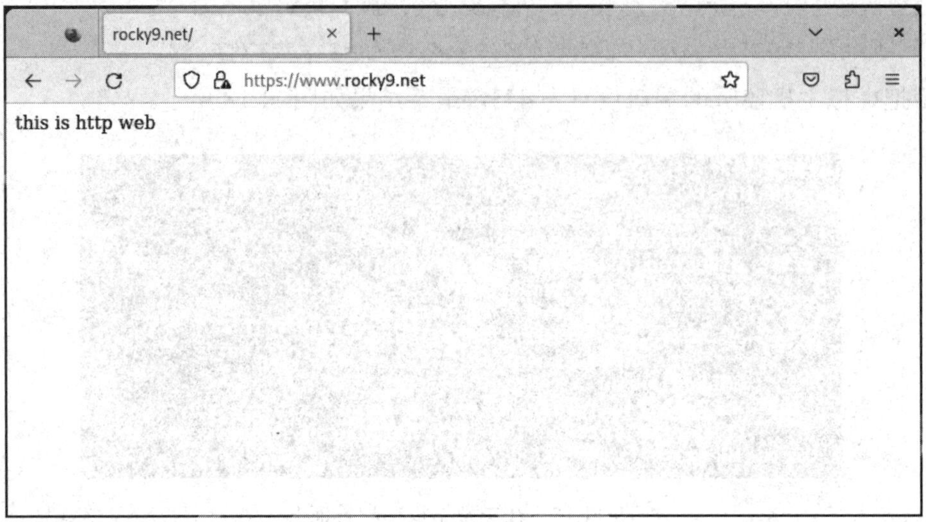

图 11.20　测试 https 服务

> **小提示**
>
> 自签名证书在生产环境中不推荐使用，因为它们不受信任，并且不提供与受信任的证书颁发机构（Certificate Authority，CA）颁发的证书相同的安全性。在生产环境中，应使用由受信任的证书颁发机构颁发的证书。

任务 11.6　使用 Nginx 搭建 Web 服务器

知识指南

1. Nginx 简介

Nginx 是由俄罗斯人伊戈尔·赛索耶夫于 2004 年 10 月第一次发布的轻量级的 Web 服务器软件，该软件代码编写质量非常高，采用模块化设计，占用资源很少，大大提升了服务器在大并发量环境下的性能。Nginx 几乎支持市面上所有类型的操作系统，不管是 Linux、Windows 还是 macOS 都能部署，并且 Nginx 支持热部署，可以在不停止服务的情况下对软件进行配置或者升级。除了支持常用的 Web 服务器功能外，Nginx 支持反向代理服务、IMAP/POP3 代理服务和负载均衡服务等。由于篇幅限制，本任务重点讨论 Nginx 的 Web 服务器功能。作为后起之秀，Nginx 以优越的性能吸引了越来越多的用户，市场占有率也逐渐提高，成为服务器市场有力的竞争者，而 LNMP（Linux+Nginx+ MySQL+PHP）架构也正在成为动态网站服务器的主流架构。

2. Nginx 的安装与运行

在 Rocky 9.3 系统光盘中自带 Nginx 软件包，版本为 1.20，可以在配置好本地源后进行安装，命令如下：

```
[root@Nginx ~]# dnf install nginx -y
```

启动、关闭和重启 Nginx 的命令如下：

```
[root@Nginx ~]# systemctl start nginx
#启动 Nginx
[root@Nginx ~]# systemctl stop nginx
#关闭 Nginx
[root@Nginx ~]# systemctl restart nginx
#重启 Nginx
```

3. Nginx 配置解释

Nginx 的配置文件位于/etc/nginx/nginx.conf 中，主要由以下几部分组成。

1）main 部分，主要配置全局参数。内容如下：

```
user nginx;                                  #配置 Nginx 的用户
worker_processes auto;                       #配置 Nginx 的进程数
error_log /var/log/nginx/error.log;          #配置错误日志
pid /run/nginx.pid;                          #配置进程的 pid 文件
include /usr/share/nginx/modules/*.conf;     #加载其他动态模块的配置
```

2）events 部分，配置 Nginx 的工作模式。内容如下：

```
worker_connections 1024;          #每个进程最大连接数
```

3）http 部分，配置与 http 相关的参数。内容如下：

```
log_format main                   #配置日志格式，其中 main 为指定格式的名字
access_log /var/log/nginx/access.log main;   #配置日志存放位置，其中 main 为
                                             #log_format 定义的格式
sendfile on;       #开启高效文件传送模式
tcp_nopush on;     #此选项必须在 sendfile 开启时有效，允许配置一次发送数据包的大小
tcp_nodelay on;  #禁用 TCP 中的 Nagle 算法，提高数据包的发送速度，减少延迟
keepalive_timeout 65;             #配置客户端连接的超时时间为 65s
types_hash_max_size 4096;         #此配置影响散列值的冲突率，值越大消耗内存越多
                                  #冲突率小，检索速度快
include /etc/nginx/mime.types;    #加载文件扩展名与文件类型映射
default_type application/octet-stream;       #配置默认的文件类型
include /etc/nginx/conf.d/*.conf;            #加载其他配置
```

4）server 部分，配置 Web 服务器相关参数。内容如下：

```
listen 80;                          #配置虚拟主机监听的 IPv4 地址和端口
Listen [::]:80;                     #配置虚拟主机监听的 IPv6 地址和端口
server_name  _;                     #配置虚拟主机的域名，如果有多个，用空格分开
index index.html index.htm;  #配置主页，如果有多个，用空格分开
root /usr/share/nginx/html;  #配置网站的根目录
ssl_certificate "/etc/pki/nginx/server.crt";                    #配置证书路径
ssl_certificate_key "/etc/pki/nginx/private/server.key";    #配置私钥路径
ssl_session_cache shared:SSL:1m;            #配置 session 缓存的类型和大小
ssl_session_timeout 10m;                    #配置 session 超时时间
```

案例实施

参考此前的几个任务实现的功能和为了方便读者学习和比较，本任务在 Nginx 中也能实现包括基于 IP 的虚拟主机、基于端口的虚拟主机、基于域名的虚拟主机、虚拟目录和安全的 Web 服务器。

在 Nginx 中配置基于 IP 的虚拟主机

1. 在 Nginx 中配置基于 IP 的虚拟主机

参考任务 11.3，为服务器配置两个 IP 地址，分别是 172.168.0.8/24 和 172.168.0.9/24，结果如图 11.21 所示。

```
[root@www ~]# ip addr
1: lo: <LOOPBACK,UP,LOWER_UP> mtu 65536 qdisc noqueue state UNKNOWN group default qlen 1000
    link/loopback 00:00:00:00:00:00 brd 00:00:00:00:00:00
    inet 127.0.0.1/8 scope host lo
       valid_lft forever preferred_lft forever
    inet6 ::1/128 scope host
       valid_lft forever preferred_lft forever
2: ens33: <BROADCAST,MULTICAST,UP,LOWER_UP> mtu 1500 qdisc fq_codel state UP group default qlen 1000
    link/ether 00:0c:29:b4:9b:fe brd ff:ff:ff:ff:ff:ff
    inet 172.168.0.8/24 brd 172.168.0.255 scope global noprefixroute ens33
       valid_lft forever preferred_lft forever
    inet 172.168.0.9/24 brd 172.168.0.255 scope global secondary noprefixroute ens33
       valid_lft forever preferred_lft forever
```

图 11.21　配置 IP 地址

打开 Nginx 配置文件/etc/nginx/nginx.conf，修改 server 部分，如图 11.22 所示。有多少台虚拟主机就配置多少个 server。

创建测试网站并重启 nginx 服务，命令如下：

```
[root@www ~]# mkdir -p/vh/ipa
[root@www ~]# mkdir -p/vh/ipb
[root@www ~]# echo "this is 172.168.0.8 nginx" > /vh/ipa/index.html
[root@www ~]# echo "this is 172.168.0.9 nginx" > /vh/ipb/index.html
[root@www ~]# systemctl restart nginx
```

```
server {
    listen         172.168.0.8:80;
    root           /vh/ipa/;
    index          index.html;
   error_page 404 /404.html;
    location = /404.html {
    }

    error_page 500 502 503 504 /50x.html;
    location = /50x.html {
    }
}

server {
    listen         172.168.0.9:80;
    root           /vh/ipb/;
    index          index.html;
   error_page 404 /404.html;
    location = /404.html {
    }

    error_page 500 502 503 504 /50x.html;
    location = /50x.html {
    }
}
```

图 11.22　配置基于 IP 地址的虚拟主机

在浏览器中测试，结果如图 11.23 所示。

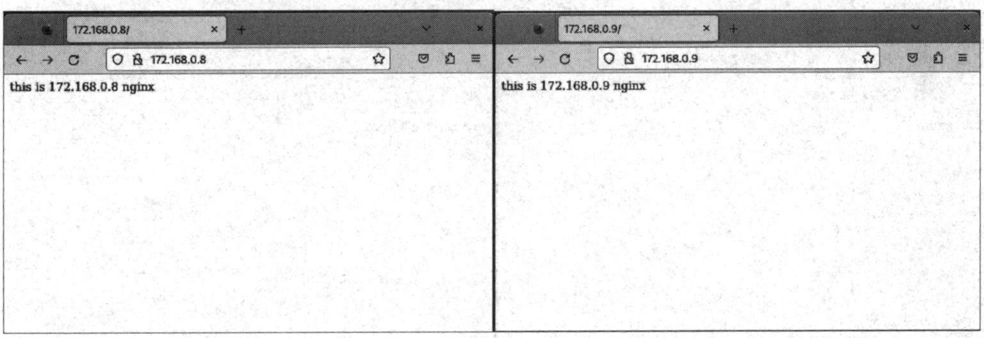

图 11.23　测试基于 IP 地址的虚拟主机

2. 在 Nginx 中配置基于端口的虚拟主机

在 Nginx 中配置基于端口的虚拟主机

参考任务 11.3，打开 Nginx 的配置文件/etc/nginx/nginx.conf，修改 server 部分，如图 11.24 所示。有多少台虚拟主机就配置多少个 server。

创建测试网站并重启 nginx 服务，命令如下：

```
[root@www ~]# mkdir -p/vh/p8081
[root@www ~]# mkdir -p/vh/p8082
[root@www ~]# echo "this is p8081 nginx" > /vh/p8081/index.html
[root@www ~]# echo "this is p8082 nginx" > /vh/p8082/index.html
[root@www ~]# systemctl restart nginx
```

```
server {
    listen        172.168.0.8:8081;
    root          /vh/p8081/;
    index         index.html;
   error_page 404 /404.html;
    location = /404.html {
    }

    error_page 500 502 503 504 /50x.html;
    location = /50x.html {
    }
}

server {
    listen        172.168.0.8:8082;
    root          /vh/p8082/;
    index         index.html;
   error_page 404 /404.html;
    location = /404.html {
    }

    error_page 500 502 503 504 /50x.html;
    location = /50x.html {
    }
}
```

图 11.24　配置基于端口的虚拟主机

在浏览器中测试，结果如图 11.25 所示。

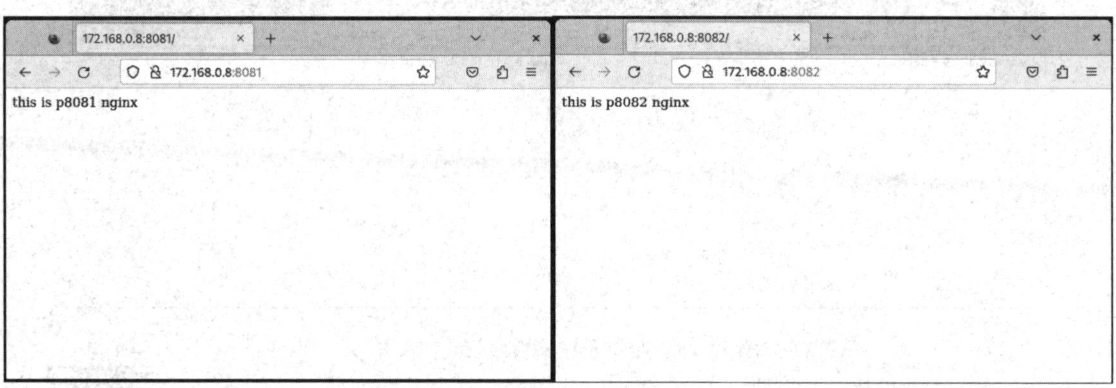

图 11.25　测试基于端口的虚拟主机

3. 在 Nginx 中配置基于域名的虚拟主机

参考项目 10 配置好 DNS 服务，域名 www.rocky9.net 和 www.rocky9.com 的 IP 地址都为 172.168.0.8。打开 Nginx 的配置文件 /etc/nginx/nginx.conf，修改 server 部分，如图 11.26 所示。有多少台虚拟主机就配置多少个 server。

在 Nginx 中配置基于域名的虚拟主机

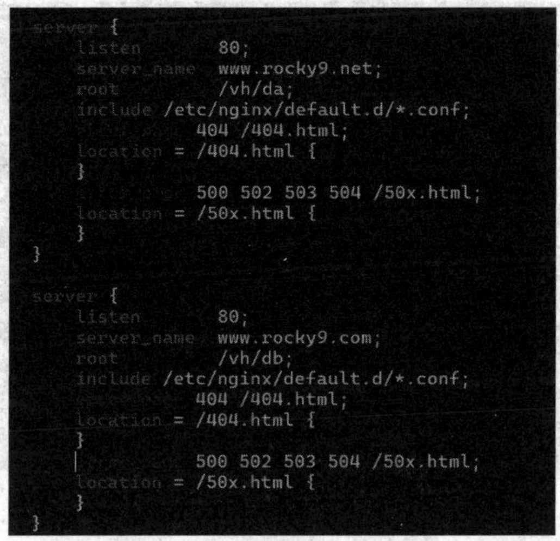

图 11.26　配置基于域名的虚拟主机

创建测试网站并重启 nginx 服务，命令如下：

```
[root@www ~]# mkdir -p /vh/da
[root@www ~]# mkdir -p /vh/db
[root@www ~]# echo "this is www.rocky9.net nginx" > /vh/da/index.html
[root@www ~]# echo "this is www.rocky9.com nginx" > /vh/db/index.html
[root@www ~]# systemctl restart nginx
```

在浏览器中测试，结果如图 11.27 所示。

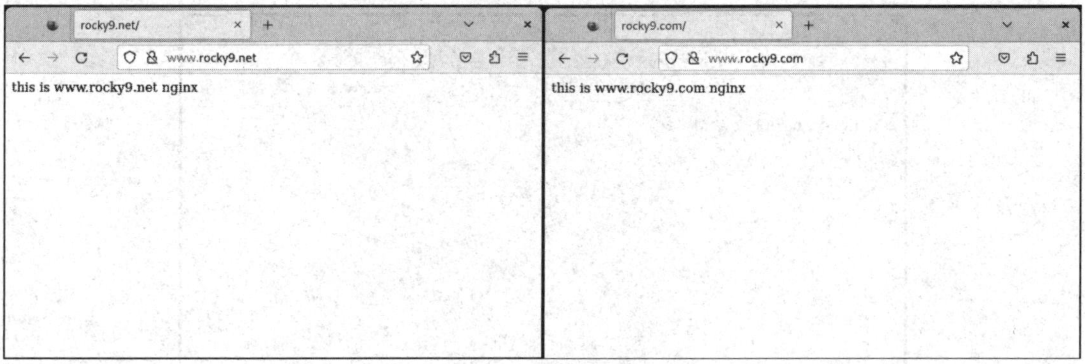

图 11.27　测试基于域名的虚拟主机

4. 在 Nginx 中配置虚拟目录

在此部分中，我们在基于域名的虚拟主机上配置虚拟目录，具体要求是在 www.rocky9.net 的目录中进行配置，使客户访问 http://www.rocky9.net/vd 时，实际访问的目录是网站根目录下的 vdd。

在 Nginx 中配置虚拟目录

打开 Nginx 的配置文件/etc/nginx/nginx.conf，修改 server 部分，如图 11.28 所示。

```
server {
    listen          80;
    root            /vh/da/;
    index           index.html;
    server_name     www.rocky9.net;
    location /vd{
            alias /vh/da/vdd;
    }
   error_page 404 /404.html;
    location = /404.html {
    }

    error_page 500 502 503 504 /50x.html;
    location = /50x.html {
    }
}
```

图 11.28　配置虚拟目录

以下是具体选项的说明。

- location /vd：配置虚拟目录。
- alias /vh/da/vdd：配置实际访问目录。

创建测试网站并重启 nginx 服务，命令如下：

```
[root@www ~]# mkdir -p /vh/da/vdd
[root@www ~]# echo "this is vdd nginx" > /vh/da/vdd/index.html
[root@www ~]# systemctl restart nginx
```

在浏览器中测试，结果如图 11.29 所示。

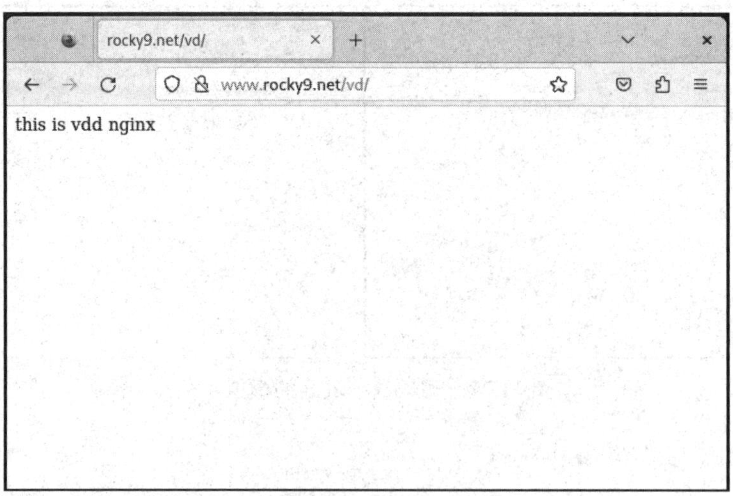

图 11.29　测试虚拟目录

在 Nginx 中配置安全的 Web 服务器

5. 在 Nginx 中配置安全的 Web 服务器

在此部分中，我们在基于域名的虚拟主机上配置安全认证的 Web 服务器，具体要求是通过配置自签名证书，使客户能通过 https://www.rocky9.net 访问服务器。

通过 openssl 生成自签名证书。

```
[root@www ~]# mkdir /etc/nginx/.ssl -p
[root@www ~]# openssl req -x509 -nodes -days 365 -newkey rsa:2048 -keyout /etc/nginx/.ssl/server.key -out /etc/nginx/.ssl/server.crt
```

打开 Nginx 的配置文件/etc/nginx/nginx.conf，修改 server 部分，如图 11.30 所示。

```
server {
    listen        443 ssl;
    server_name   www.rocky9.net;
    root          /vh/https;
    ssl_certificate "/etc/nginx/.ssl/server.crt";
    ssl_certificate_key "/etc/nginx/.ssl/server.key";
    # Load configuration files for the default server block.
    include /etc/nginx/default.d/*.conf;

    error_page 404 /404.html;
    location = /404.html {
    }

    error_page 500 502 503 504 /50x.html;
    location = /50x.html {
    }
}
```

图 11.30　配置安全的 Web 服务器

创建测试网站并重启 nginx 服务，命令如下：

```
[root@www ~]# mkdir -p /vh/https
[root@www ~]# echo "this is https nginx" > /vh/https/index.html
[root@www ~]# systemctl restart nginx
```

在浏览器中测试，结果如图 11.31 所示。

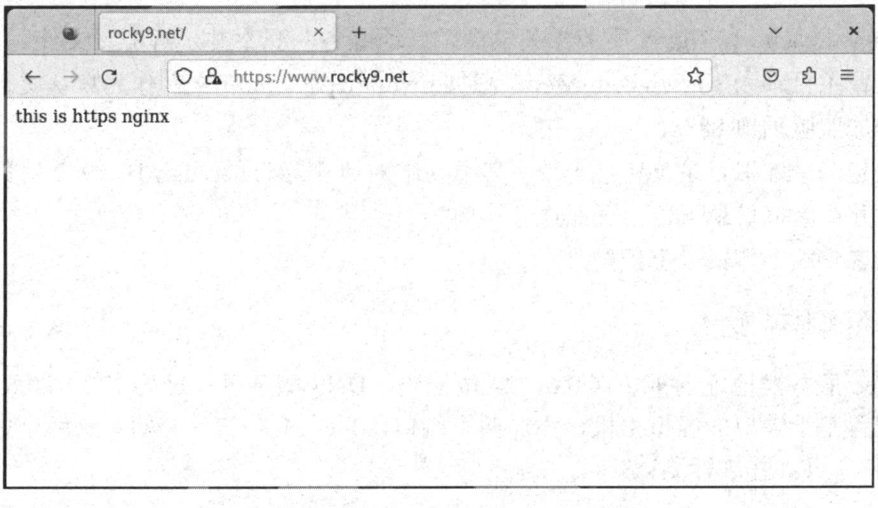

图 11.31　测试安全的 Web 服务器

总 结 提 高

1. 小结

Apache 和 Nginx 都是开放源码的 Web 服务器软件，都具有良好的跨平台特性和安全特性，都是应用广泛的 Web 服务器软件。Apache 开发和应用较早，应用较多；后来者 Nginx 由于架构合理、高并发性能好、功能强大，也越来越受欢迎。

本项目主要介绍了 Apache 和 Nginx 的基本配置，并且使用这两个流行的 Web 服务器软件搭建了基于 IP 地址、基于端口和基于域名的虚拟主机，在此基础上还讲解了虚拟目录和安全的 Web 服务器的搭建方法。

2. 提高

1）配置 Apache 和 Nginx 以支持动态网站。

2）在 Apache 和 Nginx 中设置主机访问控制。

3）实践 Nginx 的反向代理和负载均衡功能。

项 目 实 训

分别在 Apache 和 Nginx 上完成以下操作。

1. 常规配置

1）安装 Apache 和 Nginx 服务相关软件，启动服务，观察并了解配置文件。

2）设置主目录为/var/www/myweb，添加 myhomepage.html 文件作为默认文档。

3）增加监听端口 8888。

4）创建两个虚拟目录 vd1 和 vd2，其中 vd1 对应实际目录/vds/vd1，vd2 对应实际目录/vds/vd2，并在虚拟目录下建立页面进行访问。

5）在客户端上测试以上配置。

2. 虚拟主机配置

1）Web 服务器地址为 172.16.0.6，24 位掩码，DNS 服务器地址为 172.16.0.6。

2）配置基于端口的虚拟主机，添加两个端口 8086 和 8087，分别对这两个虚拟主机设定主目录和主页，并进行测试。

3）配置基于 IP 地址的虚拟主机，添加一张网卡，绑定 IP 地址 172.16.0.7，分别对 172.16.0.6 和 172.16.0.7 的虚拟主机设定主目录和主页，并进行测试。

4）设置基于域名的虚拟主机，在 DNS 服务器中添加以下解析，然后分别对这两个虚拟主机设定主目录和主页，并进行测试。

172.16.0.6　www.srv1.com

172.16.0.7　www.srv2.com

5）通过配置，使客户能通过 https://www.srv1.com 正常访问该虚拟主机。

项目 12

配置与管理 FTP 服务器

案例需求

为方便文件传输，某公司的管理员搭建了 FTP 服务器。现需要使匿名用户对目录 /var/ftp/share 具有上传、下载、创建目录和文件、删除目录和文件等权限；实名用户具有上传、下载等权限，其中用户 ftpuser1 登录后将限制在自己的主目录下进行操作，用户 ftpadmin 可以向上切换目录。FTP 服务器的 IP 地址为 172.168.0.5。

需求分析

在 Linux 中，vsftpd 是常用的 FTP 服务器软件。FTP 服务器，即在互联网上提供存储空间的计算机，它们依照 FTP 提供服务。FTP 是专门用来传输文件的协议。简单地说，支持 FTP 的服务器就是 FTP 服务器。本项目主要介绍 vsftpd 的配置和管理。

作为一种用于资源共享的网络服务，FTP 服务器的配置与应用同样需要兼顾便利与安全，对共享资源实施分权限管理。作为网络管理员，应主动考虑用户共享需求和隐私保护，依据用户身份进行合理权限划分。在完成本项目时，对于无须验证用户身份的资源可设置为匿名访问，对于有独立存储目录需求的用户要设置身份验证并限制用户对共享资源的访问范围。

知识目标

- 了解 FTP 的工作原理。
- 了解 FTP 服务的账号类型。
- 熟悉 vsftpd 的配置文件。

技能目标

- 掌握 vsftpd 的配置和管理步骤。
- 掌握不同账号类型的验证方法。

思政目标

- 增强保护数据安全和数据隐私的意识。
- 掌握合理的用户权限分配与管理，共筑数据安全防线。

任务 12.1　认识 vsftpd 服务

知识指南

FTP 是在 TCP/IP 网络和 Internet 上较早使用的协议之一。尽管 World Wide Web 已经替代了 FTP 的大多数功能，但 FTP 仍然是 Internet 中服务器与客户端上传、下载文件的常用途径。

认识 vsftpd 服务

1. FTP 的概念

FTP 与大多数 Internet 服务一样，也是一个 C/S 系统。用户通过一个支持 FTP 协议的客户端程序，连接到远程主机上的 FTP 服务器程序。用户通过客户端程序向服务器程序发出命令，服务器程序执行用户发出的命令，并将执行的结果返回到客户端。例如，用户发出一条命令，要求服务器向用户传送某个文件的一份复制品，服务器会响应这条命令，将指定文件送至用户的机器上。客户端程序代表用户接收到这个文件，将其存放在用户目录中。

在 FTP 的使用当中，用户可下载（download）和上传（upload）。下载文件是从远程主机复制文件至自己的计算机上；上传文件是将文件从自己的计算机中复制至远程主机上。用 Internet 语言来说，用户可通过客户端程序向（从）远程主机上传（下载）文件。

2. FTP 的登录账号类型

通常，访问 FTP 服务器时需要先登录，只有经过了 FTP 服务器的相关验证，用户才能访问和传输文件。vsftpd 提供了 3 种 FTP 用户登录的形式。

（1）匿名账号

匿名账号（anonymous）应用较广泛，如果用户在 FTP 服务器上没有账号，则可以以 anonymous 为用户名，以自己的电子邮件为密码进行登录。当匿名用户登录 FTP 服务器后，其登录目录为匿名 FTP 服务器的根目录/var/ftp。为了减轻 FTP 服务器的负载，一般情况下应关闭匿名账号的上传功能。

（2）真实账号

真实账号（real）也称本地账号，是以真实的用户名和密码进行登录的，但前提条件是用户在 FTP 服务器上拥有自己的账号。用真实账号登录后，其登录的目录为用户自己的家目录，该目录在系统建立账号时可自动创建。例如，在 Rocky 或 CentOS 系统中建立一个名为 aaa 的用户，那么它的默认目录就是/home/aaa。真实用户可以访问整个目录结构，从而对系统安全构成极大威胁，所以应尽量避免用户使用真实账号访问 FTP 服务器。

（3）虚拟账号

如果用户在 FTP 服务器上拥有账号，但此账号只用于文件传输服务，那么该账号就是虚拟账号（guest），虚拟账号是真实账号的一种形式，它们的不同之处在于，用户使用虚拟账号登录 FTP 服务器后，不能访问除宿主目录以外的内容。

3. Linux 中常见的 FTP 服务器软件

Linux 系统支持的 FTP 服务器软件众多，但如果从软件功能、性能和可配置性等方面考虑，常用的主要有以下几种。

- WU-FTPD：全称为 Washington University FTP，是一个非常有名的 FTP 服务器端软件，广泛应用于 UNIX 和 Linux 服务器。
- ProFtpD：是一款可靠的 FTPD 服务器软件，比 WU-FTPD 更加稳定，修复了很多漏洞，并针对 WU-FTPD 的不足之处做了补充，因此是 WU-FTPD 的最佳替代品。
- vsftpd：是一款安全、稳定、高性能的开源 FTP 服务器软件，适用于多种 UNIX 和 Linux 系统。它的全称是 very secure FTP daemon，中文即"非常安全的 FTP"。由此可见，它的开发者克里斯·埃文斯（Chris Evans）把安全作为这个软件设计的首要考虑因素。
- Pure-FTP：是一款高效、简单、安全的 FTP 服务器软件。它的功能相当多，而且非常实用。

用户可以通过其官方网站获取安装文件及更详细的介绍。

案例实施

1. 认识 vsftpd 服务相关软件包

由于启动 vsftpd 服务时需要 vsftpd 软件包，因此在配置使用 vsftpd 之前，先检查系统中是否已经安装了这个软件包。一般来说，vsftpd 在安装系统时可以选择，不用另行安装。

vsftpd 主程序为 vsftpd。

（1）查询 vsftpd 是否安装

使用 dnf list installed |grep vsftpd 或 dnf list installed vsftpd 命令查询 vsftpd 相关软件包的安装情况，如图 12.1 所示。

```
[root@ftp ~]# dnf list installed |grep vsftpd
```

图 12.1　查询 vsftpd 是否安装

（2）vsftpd 的安装

如果查询结果是未安装 vsftpd，参考前面所学知识挂载光盘，配置好 dnf 软件源，然后使用 dnf install vsftpd -y 等命令自行安装 vsftpd，如图 12.2 所示。

2. vsftpd 服务的启动等操作

（1）启动 vsftpd 服务

启动 vsftpd 服务的命令如图 12.3 所示。

```
[root@ftp ~]# dnf install vsftpd -y
Rocky Linux 9 - BaseOS                                          4.0 MB/s | 4.1 kB     00:00
Rocky Linux 9 - AppStream                                        77 MB/s | 7.4 MB     00:00
Dependencies resolved.
================================================================================================
 Package              Architecture         Version                   Repository           Size
================================================================================================
Installing:
 vsftpd               x86_64               3.0.5-5.el9               appstream           157 k

Transaction Summary
================================================================================================
Install  1 Package

Total size: 157 k
Installed size: 347 k
Downloading Packages:
Running transaction check
Transaction check succeeded.
Running transaction test
Transaction test succeeded.
Running transaction
  Preparing        :                                                                        1/1
  Installing       : vsftpd-3.0.5-5.el9.x86_64                                              1/1
  Running scriptlet: vsftpd-3.0.5-5.el9.x86_64                                              1/1
  Verifying        : vsftpd-3.0.5-5.el9.x86_64                                              1/1

Installed:
  vsftpd-3.0.5-5.el9.x86_64

Complete!
```

图 12.2　安装 vsftpd

（2）关闭 vsftpd 服务

关闭 vsftpd 服务的命令如图 12.4 所示。

```
[root@ftp ~]# systemctl start vsftpd
```

图 12.3　启动 vsftpd 服务

```
[root@ftp ~]# systemctl stop vsftpd
```

图 12.4　关闭 vsftpd 服务

（3）重启 vsftpd 服务

重启 vsftpd 服务的命令如图 12.5 所示。

```
[root@ftp ~]# systemctl restart vsftpd
```

图 12.5　重启 vsftpd 服务

（4）查看 vsftpd 服务的运行状态

使用 systemctl status vsftpd 命令查看 vsftpd 服务的运行状态，确保服务处于 active（running）状态，如图 12.6 所示。

```
[root@ftp ~]# systemctl status vsftpd
● vsftpd.service - Vsftpd ftp daemon
     Loaded: loaded (/usr/lib/systemd/system/vsftpd.service; disabled; preset: disabled)
     Active: active (running) since Fri 2024-02-23 13:14:46 EST; 39min ago
    Process: 6628 ExecStart=/usr/sbin/vsftpd /etc/vsftpd/vsftpd.conf (code=exited, status=0/SUCCESS)
   Main PID: 6629 (vsftpd)
      Tasks: 1 (limit: 22743)
     Memory: 716.0K
        CPU: 2ms
     CGroup: /system.slice/vsftpd.service
             └─6629 /usr/sbin/vsftpd /etc/vsftpd/vsftpd.conf

Feb 23 13:14:46 ftp.rocky9.net systemd[1]: Starting Vsftpd ftp daemon...
Feb 23 13:14:46 ftp.rocky9.net systemd[1]: Started Vsftpd ftp daemon.
```

图 12.6　查看 vsftpd 服务的运行状态

（5）设置 vsftpd 服务开机自动启动

设置 vsftpd 服务开机自动启动的命令如图 12.7 所示。

```
[root@ftp ~]# systemctl enable vsftpd
Created symlink /etc/systemd/system/multi-user.target.wants/vsftpd.service → /usr/lib/systemd/system
/vsftpd.service.
```

图 12.7　设置 vsftpd 服务开机自动启动

3. vsftpd 主配置文件/etc/vsftpd/vsftpd.conf

在安装 vsftpd 时，会自动创建一个名为/etc/vsftpd/vsftpd.conf 的文件，其所属用户为 root，所属组也为 root。文件/etc/vsftpd/vsftpd.conf 是 vsftpd 服务的主配置文件，这个配置文件主要分为全局配置、匿名用户配置、实名用户配置 3 个方面。“#”在这个配置文件里代表注释，真正起作用的配置项为前面没有“#”的行。

任务 12.2　配置匿名用户模式下的 FTP 服务器

知识指南

在 vsftpd.conf 文件中，有关匿名用户的配置项一般以英文“anon”开头，没有特别界定的语句则对整个服务器和所有用户生效。常用的匿名用户配置项如表 12.1 所示。

配置匿名用户模式下的 FTP 服务器

表 12.1　vsftpd 常用的匿名用户配置项

配置项	说明
anonymous_enable=YES	YES 表示可匿名登录，NO 表示匿名用户名无法登录
anon_upload_enable=YES	是否允许匿名用户上传文件，YES 表示可上传，NO 表示不能上传。此功能必须建立在 write_enable=YES 的基础上，如果 write_enable=NO，此功能不能实现；同时目标文件夹必须对匿名用户开放写权限
anon_mkdir_write_enable=YES	是否允许匿名用户创建文件夹，YES 表示可创建，NO 表示不能创建。此功能必须建立在 write_enable=YES 的基础上，如果 write_enable=NO，此功能不能实现；同时目标文件夹必须对匿名用户开放写权限
anon_umask=022	值为 022 时，匿名用户上传的文件、文件夹具有被访问下载的权限；值为 077 时，上传的文件将无法被其他用户下载
no_anon_password=YES	匿名用户访问 FTP 服务器时直接登录，不再要求输入匿名密码

案例实施

1. 配置 vsftpd.conf 文件的匿名用户设置项

（1）配置 vsftpd.conf

在/etc/vsftpd/vsftpd.conf 文件中修改以下关于匿名用户的配置项，如图 12.8 所示，其中 anon_other_write_enable= YES 表示匿名用户具有删除等权限。

```
anonymous_enable=YES
write_enable=YES
anon_upload_enable=YES
anon_umask=022
anon_mkdir_write_enable=YES
anon_other_write_enable=YES
no_anon_password=YES
```

图 12.8　修改 vsftpd 匿名用户配置项

（2）创建测试目录并修改权限

根据任务描述创建目录/var/ftp/share 并开放其他用户的写权限，然后进入该目录，创建用于后续测试的目录 dir1 和文件 1.txt，如图 12.9 所示。

2. 重启 vsftpd 服务

重启 vsftpd 服务，如图 12.10 所示。

```
[root@ftp ~]# mkdir /var/ftp/share
[root@ftp ~]# chmod 777 /var/ftp/share
[root@ftp ~]# ls -l /var/ftp
total 0
drwxr-xr-x. 2 root root 6 Oct 30 02:29 pub
drwxrwxrwx. 2 root root 6 Feb 23 14:02 share
[root@ftp ~]# cd /var/ftp/share/
[root@ftp share]# mkdir dir1
[root@ftp share]# touch 1.txt
[root@ftp share]# chmod o=rwx dir1 1.txt
[root@ftp share]# ls -l
total 0
-rw-r--rwx. 1 root root 0 Feb 23 14:04 1.txt
drwxr-xrwx. 2 root root 6 Feb 23 14:04 dir1
```

图 12.9　创建测试目录并修改权限

```
[root@ftp share]# systemctl restart vsftpd
```

图 12.10　重启 vsftpd 服务

小提示

匿名用户及实名用户能否在指定的 FTP 共享文件夹内写入，除了需要在配置文件中进行设定外，还要依赖该 FTP 共享文件本身的权限。

设置完毕后需要使用 systemctl restart vsftpd 命令重启服务才能使新的配置生效。

3. 登录并进行测试

（1）FTP 命令简介

FTP 命令是 Internet 用户使用较频繁的命令之一，不论是在 DOS 还是 UNIX 操作系统下使用 FTP，都会遇到大量的 FTP 内部命令。特别是 FTP 的测试，使用图形化的方法无法很直观地看出登录用户及权限限定等。熟悉并灵活应用 FTP 的内部命令，可以大大方便使用者，达到事半功倍之效。FTP 命令的格式如下：

```
#FTP <远程 FTP 服务器 IP 地址或者远程 FTP 服务器名>
//与远程主机建立连接
```

FTP 常用内部命令如下：

```
FTP>user <用户名> [密码]
//向远程主机表明自己的身份，需要口令时，必须输入口令
FTP>dir [远程目录]
//显示远程目录文件和子目录列表。如果没有指定目录，将使用远程计算机中的当前工作目录，
//与 ls 效果类似，但 ls 是以长格式显示
FTP>pwd
//显示远程主机的当前工作目录
FTP>cd [远程计算机上的目录]
//切换到远程计算机上的工作目录
FTP>rename <源文件名> <新文件名>
//重命名远程文件
FTP>rmdir <目录名>
//删除远程目录
FTP>mkdir <目录名>
//创建远程目录
FTP>delete <文件名>
//删除远程计算机上的文件
FTP> get <远程文件名> [本地文件名]
//下载文件，将远程文件复制到本地计算机，若不指定本地文件名，则文件名与远程文件名相同
FTP>send
//send 与 put 相同，用于下载文件
FTP>put <本地文件名> [远程文件名]
//使用当前文件传送类型将本地文件复制到远程计算机上
FTP>![cmd]
//在不退出 FTP 交互环境的情况下执行本地 shell，一般用户查看本地路径、显示文件和目录
FTP>bye
//结束与远程计算机的 FTP 会话并退出 FTP
FTP>quit
//与 bye 命令相同
```

（2）以 Linux 系统为客户端进行匿名用户 FTP 测试

本例客户端 IP 地址为 172.168.0.154，已使用 dnf install ftp -y 等命令安装了客户端工具 ftp，使用匿名用户登录 FTP 服务器进入 share 目录后，再使用 get 交互命令将 1.txt 下载到本

地，使用 put 命令将 ftpclient.txt 上传到 FTP 服务器 share 目录，并使用 rename 命令修改 dir1 的目录名为 dir2，测试结果如图 12.11 所示。

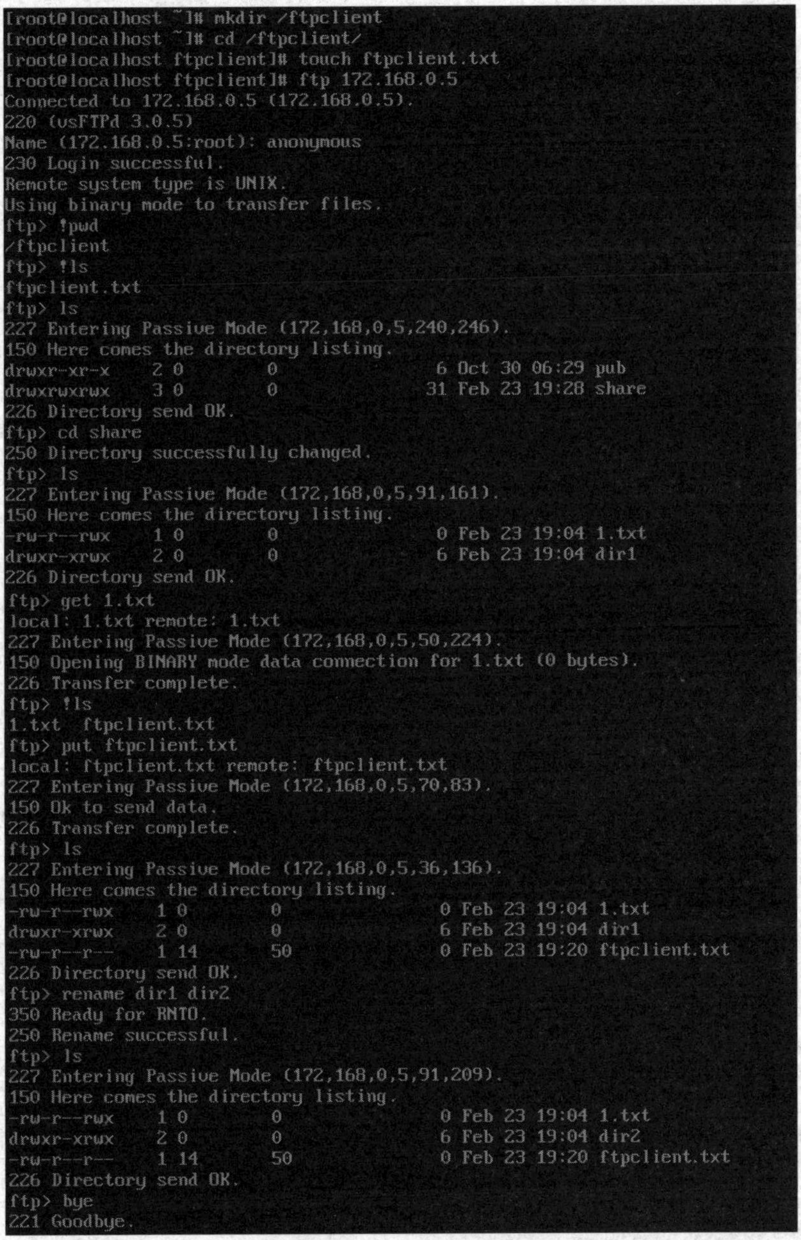

图 12.11　以 Linux 系统为客户端进行匿名用户 FTP 测试

（3）以 Windows 浏览器为客户端进行匿名用户测试

在 Windows 客户端打开浏览器或资源管理器窗口，输入 ftp://172.168.0.5，默认以匿名用户身份登录 FTP 服务器，进入 share 目录，进行权限测试，测试结果如图 12.12 所示。

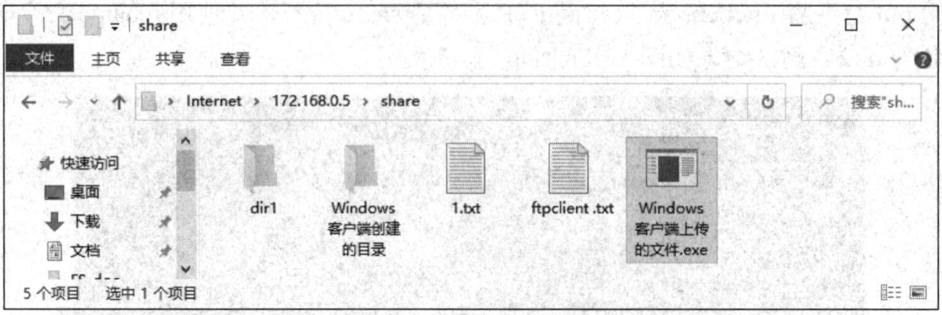

图 12.12　以 Windows 浏览器为客户端进行匿名用户测试

任务 12.3　配置实名用户模式下的 FTP 服务器

知识指南

在 vsftpd.conf 文件中，有关实名用户配置项一般以 local 开头。常用的实名用户配置项如表 12.2 所示。

配置实名用户模式下的 FTP 服务器

表 12.2　vsftpd.conf 常用的实名用户配置项

配置项	说明
local_enable=YES	是否允许本地用户登录
write_enable=YES	是否具有写权限，YES 表示具有写权限，NO 表示不能写入
local_umask=022	控制上传文件和文件夹的权限结果（反掩码）
chroot_local_user=YES	默认被注释，使用时需将注释去掉。YES 表示 chroot_list_enable 指定的用户可以自由跳转到有权限访问的任何目录，NO 表示 chroot_list_enable 指定的用户无法跳转出用户主目录
chroot_list_enable=YES	默认被注释，使用时需将注释去掉。是否限制用户跳转出用户主目录，YES 表示无法跳转出用户主目录，NO 表示用户可以自由跳转到有权限访问的任何目录
chroot_list_file=/etc/vsftpd/chroot_list	默认被注释，使用时需将注释去掉，是 chroot_list_enable 作用的用户列表文件
userlist_enable=YES	YES 表示 userlist_file 文件里列出的用户登录 FTP 时在输入用户名后将直接被拒绝登录
userlist_file=/etc/vsftpd/user_list	需自行添加该句，指定 userlist_enable 拒绝登录的用户列表

案例实施

1. 添加实名用户

添加实名用户 ftpuser1 和 ftpadmin，如图 12.13 所示。

2. 配置 vsftpd.conf 实名用户设置项

（1）配置 vsftpd.conf

在/etc/vsftpd/vsftpd.conf 文件中添加或修改关于实名用户的配置项，如图 12.14 所示。

```
[root@ftp ~]# useradd ftpuser1
[root@ftp ~]# useradd ftpadmin
[root@ftp ~]# passwd ftpuser1
Changing password for user ftpuser1.
New password:
BAD PASSWORD: The password is shorter than 8 characters
Retype new password:
passwd: all authentication tokens updated successfully.
[root@ftp ~]# passwd ftpadmin
Changing password for user ftpadmin.
New password:
BAD PASSWORD: The password is shorter than 8 characters
Retype new password:
passwd: all authentication tokens updated successfully.
```

图 12.13　添加实名用户

```
local_enable=YES
write_enable=YES
local_umask=022
chroot_local_user=YES
chroot_list_enable=YES
chroot_list_file=/etc/vsftpd/chroot_list
allow_writeable_chroot=YES
```

图 12.14　修改 vsftpd 实名用户配置项

小提示

```
chroot_local_user
//是否将所有用户限制在主目录，YES 为启用，默认为 NO，即用户可以切换目录
chroot_list_enable
//是否启动例外用户的名单，YES 为启用，NO 为禁用(包括注释掉也为禁用)
Chroot_list_file=/etc/vsftpd/chroot_list
//是否限制在主目录下的用户名单，是限制名单还是排除名单取决于 chroot_local_user
```

搭配如下：

chroot_local_user=YES，chroot_list_enable=YES，则所有用户都被限制在其主目录下；使用 chroot_list_file 指定的用户列表中的用户作为“例外”，不受限制。

chroot_local_user=NO，chroot_list_enable=YES，则所有用户都不被限制在其主目录下；使用 chroot_list_file 指定的用户列表中的用户作为“例外”，受到限制。

安全提示：

vsftpd 2.3.5 开始的版本增强了安全检查，如用户被限定在了其主目录下，则该用户的主目录不能再包含写权限，否则登录时就会弹出“vsftpd: 500 OOPS: vsftpd: refusing to run with writable root inside chroot ()”的报错。本例 vsftpd 版本为 3.0.3，要解决这个问题，可使用 chmod 命令去掉用户主目录的写权限，如明确需要保留写权限，需要在 vsftpd.conf 中增加 allow_writeable_chroot=YES 设置项。

（2）创建 chroot_list 文件并添加用户

创建 chroot_list 文件并添加例外用户 ftpadmin，如图 12.15 所示，此用户是能够向上切换目录的用户。

3. 重启 vsftpd 服务

重启 vsftpd 服务，如图 12.16 所示。

```
[root@ftp ~]# echo "ftpadmin" > /etc/vsftpd/chroot_list
```

图 12.15　创建 chroot_list 文件并添加用户

```
[root@ftp ~]# systemctl restart vsftpd
```

图 12.16　重启 vsftpd 服务

4. 登录并测试

（1）使用 ftpuser1 测试

在作为 FTP 客户端的 Linux 系统中，使用 ftpuser1 身份登录 FTP 服务器，查看当前目录显示为“/”，并创建目录测试写权限，向上切换目录后使用 pwd 命令查看结果仍为“/”，表明 ftpuser1 被限定在用户的主目录下，如图 12.17 所示。

```
[root@localhost ftpclient]# ftp 172.168.0.5
Connected to 172.168.0.5 (172.168.0.5).
220 (vsFTPd 3.0.5)
Name (172.168.0.5:root): ftpuser1
331 Please specify the password.
Password:
230 Login successful.
Remote system type is UNIX.
Using binary mode to transfer files.
ftp> pwd
257 "/" is the current directory
ftp> mkdir ftpuser1dir
257 "/ftpuser1dir" created
ftp> ls
227 Entering Passive Mode (172,168,0,5,26,163).
150 Here comes the directory listing.
drwxr-xr-x    2 1001     1001            6 Feb 23 20:11 ftpuser1dir
226 Directory send OK.
ftp> cd ..
250 Directory successfully changed.
ftp> pwd
257 "/" is the current directory
```

图 12.17　使用 ftpuser1 用户登录测试

（2）使用 ftpadmin 测试

使用 ftpadmin 身份登录 FTP 服务器，查看当前目录显示为“/home/ftpadmin”，并创建目录测试写权限，使用 cd ..命令向上切换目录后可看到结果为“/home”，表明 ftpadmin 可以切换到用户主目录以外，如图 12.18 所示。

```
[root@localhost ftpclient]# ftp 172.168.0.5
Connected to 172.168.0.5 (172.168.0.5).
220 (vsFTPd 3.0.5)
Name (172.168.0.5:root): ftpadmin
331 Please specify the password.
Password:
230 Login successful.
Remote system type is UNIX.
Using binary mode to transfer files.
ftp> pwd
257 "/home/ftpadmin" is the current directory
ftp> ls
227 Entering Passive Mode (172,168,0,5,94,207).
150 Here comes the directory listing.
226 Directory send OK.
ftp> mkdir ftpadmin-dir
257 "/home/ftpadmin/ftpadmin-dir" created
ftp> ls
227 Entering Passive Mode (172,168,0,5,178,91).
150 Here comes the directory listing.
drwxr-xr-x    2 1002     1002            6 Feb 23 20:16 ftpadmin-dir
226 Directory send OK.
ftp> cd ..
250 Directory successfully changed.
ftp> pwd
257 "/home" is the current directory
```

图 12.18　使用 ftpadmin 用户登录测试

总 结 提 高

1. 小结

FTP 服务器是在互联网上提供存储空间的计算机，它们依照 FTP 提供服务。FTP 是专门用来传输文件的协议。简单地说，支持 FTP 协议的服务器就是 FTP 服务器。vsftpd 是 Linux 中较常用的 FTP 服务器软件。vsftpd 的主配置文件是/etc/vsftpd/vsftpd.conf，另外还有/etc/vsftpd.ftpusers 和/etc/vsftpd.user_list，通过配置这 3 个文件可以实现配置匿名用户、本地用户和虚拟用户 FTP 服务器。

2. 提高

1）配置虚拟用户 vsftpd。

2）测试匿名用户上传文件到/var/ftp/share 后，文件能否被下载。如果不能下载，如何设置才能使上传的文件可以被下载？

3）观察使用实名用户登录的用户上传的文件所属用户及所属组。

项 目 实 训

按以下要求配置 vsftpd。

1）vsftpd 服务器地址为 172.16.10.10。

2）创建一个临时文件夹/var/ftp/temp 供匿名用户临时存放和下载文件使用。

3）要求实名用户 ftpuser1、ftpuser2 和 ftpuser3 登录后不能跳转出自己的主目录。

4）要求拒绝实名用户 ftpuser4 和 ftpuser5 通过 FTP 登录系统。

5）在客户端上测试以上配置。

项目 13

配置与管理邮件服务器

案例需求

某公司内部需要建立邮件服务器，准备在 Rocky 9 系统上架设邮件服务。现在内部所使用的网段是 172.168.0.0/24，公司采用 rocky9.net 作为内部域名进行管理，并配置 DNS 服务器，服务器地址是 172.168.0.3，现要求内部员工可以使用该服务器自由收发邮件。

需求分析

电子邮件（electronic mail，E-mail）是互联网上信息传递的重要方式。普通邮件通过邮局送达用户手中，而电子邮件则以电子文件的格式，通过互联网为全球的 Internet 用户提供一种极为快速、简单和经济的通信和交换信息的方法。Linux 较为流行的 mail 软件是 sendmail 和 postfix，邮件管理一般由 dovecot 软件负责。本项目将介绍邮件服务器的工作原理，并介绍 sendmail+dovecot 和 postfix+dovecot 的配置方法，使读者能够为 Internet 用户打造一个虚拟的电子邮局，并通过 Thunderbird 验证。

大部分读者都知道，随便打开和查看别人的信件是不道德甚至是违法的，同样道理，未经他人同意打开别人的电子邮件也是不道德甚至是违法的。作为邮件服务器的管理员，一定要注意邮件系统的安全性，保护好用户的邮件数据，防止用户隐私泄露。同时，网上也经常出现很多广告、诈骗等垃圾邮件或非法邮件，管理员同样要做好预防工作。

知识目标

- 了解电子邮件的工作原理和组成。
- 了解 sendmail 和 postfix 的相关配置文件。
- 了解 dovecot 的配置文件。

技能目标

- 掌握 sendmail 的配置。
- 掌握 postfix 的配置。
- 掌握使用 Thunderbird 收发电子邮件的方法。

思政目标

- 提升邮件系统的安全性，预防垃圾邮件的产生。
- 保护邮件数据，防止用户邮件和隐私泄露。
- 培养严谨、细致的工作作风。

任务 13.1　认识邮件服务

知识指南

1. 邮件系统的工作原理

（1）邮件用户代理

邮件用户代理（mail user agent，MUA）为客户端软件，它可以提供用户读取、编辑、回复、及时处理邮件等功能。根据用户的需要，一个操作系统中可以同时存在多个 MUA 程序。一般常见的 MUA 程序包括 Linux 平台上的 mailx、elm 和 mh 等，以及 Windows 操作系统中的 Outlook 和 Foxmail。

（2）邮件传输代理

邮件传输代理（mail transfer agent，MTA）为服务器运行软件，即邮件服务器。用户使用 MUA 发送和接收邮件，实际上是由 MTA 完成的。与 MUA 不同，每个系统只能有一个 MTA 处于工作状态，负责邮件的发送，UNIX 类系统平台中使用较为广泛的 MTA 程序有 sendmail、postfix 等。

（3）邮件递送代理

邮件递送代理（mail delivery agent，MDA）为服务器运行软件，用来把 MTA 所接收的邮件传送至指定的邮箱。

2. 邮件系统

（1）邮件服务器

邮件服务器是指网络中运行相应网络协议，负责发送和接收用户电子邮件的服务器。

邮件交换服务器运行 SMTP，完成用户邮件的转发工作。

邮件接收服务器运行 POP 和 IMAP，接收电子邮件，并进行存储。

（2）邮箱

在指定邮件服务器上，用户可注册申请的邮箱，如 admin@rocky9.net，则 rocky9.net 域的邮件服务器会为该用户建立硬盘空间，存储该用户的信件。

（3）DNS 邮件交换记录

DNS 邮件交换记录（mail exchanger record，MX）是用于查询邮件服务器的 DNS 资源记录。客户端在发送电子邮件时，只会填写一个目的地的邮件地址，如 admin@rocky9.net，但并不知道 admin 的 MTA 邮件服务器地址，这时就必须通过 DNS 服务器存储的 rocky9.net 域的 MX 记录，查询该域的邮件服务器地址，否则邮件无法发送成功。

3．Rocky 9.3 搭建邮件服务器所需软件

通常在 Rocky 9.3 中搭建邮件服务器需要用到 sendmail+dovecot 或者 postfix+dovecot，其中 sendmail 和 postfix 负责邮件的发送和传递，dovecot 负责邮件的管理。由于默认情况下 sendmail 和 postfix 会有冲突，所以搭建邮件系统时只选择其中一个进行安装即可。

案例实施

1．认识相关软件包

以下主要以 sendmail 为例来介绍相关软件包的查询和安装，而对 postfix 的操作是相同的，所以就不再详细讲述。

（1）查询 sendmail 并安装

Rocky 9.3 默认没有安装 sendmail，可以使用 rpm 命令来查询，如图 13.1 所示。

```
[root@mail ~]# rpm -qa | grep sendmail
[root@mail ~]#
[root@mail ~]#
```

图 13.1　查询是否安装 sendmail

使用 dnf install sendmail sendmail-cf -y 命令安装 sendmail，如图 13.2 所示。

```
[root@mail ~]# dnf install sendmail sendmail-cf -y
Last metadata expiration check: 13:29:26 ago on Wed 10 Jan 2024 08:44:51 PM CST.
Dependencies resolved.
================================================================================
 Package            Architecture      Version               Repository     Size
================================================================================
Installing:
 sendmail           x86_64            8.16.1-11.el9         1             742 k
 sendmail-cf        noarch            8.16.1-11.el9         1             148 k
Installing dependencies:
 cyrus-sasl         x86_64            2.1.27-21.el9         2              71 k
 m4                 x86_64            1.4.19-1.el9          1             294 k
 procmail           x86_64            3.22-56.el9           1             178 k
 tinycdb            x86_64            0.78-18.el9           1              33 k

Transaction Summary
================================================================================
```

图 13.2　安装 sendmail

（2）查询 dovecot 并安装

使用 rpm -qa |grep dovecot 命令查询，结果显示 dovecot 默认没有安装，如图 13.3 所示。使用 dnf install dovecot -y 命令进行安装，如图 13.4 所示。

```
[root@mail ~]# rpm -qa | grep dovecot
[root@mail ~]#
[root@mail ~]#
```

图 13.3　查询 dovecot

```
[root@mail ~]# dnf install dovecot -y
Last metadata expiration check: 22:07:40 ago on Thu 11 Jan 2024 10:16:25 AM CST.
Dependencies resolved.
================================================================================================
 Package              Architecture Version                                  Repo      Size
================================================================================================
Installing:
 dovecot              x86_64       1:2.3.16-10.el9                          1         4.7 M
Installing dependencies:
 clucene-core         x86_64       2.3.3.4-42.20130812.e8e3d20git.el9       1         585 k
 libexttextcat        x86_64       3.4.5-11.el9                             1         209 k
 libicu               x86_64       67.1-9.el9                               2         9.6 M
 libstemmer           x86_64       0-18.585svn.el9                          1          83 k

Transaction Summary
================================================================================================
Install  5 Packages
```

图 13.4　安装 dovecot

2. sendmail 和 dovecot 相关服务操作

（1）启动服务

启动 sendmail 和 dovecot 服务。

```
[root@mail ~]# systemctl start sendmail
[root@mail ~]# systemctl start dovecot
```

（2）关闭服务

关闭 sendmail 和 dovecot 服务。

```
[root@mail ~]# systemctl stop dovecot
[root@mail ~]# systemctl stop sendmail
```

（3）查看服务状态

查看 sendmail 服务状态的相关命令如图 13.5 所示。

```
[root@mail ~]# systemctl status sendmail
● sendmail.service - Sendmail Mail Transport Agent
     Loaded: loaded (/usr/lib/systemd/system/sendmail.service; disabled; preset: disabled)
     Active: active (running) since Fri 2024-01-12 08:26:58 CST; 26s ago
    Process: 1881 ExecStartPre=/etc/mail/make (code=exited, status=0/SUCCESS)
    Process: 1882 ExecStartPre=/etc/mail/make aliases (code=exited, status=0/SUCCESS)
    Process: 1886 ExecStart=/usr/sbin/sendmail -bd $SENDMAIL_OPTS $SENDMAIL_OPTARG (code=ex>
   Main PID: 1887 (sendmail)
      Tasks: 1 (limit: 10821)
     Memory: 3.4M
        CPU: 245ms
     CGroup: /system.slice/sendmail.service
             └─1887 "sendmail: accepting connections"

Jan 12 08:26:58 mail.rocky9.net systemd[1]: Starting Sendmail Mail Transport Agent...
Jan 12 08:26:58 mail.rocky9.net sendmail[1887]: starting daemon (8.16.1): SMTP+queueing@01:>
Jan 12 08:26:58 mail.rocky9.net systemd[1]: sendmail.service: Can't open PID file /run/send>
Jan 12 08:26:58 mail.rocky9.net systemd[1]: Started Sendmail Mail Transport Agent.
lines 1-17/17 (END)
```

图 13.5　查看 sendmail 服务状态

任务 13.2　配置 sendmail 邮件服务器

知识指南

1. sendmail 的主配置文件

sendmail 服务的核心配置文件是/etc/mail/sendmail.cf，该配置文件的内容多为特定宏语言编写，复杂度较高。为了降低服务配置的复杂度，人们创建了 sendmail.mc 文件来代替 sendmail.cf 文件。管理员只需将 sendmail.mc 文件修改好后使用 m4 工具将结果导入 sendmail.cf 文件中即可，这大大降低了配置难度。

配置 sendmail 邮件服务器

如果想成功地架设 sendmail 服务器，除了需要了解 sendmail 的工作原理外，还需要清楚整个配置流程，以及每一步的作用。一个简单的 sendmail 服务器配置流程主要包括以下几个步骤。

1）配置 sendmail.mc 文件。

2）使用 m4 工具将 sendmail.mc 文件导入 sendmail.cf。

3）配置 local-host-names 文件。

4）设置允许接入网段（access.db）。

5）配置 dovecot。

6）建立邮箱用户。

7）配置服务器的 FQND。

8）重启服务，使配置生效。

2. 使用 m4 工具

在配置 sendmail 的过程中，需要使用 m4 工具将编辑好的 sendmail.mc 文件内容导入 sendmail.cf，命令格式如下：

```
[root@mail ~]# m4 /etc/mail/sendmail.mc > /etc/mail/sendmail.cf
```

3. 配置 local-host-names 文件

为了使 sendmail 服务正常工作，需要在 local-host-names 文件中添加主机名称或者主机别名，否则会提示错误。例如，邮件服务器有两个主机名称，分别是 mail.rocky9.net 和 mail1.rocky9.net，若只想收到发给 mail.rocky9.net 的邮件，那么只需添加 mail.rocky9.net 到 local-host-names 文件中。命令如下：

```
[root@mail ~]# vi /etc/mail/local-host-names
#local-host-names - include all aliases for your machine here
```

```
rocky9.net
mail.rocky9.net
```

4. 配置服务器的 FQDN

sendmail 启动时要读取本机的 FQDN，如果没有正确配置，会使服务启动时遇到问题。命令如下：

```
[root@localhost ~]# vi /etc/hostname
mail
[root@localhost ~]# vi /etc/hosts
172.168.0.3 mail.Rocky9.net mail
#第一字段为本机 IP 地址，第二字段为 FQDN，第三字段为本机主机名
[root@localhost ~]# hostname -F /etc/hostname
#重新读取主机名
```

> **小提示**
>
> 修改好 sendmail.mc 文件后，需要使用 m4 工具将结果导入 sendmail.cf。

案例实施

1. 配置 DNS 服务器

配置 mail 服务器，必须在 DNS 中添加 MX 记录。DNS 配置详见前面章节，然后在正向解析文件内添加 MX 记录，如图 13.6 所示。

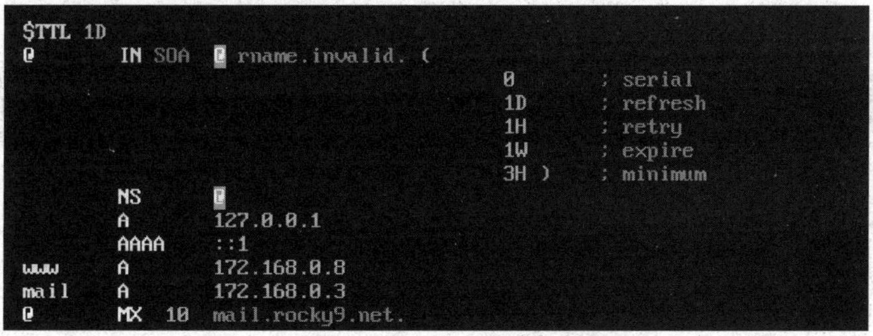

图 13.6　DNS 的 MX 记录

可以分别使用以下命令来验证 DNS 的 MX 记录是否正确。

```
[root@mail ~]# dig -t mx rocky9.net +short
[root@mail ~]# nslookup -q=mx rocky9.net
```

结果如图 13.7 和图 13.8 所示。

```
[root@mail ~]# dig -t mx rocky9.net +short
10 mail.rocky9.net.
[root@mail ~]#
```

图 13.7　使用 dig 验证的结果

```
[root@mail ~]# nslookup -q=mx rocky9.net
Server:         ::1
Address:        ::1#53

rocky9.net      mail exchanger = 10 mail.rocky9.net.

[root@mail ~]#
```

图 13.8　使用 nslookup 验证的结果

其中，图 13.8 最后一行第三字段数字 10 代表优先级，取值范围是 0～10，数字越小，优先级越高。

2. 编辑 sendmail 的配置文件 sendmail.mc

编辑配置文件 sendmail.mc 的命令如下：

```
[root@mail ~]#vi /etc/mail/sendmail.mc
```

找到第 56 行和第 57 行，把前面的注释去掉。在该配置文件里“dn1 #”代表注释，所以把这两行前的“dn1 #”去掉，如图 13.9 所示。

```
55 dnl #
56 TRUST_AUTH_MECH(`EXTERNAL DIGEST-MD5 CRAM-MD5 LOGIN PLAIN')dnl
57 define(`confAUTH_MECHANISMS', `EXTERNAL GSSAPI DIGEST-MD5 CRAM-MD5 LOGIN PLAIN')dnl
58 dnl #
```

图 13.9　修改 sendmail.mc 的第 56 和第 57 行

找到第 121 行，修改 Addr 的值为 0.0.0.0，允许监听所有 IP 地址，结果如图 13.10 所示。

```
120 dnl #
121 DAEMON_OPTIONS(`Port=smtp,Addr=0.0.0.0, Name=MTA')dnl
122 dnl #
```

图 13.10　修改 sendmail.mc 的第 121 行

3. 将配置好的 sendmail.mc 文件导入 sendmail.cf

使用 m4 工具将配置好的 sendmail.mc 文件导入 sendmail.cf，命令如下：

```
[root@mail ~]#m4 /etc/mail/sendmail.mc > /etc/mail/sendmail.cf
```

4. 设置允许接入的网段

（1）编辑 access 文件

编辑 access 文件，所用命令如下：

```
[root@mail ~]# vi /etc/mail/access
```

打开/etc/mail/access 文件添加两行，第一行是本域 rocky9.net，第二行是 0.0.0.0，表示全网段，结果如图 13.11 所示。

```
# By default we allow relaying from localhost...
rocky9.net              RELAY
0.0.0.0                 RELAY
```

图 13.11　修改 access 文件

（2）重新生成 access.db 数据

重新生成 access.db 数据，所用命令如下：

```
[root@mail ~]# makemap hash /etc/mail/access.db < /etc/mail/access
```

5. 设置 dovecot 文件

01 编辑 dovecot.conf 配置文件，找到第 24 行，将该行的注释去掉，允许使用 IMAP、POP3 和 LMTP 协议，所用命令如下，结果如图 13.12 所示。

```
[root@mail ~]#vi /etc/dovecot/dovecot.conf
```

```
23 # Protocols we want to be serving.
24 protocols = imap pop3 lmtp submission
25
```

图 13.12　修改 dovecot.conf 文件的第 24 行

02 编辑/etc/dovecot/conf.d/10-ssl.conf 配置文件，找到第 8 行，设置 ssl ＝ no，结果如图 13.13 所示。

```
[root@mail ~]# vi /etc/dovecot/conf.d/10-ssl.conf
```

```
7 # plain imap and pop3 are still allowed for local connections
8 ssl = no
9
```

图 13.13　修改 10-ssl.conf 文件的第 8 行

03 编辑/etc/dovecot/conf.d/10-auth.conf 配置文件，找到第 10 行，设置 disable_plaintext_ auth = no，结果如图 13.14 所示。

```
[root@mail ~]# vi /etc/dovecot/conf.d/10-auth.conf
```

```
 9 # See also ssl=required setting.
10 disable_plaintext_auth = no
11
```

图 13.14　修改 10-auth.conf 文件的第 10 行

04 编辑/etc/dovecot/conf.d/10-mail.conf 配置文件，找到第 25 行，把注释去掉，结果如图 13.15 所示。

```
[root@mail ~]# vi /etc/dovecot/conf.d/10-mail.conf
```

```
24 #   mail_location = maildir:~/Maildir
25     mail_location = mbox:~/mail:INBOX=/var/mail/%u
26 #   mail_location = mbox:/var/mail/%d/%1n/%n:INDEX=/var/indexes/%d/%1n/%n
```

图 13.15　修改 10-mail.conf 文件的第 25 行

6. 修改 local-host-names 文件

通过 vi /etc/mail/local-host-names 命令修改 local-host-names 文件，如图 13.16 所示。

```
# local-host-names - include all aliases for your machine here.
rocky9.net
```

图 13.16　修改 local-host-names 文件

7. 修改服务器的 FQDN

修改服务器的 FQDN，所用命令如下：

```
[root@localhost ~]# vi /etc/hostname
mail
[root@localhost ~]# vi /etc/hosts
172.168.0.3 mail@rocky9.net mail
[root@localhost ~]# hostname -F /etc/hostname
```

8. 建立邮箱用户

建立用户并设置口令，所用命令如下：

```
[root@mail ~]#useradd -g mail mail1
[root@mail ~]#passwd mail1
[root@mail ~]#useradd-g mail mail2
[root@mail ~]#passwd mail2
```

9. 重启服务

重启 dovecot 和 sendmail 服务，所用命令如下：

```
[root@mail ~]#systemctl restart dovecot
[root@mail ~]#systemctl restart sendmail
```

至此，sendmail 服务器配置完成。

小提示

sendmail 功能比较强大，其程序代码非常庞大，配置较为复杂，并且与 DNS 服务紧密相连，一旦有一个环节出现问题，就可能导致用户收发邮件异常。下面介绍 sendmail 配置的常见错误。

1. 无法连接邮件服务器

客户端发送邮件时，如果收到无法连接到邮件服务器的信息，则很有可能是因为 DNS 出现了错误。如果出现这个问题，可以分别在客户端和 DNS 服务器查找原因。

- 客户端：检查客户端配置的 DNS 指向和 IP 地址是否正确。
- DNS 服务器：打开 DNS 服务器的 name.comf 文件，检查邮件服务器的区域配置是否完整，并查看对应的区域数据文件的 MX 记录。

2. 身份验证失败

如果在收发邮件时，频繁提示输入用户名和密码，则可能是服务器的用户没有加入 mail 组或者 dovecot 配置不正确。

任务 13.3　配置 postfix 邮件服务器

知识指南

1. postfix 的主配置文件

在最小化安装的 Rocky 9.3 系统中，postfix 并没有默认安装，需要自行安装。postfix 的主配置文件是/etc/postfix/main.cf，大多数配置都由该文件来指定。

配置 postfix 邮件服务器

2. 常见的配置参数

postfix 的配置格式形如“参数名=值”，注释则用“#”表示，如果要引用配置文件的参数，可以用“$+参数名”的形式。常用的参数及说明如下。

- myhostname：指定所在主机的主机名，默认为本地机器名。需要注意的是，一定要用 FQDN 的形式，如 mail.rocky9.net。
- mydomain：指定所在的域名，默认为 myhostname 指定的域名。
- myorigin：指定发件人所在的域名，默认为$mydomain。
- mydestination：指定本服务器可以接收的邮件的域名，如用户 mail1@rocky9.net 通过该服务器接收邮件，那么 mydestination 的值应该设置为 rocky9.net。该参数可以有多个值，多个值之间用“，”分开。
- mynetworks：指定所在的网络。
- inet_interfaces：指定 postfix 监听的网络地址，默认为所有地址。

- home_mailbox：指定邮件存储的位置。

3. postfix 邮件系统的配置步骤

下面是一个简单的 postfix 邮件系统的配置步骤。

1）配置 main.cf 文件。

2）配置 dovecot。

3）建立邮箱用户。

4）重启服务，使配置生效。

案例实施

1. 配置 DNS 服务器

在 DNS 服务器上增加邮件域的 MX 记录，前文已经介绍，这里不再赘述。

2. 配置 postfix 主配置文件

打开并编辑 postfix 主配置文件的命令如下：

```
[root@mail ~]#vi /etc/postfix/main.cf
```

找到第 94 行和第 102 行，把前面的注释去掉。更改参数 myhostname 的值为 mail.rocky9.net，mydomain 的值为 rocky9.net，如图 13.17 所示。

```
 93 #
 94 myhostname = mail.rocky9.net
 95 #myhostname = virtual.domain.tld
 96
 97 # The mydomain parameter specifies the local internet domain name.
 98 # The default is to use $myhostname minus the first component.
 99 # $mydomain is used as a default value for many other configuration
100 # parameters.
101 #
102 mydomain = rocky9.net
103
```

图 13.17　更改主机名和域名

找到第 118 行，去掉注释，指定发件人所在的域名为$mydomain，结果如图 13.18 所示。这里使用“$”来引用 mydomain 的值。

```
117 #myorigin = $myhostname
118 myorigin = $mydomain
119
```

图 13.18　指定发件人所在的域

找到第 132 行，把注释去掉，让 postfix 监听所有网络接口；找到第 135 行，在前面加上注释，结果如图 13.19 所示。

```
131 #
132 inet_interfaces = all
133 #inet_interfaces = $myhostname
134 #inet_interfaces = $myhostname, localhost
135 #inet_interfaces = localhost
136
```

图 13.19　配置监听

注释第 183 行，把第 184 行的注释去掉，更改接收邮件域的范围，结果如图 13.20 所示。

```
182 #
183 #mydestination = $myhostname, localhost.$mydomain, localhost
184 mydestination = $myhostname, localhost.$mydomain, localhost, $mydomain
185 #mydestination = $myhostname, localhost.$mydomain, localhost, $mydomain,
```

图 13.20　设定接收域

3. 其他配置步骤

其他配置步骤包括设置 dovecot，建立邮箱用户，重启 postfix 和 dovecot 服务。这几步配置与任务 13.2 相同，这里不再赘述。

任务 13.4　使用 Thunderbird 测试邮件服务

知识指南

Thunderbird 是一款由 Mozilla 开发的一款功能丰富、易用性强的邮件客户端，支持 Windows、macOS 和 Linux 等多种操作系统，支持 IMAP 和 POP3 等多种邮件协议，方便用户管理多个电子邮件账户。除了基础的邮件收发功能外，还提供日历、联系人管理和任务清单等工具，让用户更高效地管理电子邮件和日常任务。此外，Thunderbird 还具备垃圾邮件过滤器和 RSS 阅读器等功能，让用户更加轻松地管理电子邮件和订阅内容。通过插件扩展，用户还可以为 Thunderbird 添加更多功能和工具，提高工作效率。本任务重点介绍在 Rocky 9.3 下使用 Thunderbird 来测试 sendmail 服务。

使用 Thunderbird 测试邮件服务

案例实施

1. 安装 Thunderbird

01 建议使用桌面环境来运行 Thunderbird。打开终端，使用如下命令安装 Thunderbird 软件包，结果如图 13.21 所示。

```
[root@mail ~]# dnf install Thunderbird
```

```
Dependencies resolved.
================================================================================================================
 Package                  Architecture             Version                         Repository             Size
================================================================================================================
Installing:
 thunderbird              x86_64                   115.4.1-1.el9_2                 1                    107 M

Transaction Summary
================================================================================================================
Install  1 Package

Total size: 107 M
Installed size: 291 M
```

图 13.21　安装 Thunderbird

首次打开 Thunderbird，系统自动弹出输入已有的邮箱地址对话框。

02 输入邮箱信息后，单击“Continue”按钮，进入选择协议窗口，这里选择默认的 IMAP 协议，然后单击“Done”按钮。

03 因为我们的服务器没有配置使用加密协议，所以会弹出安全警告信息，选中右下角的“I understand the risks”复选框，意思为“我理解这些风险”，然后单击“Confirm”按钮进入下一步，单击“Finish”按钮完成账户配置。

04 添加好 mail1 账号后，右击邮箱名字会弹出快捷菜单，如图 13.22 所示，选择“Settings”选项进入账号设置窗口，可以对账号进行更多的设置。这里选择“Account Actions”选项，在弹出的菜单中选择“Add Mail Account”选项，如图 13.23 所示，可以增加更多的账号，如 mail2@rocky9.net。

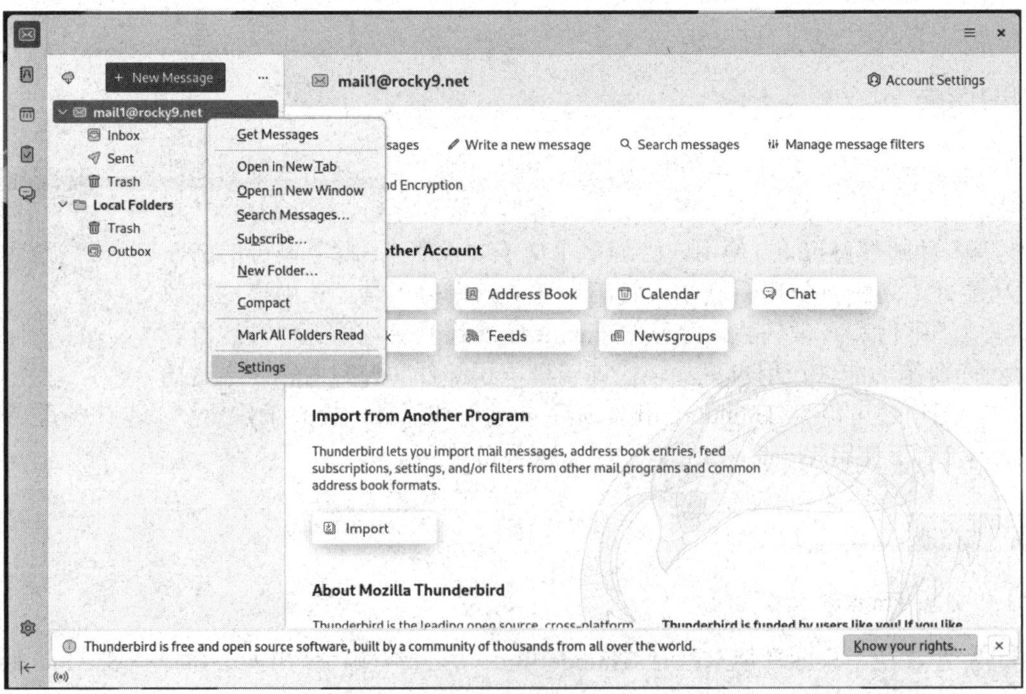

图 13.22　邮箱快捷菜单

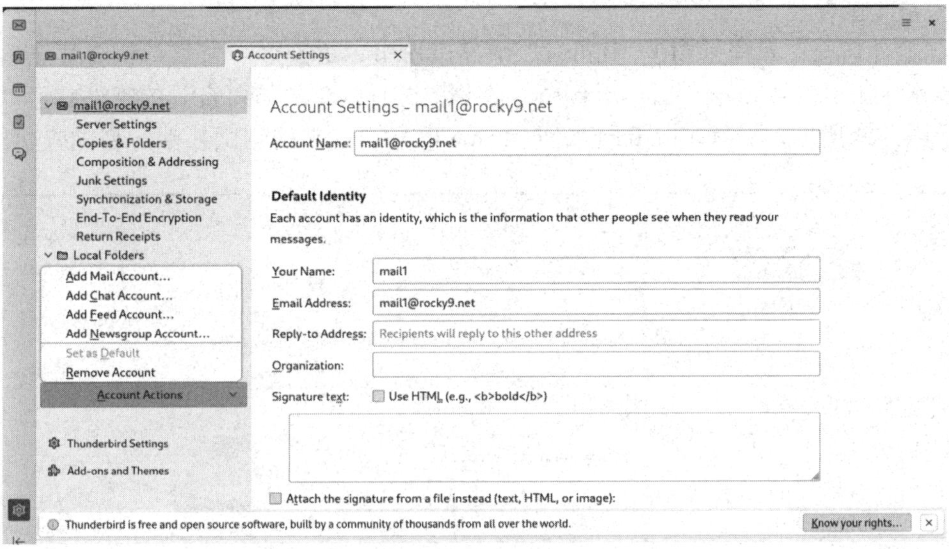

图 13.23　账号管理

2. 发送和接收邮件

（1）发送邮件

账户创建完毕后，使用 mail1 向 mail2 发送一封测试邮件。单击左上角“+ New Message”按钮，会弹出写邮件窗口，根据需求填写好邮件信息后单击“Send”按钮即可发送，如图 13.24 所示。

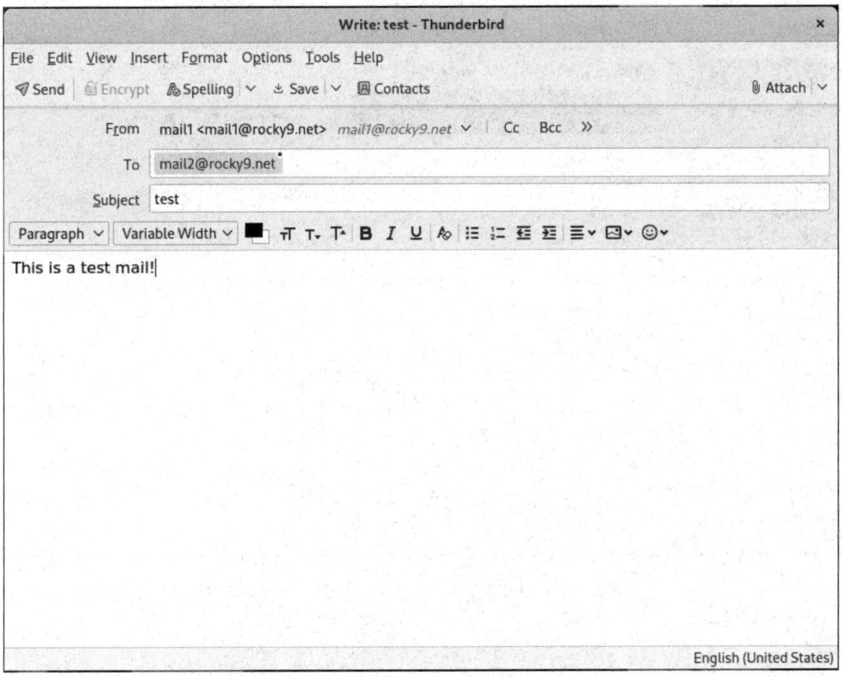

图 13.24　发送测试邮件

（2）接收邮件

收到邮件后会在对应邮箱的“Inbox”中显示出来，收到多少封邮件也会显示出来，如图 13.25 所示。单击“Inbox”后会看到所有收到的邮件，单击需要查看的邮件就可以打开邮件，如图 13.26 所示。显然，mail2 已经收到 mail1 发送过来的测试邮件，测试成功。

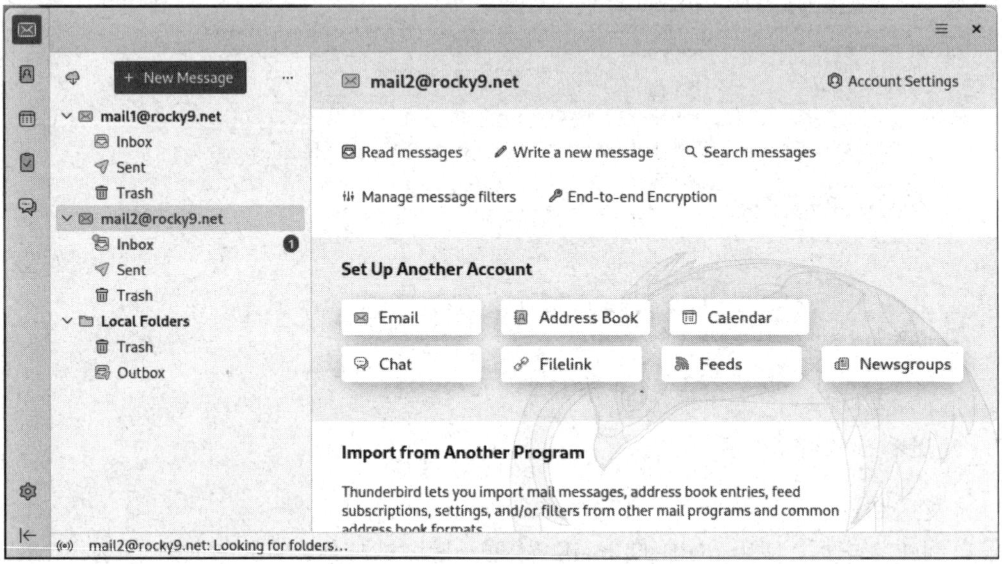

图 13.25　收到邮件

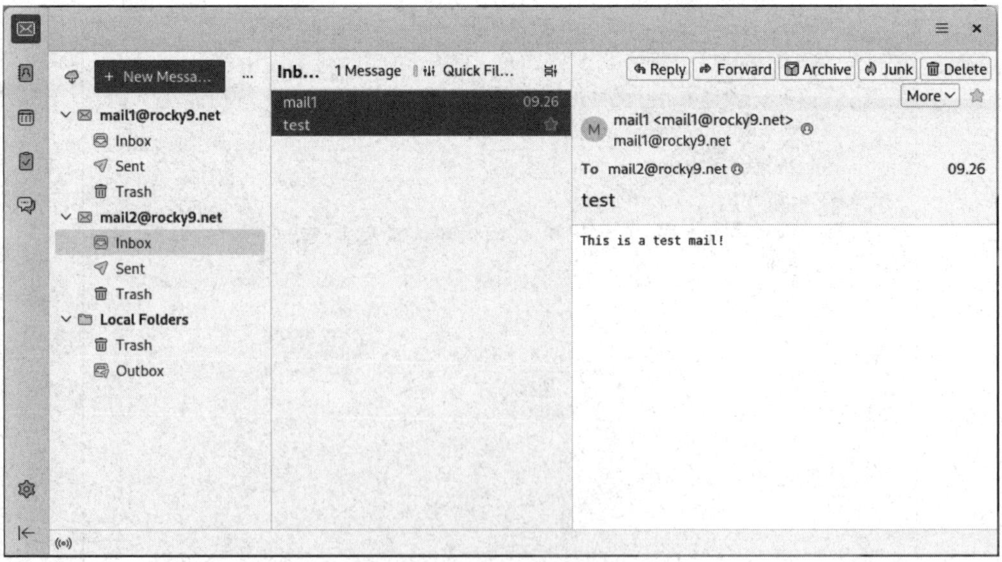

图 13.26　查看邮件

总 结 提 高

1. 小结

sendmail+dovecot 和 postfix+dovecot 是常用的邮件服务器组合，sendmail+dovecot 的搭建步骤比较多，主要配置的文件如下：配置 sendmail 时，需要配置/etc/mail/目录下的 sendmail.mc、access 和 local-host-names；配置 dovecot 时，需要配置/etc/dovecot/目录下的 dovecot.conf 和/etc/dovecot/conf.d/目录下的 10-auth.conf、10-ssl.conf 和 10-mail.conf。postfix+dovecot 相对简单一些，配置 postfix 时，只需要配置/etc/postfix/main.cf 文件，配置 dovecot 同上。

在创建邮件用户时，一定要把该用户加入 mail 组中，否则会无法正常使用 Thunderbird 收发邮件。另外，DNS 服务器中必须添加 MX 记录。

2. 提高

1）与邮件服务密切相关的 SMTP 和 POP3 使用的端口号是什么？

2）邮件传输的过程是怎样的？

3）邮件服务器连接不上时，可能存在哪些问题？

4）自行查找资料，配置基于 SASL 用户认证的邮件系统。

项 目 实 训

分别使用 sendmail 和 postfix 根据要求搭建邮件系统服务，并使用 Thunderbird 进行测试。使用 3 台虚拟机，设置如表 13.1 所示。

表 13.1　虚拟机设置

FQDN	服务	系统
ns.test.com	dns	Rocky 9.3
mail. test.com	mail	Rocky 9.3
cl. test.com	测试	Windows 10

服务器 ns.test.com 作为 DNS 服务器为全域提供 DNS 服务；mail.test.com 作为邮件服务器，在该服务器上创建 user1 和 user2 用户，使它们能通过邮件通信；cl.test.com 作为测试机，使用 Thunderbird 来测试邮件的收发。

项目 14

远程访问 Linux 服务器

案例需求

某公司服务器的 IP 地址为 172.168.0.100，为方便管理公司服务器，在服务器上配置了远程访问。初期为了方便，使用 telnet 实现远程管理，熟悉一段时间后，考虑到 telnet 是使用明文方式传送口令和数据的，通过相关的技术手段就可以非常容易地截获这些口令和数据，所以决定后期采用更安全的 SSH 服务来实现。

需求分析

为了工作方便，及时对服务器进行维护以保证正常工作，Linux 系统管理员必须掌握远程管理服务器的方法。远程登录出现的时间较早，而且这类服务一直在网络管理中发挥着非常重要的作用。服务器管理员能够通过远程方式，随时随地进行远程管理操作。随着远程登录服务功能的完善，登录服务成为互联网较广泛的应用。本项目将介绍远程登录的原理及 telnet 和 SSH 的配置与操作方法。

远程登录方便快捷，能提高工作效率。本项目介绍的 telnet 和 SSH 各有优点和缺点，telnet 连接时直接建立 TCP 连接，所有传输的数据都是明文传输，所以是一种不安全的方式。SSH 为建立在应用层基础上的安全协议，是比较可靠、安全的协议，但 SSH 经过加密算法，收报文需要解密，发报文需要加密，导致其传输速度、效率较 telnet 低很多。习近平总书记始终高度重视网络安全工作，强调没有网络安全就没有国家安全。国家出台多部法律法规保护企事业单位、个人的信息安全。作为网络管理人员，应充分考虑服务的应用场景，把好网络安全关，提高维护网络安全的能力。同时，要遵守法律法规，自觉履行职业道德，保护好远程登录的用户和密码。

知识目标

- 了解 telnet 和 SSH 服务的功能和原理。
- 了解 telnet 和 SSH 服务的相关配置文件。

技能目标

- 掌握 telnet 的配置和远程登录方法。
- 掌握 SSH 的配置和远程登录方法。

思政目标

- 树立主动保护登录账户和密码的意识。
- 提高远程登录的安全意识、风险防范意识。
- 遵纪守法，有良好的职业操守和职业素养。

任务 14.1　认识 telnet 服务

知识指南

telnet 采用 C/S 模式。远程登录时，用户的实终端采用用户终端格式与 telnet 客户端进行通信；远程主机采用远程系统格式与远程 telnet 服务器进程进行通信。通过 TCP 连接，telnet 客户端进程与 telnet 服务器进程之间可以采用网络虚拟终端标准进行通信。

认识 telnet 服务

1. telnet 的功能

telnet 是 Internet 远程登录服务的标准协议和主要方式，最初由美国高级研究计划署（Advanced Research Project Agency，ARPANET）开发，现在主要用于 Internet 会话，它的基本功能是允许用户登录远程主机系统。

telnet 可以让管理员坐在自己的计算机前通过 Internet 网络登录到另一台远程计算机上，这台远程计算机可以是在隔壁的房间里，也可以是在地球的另一端。当登录上远程计算机后，本地计算机就等同于远程计算机的一个终端，可以用本地的计算机直接操纵远程计算机，享受远程计算机本地终端同样的操作权限。

2. telnet 的工作原理

当使用 telnet 登录远程计算机系统时，事实上启动了两个程序：一个是 telnet 客户程序，运行在本地主机上；另一个是 telnet 服务器程序，运行在要登录的远程计算机上。通常客户端程序会完成以下操作。

1）建立与远程服务器的 TCP 连接。
2）从键盘上接收本地输入的字符。
3）将输入的字符串变成标准格式并传送给远程服务器。
4）从远程服务器接收输出的信息。
5）将该信息显示在本地主机屏幕上。

远程服务器在接收客户端请求后，会进行相应的处理。

1）通知客户端，远程主机已经准备好。
2）等候用户输入命令。
3）执行客户端发送的指令。
4）把执行命令的结果送回客户端。
5）重新等候新的命令。

3. telnet 的安全隐患

虽然 telnet 较为简单、实用且方便，但是在格外注重安全性的现代网络技术中，telnet

并不被重用，原因在于 telnet 是一个明文传送协议，它将用户的所有内容，包括用户名和密码都使用明文在互联网上传送，具有一定的安全隐患，因此许多服务器都会选择禁用 telnet 服务。如果要使用 telnet 的远程登录，使用前应在远端服务器上检查，并设置允许 telnet 服务的功能。

案例实施

1. 认识 telnet 服务相关软件包

telnet 服务共有两个软件包：一个是服务器软件包，另一个是客户端软件包。在安装之前可以使用 rpm 命令来查看是否已经安装了相关的软件包。

查询 telnet 是否已安装的命令如图 14.1 所示。

```
[root@rocky9 dhcp]# rpm -qa |grep telnet
[root@rocky9 dhcp]# yum install -y telnet*
上次元数据过期检查：2:39:57 前，执行于 2024年01月02日 星期二 14时31分52秒。
依赖关系解决。
================================================================================
 软件包              架构          版本              仓库                     大小
================================================================================
安装：
 telnet              x86_64        1:0.17-85.el9     InstallMedia-AppStream   63 k
 telnet-server       x86_64        1:0.17-85.el9     InstallMedia-AppStream   38 k

事务概要
================================================================================
安装  2 软件包

总计：101 k
安装大小：179 k
下载软件包：
运行事务检查
事务检查成功。
运行事务测试
事务测试成功。
运行事务
  准备中  :                                                                 1/1
  安装    : telnet-1:0.17-85.el9.x86_64                                     1/2
  安装    : telnet-server-1:0.17-85.el9.x86_64                              2/2
  运行脚本: telnet-server-1:0.17-85.el9.x86_64                              2/2
  验证    : telnet-server-1:0.17-85.el9.x86_64                              1/2
  验证    : telnet-1:0.17-85.el9.x86_64                                     2/2

已安装：
  telnet-1:0.17-85.el9.x86_64              telnet-server-1:0.17-85.el9.x86_64

完毕！
[root@rocky9 dhcp]# rpm -qa |grep telnet
telnet-0.17-85.el9.x86_64
telnet-server-0.17-85.el9.x86_64
[root@rocky9 dhcp]#
```

图 14.1　查询 telnet 是否已安装

小提示

如果系统还未安装 telnet 相关软件包，可使用 yum 或 dnf 命令安装软件，如 yum install -y telnet-server。

2. 启动和关闭 telnet 相关服务

（1）启动 telnet 相关服务

启动 telnet 相关服务的命令如图 14.2 所示。

```
[root@telnet ~]# systemctl start telnet.socket
[root@telnet ~]# nmap 172.168.0.100 -p 23
Starting Nmap 7.92 ( https://nmap.org ) at 2024-01-02 18:21 CST
Nmap scan report for 172.168.0.100
Host is up (0.000085s latency).

PORT   STATE SERVICE
23/tcp open  telnet

Nmap done: 1 IP address (1 host up) scanned in 13.12 seconds
[root@telnet ~]#
```

图 14.2　启动 telnet 相关服务

小提示

可通过 nmap 172.168.0.100 -p 23 查看 telnet 服务是否运行。

（2）关闭 telnet 相关服务

关闭 telnet 相关服务的命令如图 14.3 所示。

```
[root@telnet ~]# systemctl stop telnet.socket
[root@telnet ~]#
```

图 14.3　关闭 telnet 相关服务

任务 14.2　配置 telnet 服务

知识指南

telnet 服务器端的配置不需要做任何的修改，就可以工作得很好。出于安全考虑，把默认端口更改为 2323。

配置 telnet 服务

案例实施

1. 启动服务

启动服务并设置为开机自启动，如图 14.4 所示。

```
[root@telnet ~]# systemctl start telnet.socket
[root@telnet ~]# systemctl enable telnet.socket
Created symlink /etc/systemd/system/sockets.target.wants/telnet.socket → /usr/lib/systemd/system/telnet.socket.
[root@telnet ~]#
```

图 14.4　启动服务并设置为开机自启动

2. 远程登录测试

使用一台 sz-cli2 客户机，进行远程登录测试，如图 14.5 所示。

```
[root@sz-cli2 ~]# telnet 172.168.0.100
Trying 172.168.0.100...
Connected to 172.168.0.100.
Escape character is '^]'.

Kernel 5.14.0-362.8.1.el9_3.x86_64 on an x86_64
telnet login: root
Password:
Last login: Tue Jan  2 21:04:22 from ::ffff:172.168.0.5
[root@telnet ~]#
```

图 14.5　客户机远程登录测试

小提示

如果出现不能连接的问题，可能是服务器端口没有开放，为了方便测试，可设置 telnet 服务器的 SELINUX：setenforce 0 和关闭防火墙：systemctl stop firewalld.service。

3. 更改 telnet 端口号

编辑配置文件/etc/services，把原端口 23 改为 2323，如图 14.6 所示。

```
46 telnet          2323/tcp
47 telnet          2323/udp
```

图 14.6　更改 telnet 端口号

修改配置文件/usr/lib/systemd/system/telnet.socket 中的默认端口，如图 14.7 所示。

```
6 ListenStream=2323
```

图 14.7　修改 telnet 默认端口

4. 重启服务

重启服务所用命令如图 14.8 所示。

```
[root@telnet ~]# systemctl restart telnet.socket
Warning: The unit file, source configuration file or drop-ins of telnet.socket changed on disk. Run 'systemctl daemon
-reload' to reload units.
[root@telnet ~]# systemctl enable telnet.socket
[root@telnet ~]# systemctl restart telnet.socket
[root@telnet ~]#
```

图 14.8　重新启动服务

5. 测试

使用一台 sz-cli2 客户机，再次进行远程登录测试，使用默认 23 端口，连接被拒绝，使用 2323 端口，连接成功，如图 14.9 所示。

```
[root@sz-cli2 ~]# telnet 172.168.0.100 2323
Trying 172.168.0.100...
Connected to 172.168.0.100.
Escape character is '^]'.


Kernel 5.14.0-362.8.1.el9_3.x86_64 on an x86_64

telnet login: root
Password:
Last login: Tue Jan  2 19:18:27 from ::ffff:172.168.0.88
[root@telnet ~]#
```

图 14.9　客户机远程登录测试

使用一台 Windows 11 客户机、telnet 172.168.0.100 2323 进行远程登录测试，如图 14.10 所示。

```
Telnet 172.168.0.100

Kernel 5.14.0-362.8.1.el9_3.x86_64 on an x86_64
telnet login: root
Password:
Last login: Tue Jan  2 19:05:58 from ::ffff:172.168.0.88
[root@telnet ~]#
```

图 14.10　Windows 11 客户机远程登录测试

小提示

Windows 11 默认是禁用 telnet 服务的，所以如果要使用 Windows 11 作为客户端进行测试，需要依次选择“控制面板”→“程序和功能”→“启用或关闭 Windows 功能”，然后在弹出的“Windows 功能”对话框中选择“Telnet 客户端”选项。

任务 14.3　SSH 服务概述

知识指南

安全外壳（secure shell，SSH）是专为远程登录会话和其他网络服务提供安全性的协议。

SSH 服务概述

1. SSH 的功能

传统的网络访问 telnet 在通信时是不安全的，因为 telnet 是使用明文方式传送口令和数据的，通过相关的技术手段就可以非常容易地截获这些口令和数据。SSH 使用 C/S 模式进行通信，客户端程序加密数据，然后提交至 SSH 服务器，服务器进行审核，如果通过审核并且其他安全策略允许，则客户端能够登录服务器进行操作。使用 SSH 还有一个额外的好处就是传输的数据是经过压缩的，所以可以加快传输的速度。SSH 有很多功能，它既可以代替 telnet，又可以为 FTP、POP 甚至 PPP 提供一个安全的“通道”。

2. SSH 的验证方式

从客户端来看，SSH 提供两种级别的安全验证。

（1）基于口令的安全验证

只要知道自己的账号和密码，就可以登录到远程主机。所有传输的数据都会被加密，但是不能保证正在连接的服务器就是想连接的服务器，可能会有别的服务器在冒充真正的服务器，也就是受到“中间人”这种方式的攻击。

（2）基于密钥的安全验证

这种验证方式需要依靠密钥，也就是用户必须为自己创建一对密钥，并把公用密钥放在需要访问的服务器上。如果要连接到 SSH 服务器，客户端软件就会向服务器发出请求，请求用用户的密钥进行安全验证。服务器收到请求之后，先在该服务器上用户的主目录下寻找用户的公用密钥，然后把它和用户发送过来的公用密钥进行比较。如果两个密钥一致，服务器就用公用密钥加密“质询”（challenge）并把它发送给客户端软件。客户端软件收到“质询”之后就可以用用户的私人密钥解密，再把它发送给服务器。

使用这种方式，必须知道自己密钥的口令。与第 1 种级别相比，第 2 种级别不需要在网络上传送口令，而且“中间人”这种攻击方式也是不可能的（因为它没有用户的私人密钥）。

案例实施

1. 认识 SSH 相关软件包

安装 SSH 需要如图 14.11 所示的软件包。在安装之前，可以使用 rpm 命令来查看是否已经安装过相关软件包，经查看系统已默认安装 openssh。

```
[root@ssh ~]# rpm -qa |grep openssh
openssh-8.7p1-34.el9.x86_64
openssh-clients-8.7p1-34.el9.x86_64
openssh-server-8.7p1-34.el9.x86_64
[root@ssh ~]#
```

图 14.11　安装 SSH 所需软件包

2. 重启和关闭 SSH 服务

（1）重启 SSH 服务

重启 SSH 服务的命令如图 14.12 所示。

```
[root@ssh ~]# systemctl start sshd
```

图 14.12　重启 SSH 服务

（2）关闭 SSH 服务

关闭 SSH 服务的命令如图 14.13 所示。

```
[root@ssh ~]# systemctl stop sshd
```

图 14.13　关闭 SSH 服务

任务 14.4　配置 SSH 服务

知识指南

Openssh 常用的配置文件为/etc/ssh/ssh_config 和/etc/ssh/sshd_config，其中/etc/ssh/ssh_config 为客户端配置文件，/etc/ssh/sshd_config 为服务器配置文件。默认情况下，SSH 使用传统口令认证，在这种认证方式下，不需要进行任何配置，用户就可以使用 SSH 服务器中存在的账号和口令进行登录。

配置 SSH 服务

密钥认证需要依靠密钥，首先创建一对密钥，并把公用密钥保存于远程服务器上，当登录远程服务器时，客户端会向服务器发出请求，请求用自己的密钥进行认证。当服务器收到该请求后，会先在该服务器的用户目录下寻找公用密钥，然后检查公用密钥是否合法，如果合法，公用密钥加密生成随机数，并返回给客户端；客户端收到服务器回应后，使用私人密钥将数据解密并发送给服务器。服务器经过比较就可以确定客户端连接的合法性。SSH 常用选项汇总如表 14.1 所示。

表 14.1　SSH 常用选项汇总

选项	说明
Port	设置 sshd 监听的端口号
PermitRootLogin	设置 root 用户是否可以使用 SSH 登录
PasswordAuthentication	设置是否允许口令认证
PermitEmptyPasswords	设置是否允许口令为空的账号登录
AllowUsers	设置允许的用户，数量可以为多个，用空格隔开

案例实施

1. 配置远程服务器

前面提到过，一般情况下 SSH 使用默认配置就可以正常工作，这里出于服务器安全考虑，编辑/etc/ssh/sshd_config 文件，将第 65 行前面的“#”去掉，如图 14.14 所示。

```
65 PasswordAuthentication yes
```

图 14.14　将第 65 行前面的“#”去掉

2. 在客户端生成密钥

在生成密钥前，需要在服务器和客户端创建相同的 szclient 用户，然后在客户端生成密钥，如图 14.15 所示。

```
[root@sz-cli2 ~]# su - szclient
[szclient@sz-cli2 ~]$ ssh-keygen -t rsa -P ''
Generating public/private rsa key pair.
Enter file in which to save the key (/home/szclient/.ssh/id_rsa):
Created directory '/home/szclient/.ssh'.
Your identification has been saved in /home/szclient/.ssh/id_rsa
Your public key has been saved in /home/szclient/.ssh/id_rsa.pub
The key fingerprint is:
SHA256:Cuyv6w6338agXDWQ8UVXf1KTEMc8PAXK9StlS/viDeQ szclient@sz-cli2
The key's randomart image is:
+---[RSA 3072]----+
|       .o .o .+X+=|
|       o. . o o.@.|
|        ..   o .+*|
|   .     o     +.=|
|    o  .S.    ..+ |
|   . .o.     o. . |
|  ..oo.o      E . |
|   ooo .o      . +|
|   o*+o..      . .|
+----[SHA256]-----+
[szclient@sz-cli2 ~]$ ll .ssh/
总用量 8
-rw-------. 1 szclient szclient 2602  1月   3 19:00 id_rsa
-rw-r--r--. 1 szclient szclient  570  1月   3 19:00 id_rsa.pub
[szclient@sz-cli2 ~]$
```

图 14.15　在客户端生成密钥

生成密钥过程中提示输入密钥文件的保存路径，按 Enter 键使用默认路径。

-P 表示密码，-P '' 表示空密码。也可以不用-P 参数，这样就要按 3 次 Enter 键，使用-P 参数时按一次 Enter 键即可。它在/home/szclient 下生成.ssh 目录，该目录下有 id_rsa 和 id_rsa.pub。

3. 发布公用密钥

（1）发布公用密钥到服务器

可以在客户端使用 scp 命令发布公用密钥到服务器，如图 14.16 所示。

```
[szclient@sz-cli2 ~]$ scp .ssh/id_rsa.pub szclient@172.168.0.100:/home/szclient/id_rsa_pub
szclient@172.168.0.100's password:
id_rsa.pub                                              100%  570    741.3KB/s   00:00
[szclient@sz-cli2 ~]$
```

图 14.16 在客户端使用 scp 命令发布公用密钥到服务器

因为还没有免密码登录，所以要在 password 处输入 SSH 服务器创建的 szclient 用户密码进行验证。

（2）在服务器端转存公用密钥

在服务器端将公用密钥转存到 authorized_keys 文件中，如图 14.17 所示。

```
[root@ssh ~]# su - szclient
[szclient@ssh ~]$ mkdir .ssh
[szclient@ssh ~]$ ls
id_rsa_pub
[szclient@ssh ~]$ cat id_rsa_pub >/home/szclient/.ssh/authorized_keys
```

图 14.17 在服务器端将公用密钥转存到 authorized_keys

小提示

如果没有.ssh 目录，应先通过命令 mkdir .ssh 手动创建。

（3）更改权限

在服务器端更改相关目录的权限，如图 14.18 所示。

```
[szclient@ssh ~]$ chmod 600 .ssh/authorized_keys
[szclient@ssh ~]$ chmod 755 .ssh/
```

图 14.18 更改权限

4. 测试

通过“ssh 用户名@服务器”连接 SSH 服务器，如图 14.19 所示。

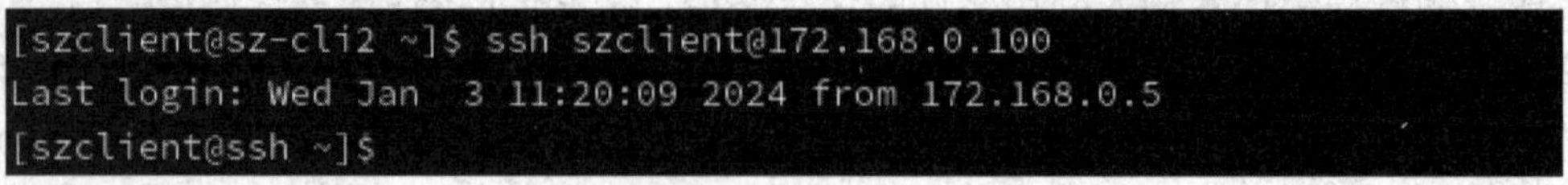

图 14.19　测试

小提示

1）SSH 客户端登录格式：ssh -l 账号 IP 地址 或 SSH 账号@主机名。

2）ssh-copy-id 的用法：

```
ssh-copy-id  -i myfile user@machine       //默认是 22 端口号
ssh-copy-id -i myfile 10021  user@machine //非 22 端口号的端口，假设是 10021
```

5. 免密码登录 SSH

SSH 是默认安装的，要保证网络安全性，可以通过禁用口令认证，这时只能通过密钥认证的方式来登录。密钥认证首先要在客户端生成密钥，再通过客户端发布公用密钥给服务器端，实现免密码登录。

（1）口令认证

默认情况下，SSH 使用传统的口令验证，传输数据会被加密，在使用这种认证方式时，不需要进行任何配置，用户就可以使用 SSH 服务。但是，口令验证不能保证连接的服务器就是真正的目的服务器。如果有其他服务器在冒充，客户端很有可能受到“中间人”攻击。

SSH 的命令格式如下：

```
ssh -l [远程主机账号] [远程服务器主机/IP]
```

例如，远程服务器 IP 地址为 172.168.0.100，账号为 szclient，则通过如下命令登录。

```
ssh -l szclient 172.168.0.100
```

（2）密钥认证

密钥认证需要依靠密钥。首先创建一对密钥，并把公用密钥保存在远程服务器中，当登录远程主机时，客户端软件就会向服务器发出请求，请求用自己的密钥进行认证。服务器收到请求之后，首先在该服务器的用户主目录下寻找公用密钥，然后检查此公用密钥是否合法，如果合法就用公用密钥加密生成随机数，并返回给客户端。客户端软件收到服务器的响应后，使用私人密钥将数据解密并发送给服务器。因为用公用密钥加密的数据只能用私人密钥解密，服务器经过比较就可以知道该客户连接的合法性。公用密钥与私人密钥进行数据传输的过程如图 14.20 所示。

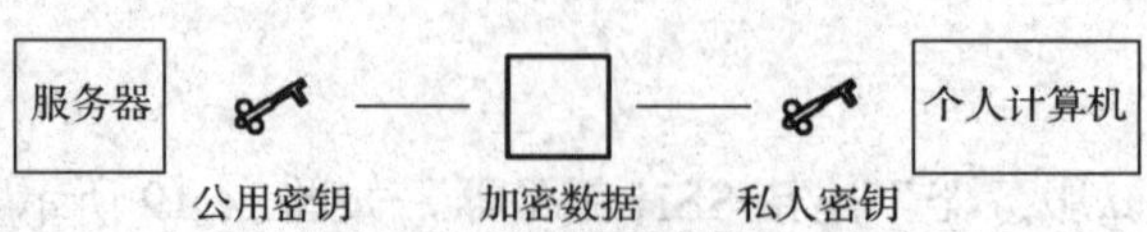

图 14.20　公用密钥与私人密钥进行数据传输的过程

总 结 提 高

1. 小结

远程管理服务最大的特点就是不受地理位置限制，实现对远程主机的控制。常见的两种服务是 telnet 与 SSH。

telnet 是以明文方式传送口令和数据的，在安全上存在非常大的漏洞。虽然可以修改默认端口号等，但出于安全考虑，并不推荐使用 telnet 服务。

SSH 是一种在不安全网络上提供安全远程登录及其他安全网络服务的协议，它基于公用密钥加密体系，把所有传输的数据进行加密，保证数据在传输时不被恶意破坏、泄露和篡改。Rocky 9.3 使用 Openssh 提供 SSH 服务。

2. 提高

1）如果修改了 telnet 和 SSH 服务器的端口号，那么会采用什么登录方式？

2）如何设置 SSH 服务器不允许使用 root 和用户口令为空的用户登录？

项 目 实 训

按以下要求配置远程登录服务。

1）建立 telnet 服务器，并使用客户端进行登录。

2）建立 SSH 服务器，使用密钥认证。

3）建立 telnet 服务器，修改服务器端口号为 10086。

4）建立 SSH 服务器，设置 root 用户不能登录。

项目 15

磁盘高级管理——LVM 和 RAID

案例需求

在学习安装 Linux 操作系统时选择了 20GB 硬盘，随着学习的深入，磁盘空间已经不够用了，默认安装时磁盘选择逻辑卷管理（logical volume manager，LVM），分区能否动态扩展大小呢？

某公司的 FTP 服务器新增加了两个硬盘，现管理员计划采用 LVM 来管理，建立逻辑卷 LVAnon 作为匿名用户存储空间，建立镜像逻辑卷 LVMirror 作为管理员的存储空间。两个硬盘的具体规划如表 15.1 所示。

表 15.1　新增硬盘规划

<table>
<tr><th>名称</th><th>总空间</th><th>规划分区及大小</th><th>LVM 规划</th></tr>
<tr><td>sdb</td><td>200GB</td><td>主分区 100GB；逻辑分区两个，分别为 50GB</td><td rowspan="2">使用 sdb5 和 sdc5 组成卷组并创建逻辑卷 LVAnon，大小为 80GB，挂载到/FTPAnon；使用 sdb6、sdc6 和 sdc7 组成卷组并创建镜像逻辑卷 LVMirror，大小为 40GB，挂载到/FTPRoot，其中 sdc7 存放日志文件</td></tr>
<tr><td>sdc</td><td>200GB</td><td>主分区 50GB；逻辑分区三个，前两个是 50GB，第三个是 10GB</td></tr>
</table>

另外，公司的服务器需要提高数据可靠性，有时还要提供容错能力。

需求分析

LVM 是一种常见的能动态管理计算机磁盘分区的机制。管理员可以在不改变原有逻辑卷使用的情况下对逻辑卷容量进行管理。本项目主要介绍 LVM，以及动态增加和减少 LVM 空间。

一般来说，事情的解决思路有两种：一种是灵活的、动态的，边做边看；一种是提前规划，充分考虑容错和自动纠错。LVM 和 RAID 分别就是这两种思路的典型代表，没有孰优孰劣，只有适合和不适合。

知识目标

- 了解 LVM 的工作原理。
- 了解 LVM 的构成。
- 了解 RAID 的原理。

技能目标

- 掌握 LVM 的配置和管理方法。
- 掌握RAID的创建方法。

思政目标

- 建立灵活、动态的规划思维。
- 建立自动纠错机制和备份思维。

任务 15.1 认识 LVM

知识指南

LVM 的主要原理是在物理硬盘上添加一个逻辑层，这个逻辑层是虚拟的、抽象的。LVM 能让管理员方便地扩展或减少逻辑卷的容量，灵活、方便地对逻辑卷命名，以获得更快的存储速度。

认识 LVM

1. LVM 中的基本概念

LVM 中有如下基本概念。

- 物理存储介质（physical storage media）：是指真实的物理硬盘或者分区。
- 物理卷（physical volume，PV）：是 LVM 的基本存储逻辑块，通常是某个磁盘的分区。在创建 PV 时，系统会把 LVM 相关的管理参数写入 PV 中，这也是它与普通分区最大的区别。
- 卷组（volume group，VG）：它由一个或多个 PV 组成，逻辑上类似一个大的物理硬盘，可以在上面创建分区（逻辑卷）。
- 逻辑卷（logical volume，LV）：是在 VG 上创建的分区。LV 格式化后即可直接使用。
- 物理扩展（physical extents，PE）：是 PV 中可用于分配的最小存储单元，它的大小可根据实际情况在建立 VG 时指定，一旦确定将不能更改，默认为 4MB。同一 VG 中的所有 PE 大小需要一致。一个 VG 最多可以由 65 536 个 PE 组成，所以 PE 的大小决定了 VG 的容量，默认一个 VG 的容量最多有 4MB×65 536= 256GB。
- 逻辑扩展（logical extents，LE）：是 LV 中可被寻址的基本单位。在同一个 VG 中，LE 和 PE 一一对应，大小完全相同。

2. LVM 模型

LVM 模型如图 15.1 所示，物理硬盘转变为 PV，一个或多个 PV 组成 VG，在 VG 上创建 LV。

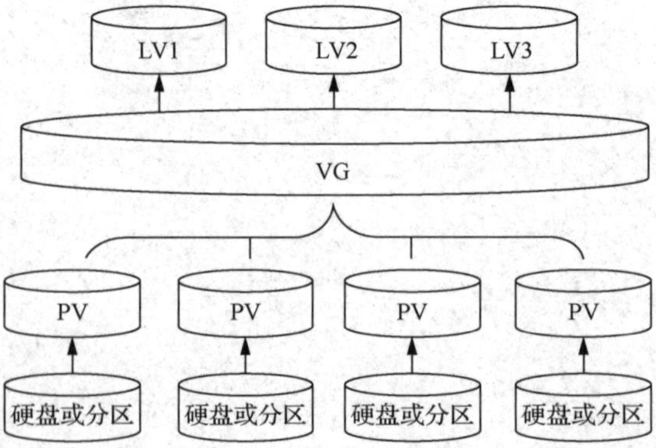

图 15.1 LVM 模型

3. 查看 PV、VG 和 LV

查看与显示当前系统的 PV 可以使用 pvs、pvscan 和 pvdisplay 命令，pvs 与 pvscan 显示出来的内容几乎相同，执行 pvscan 命令后会给出所有 PV 的统计数据，pvdisplay 命令则能非常详细地显示出各 PV 的情况。查看 VG 可以使用 vgs、vgscan 和 vgdisplay 命令；查看 LV 可以使用 lvs、lvscan 和 lvdisplay 命令。

以下为各命令的执行情况。

```
[root@www ~]# pvs
  PV         VG     Fmt    Attr  PSize     PFree
  /dev/sda2  cl_www lvm2   a--   <19.00g    0
[root@www ~]# pvscan
  PV /dev/sda2   VG cl_www        lvm2 [<19.00 GiB / 0    free]
[root@www ~]# pvdisplay /dev/sda2
  --- Physical volume ---
  PV Name               /dev/sda2
  VG Name               cl_www
  PV Size               <19.00 GiB / not usable 3.00 MiB
  Allocatable           yes (but full)
  PE Size               4.00 MiB
  Total PE              4863
  Free PE               0
  Allocated PE          4863
  PV UUID               tQ2dlE-LKzw-qN4t-FW2C-r7mw-Hcfi-CEu7DP
[root@www ~]# vgs
  VG     #PV #LV #SN Attr   VSize   VFree
  cl_www   1   2   0 wz--n- <19.00g    0
[root@www ~]# vgscan
  Reading all physical volumes.  This may take a while...
  Found volume group "cl_www" using metadata type lvm2
[root@www ~]# vgdisplay cl_www
  --- Volume group ---
  VG Name               cl_www
  System ID
  Format                lvm2
  Metadata Areas        1
  Metadata Sequence No  3
  VG Access             read/write
  VG Status             resizable
  MAX LV                0
  Cur LV                2
  Open LV               2
  Max PV                0
  Cur PV                1
```

```
  Act PV                 1
  VG Size                <19.00 GiB
  PE Size                4.00 MiB
  Total PE               4863
  Alloc PE / Size        4863 / <19.00 GiB
  Free  PE / Size        0 / 0
  VG UUID                fcn20I-D4h4-1DxK-OgyY-keOD-MYgS-oI8LGd
[root@www ~]# lvs
  LV   VG     Attr       Size  Pool Origin Data% Meta% Move Log Cpy%Sync Convert
  root cl_www -wi-ao---- <17.00g
  swap cl_www -wi-ao----  2.00g
[root@www ~]# lvscan
  ACTIVE            '/dev/cl_www/swap' [2.00 GiB] inherit
  ACTIVE            '/dev/cl_www/root' [<17.00 GiB] inherit
[root@www ~]# lvdisplay /dev/cl_www/root
  --- Logical volume ---
  LV Path                /dev/cl_www/root
  LV Name                root
  VG Name                cl_www
  LV UUID                FHh0Ga-9eNx-eDRm-EeRc-GfXW-tWLQ-QaN9Kh
  LV Write Access        read/write
  LV Creation host, time www.rocky9.net, 2020-04-07 01:37:19 +0800
  LV Status              available
  # open                 1
  LV Size                <17.00 GiB
  Current LE             4351
  Segments               1
  Allocation             inherit
  Read ahead sectors     auto
  - currently set to     8192
  Block device           253:0
```

案例实施

1. 查询与安装 LVM 软件包

查询 LVM 的安装情况可采用如图 15.2 所示的命令。

```
[root@www ~]# rpm -qa |grep lvm
llvm-libs-16.0.6-4.el9.x86_64
lvm2-libs-2.03.21-3.el9.x86_64
lvm2-2.03.21-3.el9.x86_64
libblockdev-lvm-2.28-7.el9.x86_64
udisks2-lvm2-2.9.4-9.el9.x86_64
```

图 15.2　查询 LVM 的安装情况

默认情况下，Rocky 安装了 LVM 所需要的软件包，软件包功能介绍如下：

```
lvm2-libs-2.03.21-3.el9.x86_64            //LVM 动态链接库
lvm2-2.03.21-3.el9.x86_64                 //LVM 主程序
```

如果查询后返回的结果为空，则要自行安装 LVM 软件包，命令如下：

```
[root@www ~]# dnf -y install lvm2 lvm2-libs
```

2. 在虚拟机中添加硬盘

将虚拟机关闭，在虚拟机对应选项卡界面左上方可以看到“编辑虚拟机设置”链接，或者选择“虚拟机”→“设置”选项，都可以弹出“虚拟机设置”对话框，单击该对话框左下角的“添加”按钮，弹出“添加硬件向导”对话框，选择“硬件类型”为“硬盘”，单击“下一步”按钮，如图 15.3 所示；接下来选择磁盘类型，使用默认选项“SCSI(S)（推荐）”，单击“下一步”按钮；使用默认选项“创建新虚拟磁盘”，选择使用磁盘，单击“下一步”按钮；在如图 15.4 所示的对话框中，设置“最大磁盘大小”为“200”，并选中“将虚拟磁盘存储为单个文件”单选按钮（如果宿主机磁盘文件格式为 NTFS），单击“下一步”按钮；接下来指定磁盘文件存在何处，一般使用默认位置和默认名称即可（默认位置和原虚拟机在同一路径，磁盘文件命名在原虚拟机磁盘后加-0、-1 等后缀），单击“完成”按钮。使用同样的步骤添加 sdc，最大磁盘大小为 200GB。最后在“虚拟机设置”对话框中单击“确定”按钮，完成磁盘添加，如图 15.5 所示。

小提示

添加磁盘前后，应对虚拟机做好快照。

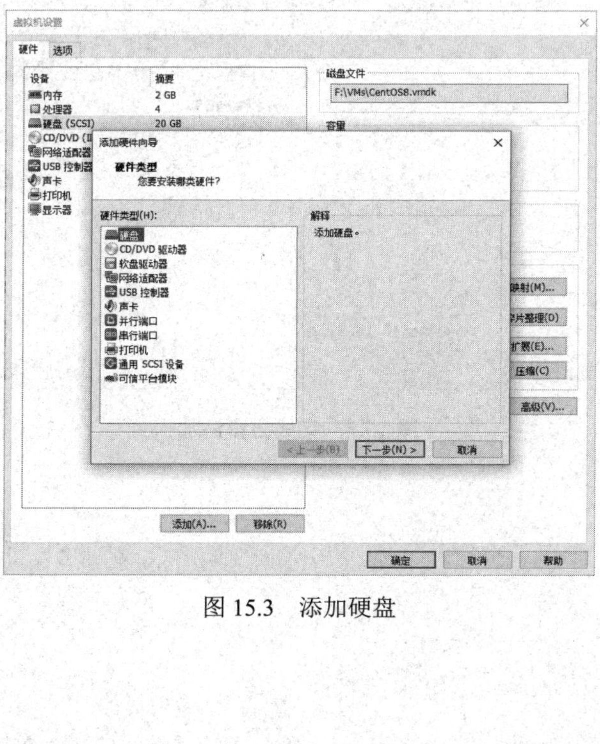

图 15.3　添加硬盘

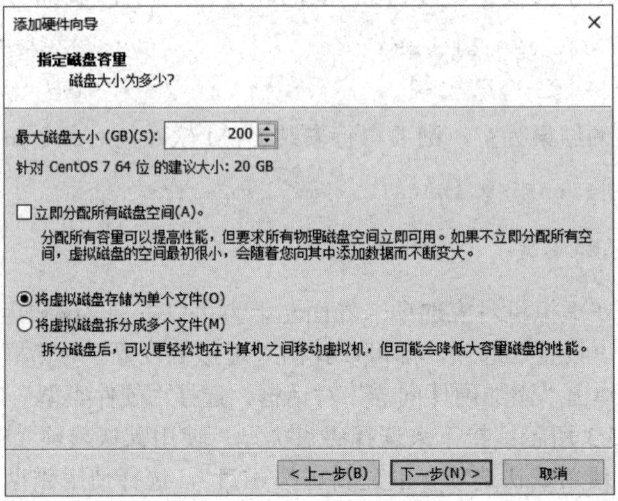

图 15.4　指定磁盘容量

图 15.5　完成磁盘添加

任务 15.2　创建 LVM

知识指南

LVM 的创建通常有以下几个步骤。

创建 lvm

1. LVM 分区的创建

LVM 分区实际上是将/dev/sda1 等物理分区的 ID 指定为 8e，可以使用 fdisk 命令。图 15.6 展示了在/dev/sdb 中创建主分区/dev/sdb3，并且把它指定为 LVM 分区的过程。

```
命令(输入 m 获取帮助): n
所有主分区的空间都在使用中。
添加逻辑分区 6
第一个扇区 (314578944-419430399, 默认 314578944):
上个扇区，+sectors 或 +size{K,M,G,T,P} (314578944-419430399, 默认 419430399):

创建了一个新分区 6，类型为"Linux"，大小为 50 GiB。

命令(输入 m 获取帮助): t
分区号 (1,2,5,6, 默认  6): 5
Hex 代码(输入 L 列出所有代码): 8e

已将分区"Linux"的类型更改为"Linux LVM"。
```

图 15.6　创建 LVM 分区

2. 在硬盘或者分区上创建 PV

创建 PV 使用"pvcreate +分区或硬盘"命令格式，如果需要更改 UID 可以使用-u 参数。图 15.7 所示为在分区/dev/sdb5 上创建 PV。

```
[root@www ~]# pvcreate /dev/sdb5
  Physical volume "/dev/sdb5" successfully created.
```

图 15.7　创建 PV

3. 利用 PV 创建 VG

建立 VG 使用"vgcreate + VG 名 + PV1 PV2……"命令格式，在创建 VG 时可以使用-s 参数改变 PE 的大小，默认为 4MB，PE 的大小必须为 2^nMB。如图 15.8 所示，使用两个 PV 创建 vg0，并且指定 PE 大小为 16MB，如果使用的磁盘还不是 PV，则系统会先进行 PV 的创建。

```
[root@www ~]# vgcreate -s 16 vg0 /dev/sdb1 /dev/sdc1
  Physical volume "/dev/sdb1" successfully created.
  Physical volume "/dev/sdc1" successfully created.
  Volume group "vg0" successfully created
```

图 15.8　创建 VG

4. 在 VG 上创建 LV

建立 LV 使用“lvcreate -L 大小 -n 名称 + VG 名称”命令格式。图 15.9 所示为在 vg0 上创建 100MB 的 lv0。

```
[root@www ~]# lvcreate -L 100M -n lv0 vg0
  Rounding up size to full physical extent 112.00 MiB
  Logical volume "lv0" created.
```

图 15.9 创建 LV

小提示

如图 15.9 所示，计划创建的 LV 是 100MB，可是系统提示实际创建出来的 lv0 达到了 112MB，这是为什么呢？这是因为 LV 的大小由 LE 的大小 × LE 的个数决定，而 LE 的大小由 PE 的大小决定，由于前面已经把 vg0 的 PE 设定为 16MB，所以 LE 也应该是 16MB，而 lv0 有 7 个 LE，所以 lv0 的大小是 16MB × 7=112MB，而不是设定的 100MB。

案例实施

1. 创建 LVM 分区

针对本次任务，首先使用 fdisk 命令对两个新磁盘按要求进行分区（具体方法参考项目 4，此处不再赘述），并把分区的 ID 更改为 8e。两个硬盘分区后的结果如图 15.10 和图 15.11 所示。

```
[root@www ~]# fdisk -l /dev/sdb
Disk /dev/sdb: 200 GiB, 214748364800 字节, 419430400 个扇区
单元: 扇区 / 1 * 512 = 512 字节
扇区大小(逻辑/物理): 512 字节 / 512 字节
I/O 大小(最小/最佳): 512 字节 / 512 字节
磁盘标签类型: dos
磁盘标识符: 0x2d444d22

设备         启动      起点      末尾      扇区  大小 Id 类型
/dev/sdb1             2048 209717247 209715200  100G 8e Linux LVM
/dev/sdb2        209717248 419430399 209713152  100G  5 扩展
/dev/sdb5        209719296 314576895 104857600   50G 8e Linux LVM
/dev/sdb6        314578944 419430399 104851456   50G 8e Linux LVM
```

图 15.10 /dev/sdb 分区结果

```
[root@www ~]# fdisk -l /dev/sdc
Disk /dev/sdc: 200 GiB, 214748364800 字节, 419430400 个扇区
单元: 扇区 / 1 * 512 = 512 字节
扇区大小(逻辑/物理): 512 字节 / 512 字节
I/O 大小(最小/最佳): 512 字节 / 512 字节
磁盘标签类型: dos
磁盘标识符: 0x89e879ae

设备         启动      起点      末尾      扇区  大小 Id 类型
/dev/sdc1             2048 104859647 104857600   50G 8e Linux LVM
/dev/sdc2        104859648 419430399 314570752  150G  5 扩展
/dev/sdc5        104861696 209719295 104857600   50G 8e Linux LVM
/dev/sdc6        209721344 314578943 104857600   50G 8e Linux LVM
/dev/sdc7        314580992 335552511  20971520   10G 8e Linux LVM
```

图 15.11 /dev/sdc 分区结果

2. 创建 PV

在/dev/sdb5、/dev/sdb6、/dev/sdc5、/dev/sdc6、/dev/sdc7 上建立 PV，除了可以使用“pvcreate 分区”命令格式来逐个建立外，还可以使用“pvcreate 分区 1　分区 2 ……”命令格式连续创建多个 PV，也可以使用“pvcreate 分区[567]”数组形式来连续创建多个 PV。

例如，本任务使用如图 15.12 所示的数组方法创建多个 PV。

```
[root@localhost ~]# pvcreate /dev/sdb[56] /dev/sdc[567]
```

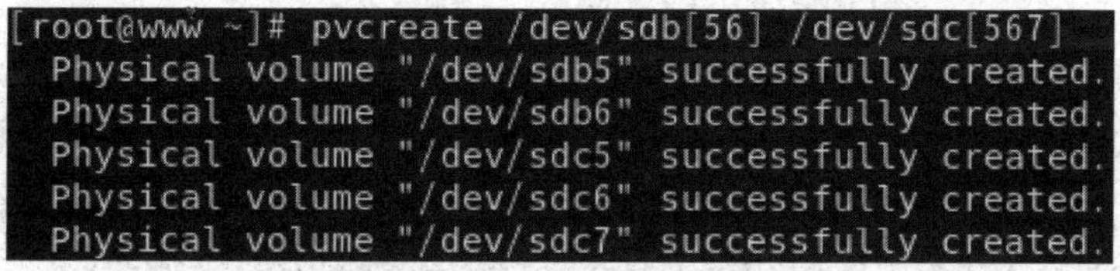

```
[root@www ~]# pvcreate /dev/sdb[56] /dev/sdc[567]
  Physical volume "/dev/sdb5" successfully created.
  Physical volume "/dev/sdb6" successfully created.
  Physical volume "/dev/sdc5" successfully created.
  Physical volume "/dev/sdc6" successfully created.
  Physical volume "/dev/sdc7" successfully created.
```

图 15.12　使用数组创建 PV

3. 创建 VG

一般情况下，通过命令“vgcreate＋VG 名 ＋PV1 PV2……”来创建 VG，有多个 PV 的情况下也可以使用数组。本任务需要使用/dev/sdb5 和/dev/sdc5 来创建 VGAnon，使用/dev/sdb6、/dev/sdc6、/dev/sdc7 来创建 VGRoot。对于创建 VGAnon 可以使用以下命令，结果如图 15.13 所示。

```
[root@localhost ~]# vgcreate VGAnon /dev/sdb5 /dev/sdc5
```

或者

```
[root@localhost ~]# vgcreate VGAnon /dev/sd[bc]5
```

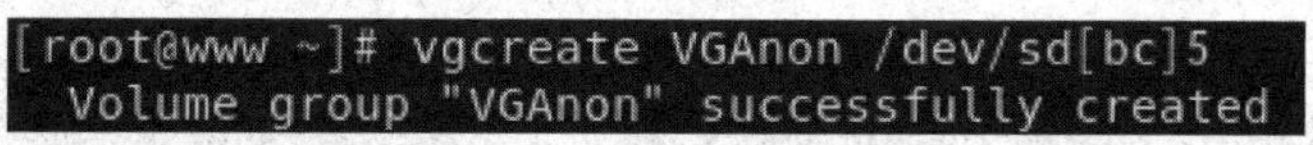

```
[root@www ~]# vgcreate VGAnon /dev/sd[bc]5
  Volume group "VGAnon" successfully created
```

图 15.13　创建 VGAnon

对于创建 VGRoot，可以使用以下命令，结果如图 15.14 所示。

```
[root@localhost ~]# vgcreate VGRoot /dev/sdb6 /dev/sdc6 /dev/sdc7
```

或者

```
[root@localhost ~]# vgcreate VGRoot /dev/sd[bc]6 /dev/sdc7
```

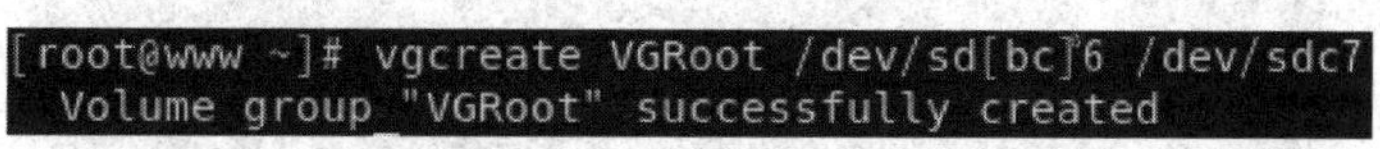

```
[root@www ~]# vgcreate VGRoot /dev/sd[bc]6 /dev/sdc7
  Volume group "VGRoot" successfully created
```

图 15.14　创建 VGRoot

4. 创建 LV

创建 LV 有如下步骤。

01 在 VGAnon 上创建 80GB 的逻辑卷 LVAnon，如图 15.15 所示。

```
[root@www ~]# lvcreate -L 80G -n LVAnon VGAnon
  Logical volume "LVAnon" created.
```

图 15.15　创建 LVAnon

02 查看 VGAnon，可以使用如图 15.16 所示的命令。

```
[root@www ~]# lvdisplay /dev/mapper/VGAnon-LVAnon
  --- Logical volume ---
  LV Path                /dev/VGAnon/LVAnon
  LV Name                LVAnon
  VG Name                VGAnon
  LV UUID                IgKUZq-qoec-wfd0-BHlu-xsYA-SI2e-kMGsMs
  LV Write Access        read/write
  LV Creation host, time www.osg.com, 2020-05-17 18:57:26 +0800
  LV Status              available
  # open                 0
  LV Size                80.00 GiB
  Current LE             20480
  Segments               2
  Allocation             inherit
  Read ahead sectors     auto
  - currently set to     8192
  Block device           253:2
```

图 15.16　查看 VGAnon

03 在 VGRoot 上创建 40GB 的镜像逻辑卷 LVMirror，并且使用/dev/sdb6 和/dev/sdc6 组成镜像，使用/dev/sdc7 存储日志。创建镜像逻辑卷需要用到-m 参数。例如，-m1 表示有一个镜像盘，-m2 表示有两个镜像盘。第一个和第二个 PV 组成镜像，最后一个 PV 存储日志，结果如图 15.17 所示。

```
[root@www ~]# lvcreate -L 40G -n LVMirror -m1 VGRoot /dev/sdb6 /dev/sdc6 /dev/sdc7
  Logical volume "LVMirror" created.
```

图 15.17　创建 LVMirror

04 查看 LVMirror 的命令为“[root@www ~]# lvs -a -o +devices”，可以清晰地看到数据磁盘、镜像和日志、备用等信息，如图 15.18 所示（执行结果产生了换行情况，读者请留意）。

```
  [LVMirror_rimage_0] VGRoot Iwi-aor---  40.00g
            /dev/sdb6(1)
  [LVMirror_rimage_1] VGRoot Iwi-aor---  40.00g
            /dev/sdc6(1)
  [LVMirror_rmeta_0]  VGRoot ewi-aor---   4.00m
            /dev/sdb6(0)
  [LVMirror_rmeta_1]  VGRoot ewi-aor---   4.00m
            /dev/sdc6(0)
```

图 15.18　查看 LVMirror

小提示

创建 LV 时也可以使用百分比来控制卷的大小，使用的是参数-l。例如，想要创建一个 LV，大小为所在 VG 的 80%，可以在创建时使用参数“-l 80%VG”。注意，VG 是关键字，不能省略或更改。

5. 格式化和挂载

LV 分区的格式化和挂载与普通分区一样，这里不再赘述。本例可以使用以下命令实现。

```
[root@localhost ~]# mkdir /FTPAnon
[root@localhost ~]# mkdir /FTPRoot
[root@localhost ~]# mkfs.xfs /dev/VGAnon/LVAnon
[root@localhost ~]# mkfs.xfs /dev/VGRoot/LVMirror
[root@localhost ~]# mount /dev/VGAnon/LVAnon /FTPAnon
[root@localhost ~]# mount /dev/VGRoot/LVMirror /FTPRoot
```

任务 15.3　管理 LVM

知识指南

如前面所述，使用 LVM 的最大优点是可以动态管理磁盘空间，实现在线不停机扩展磁盘的容量。日常管理 LVM 时常见的操作有删除 LV、VG 和 PV，以及动态扩容 VG 和 LV 等。

管理 LVM

1. 删除物理卷 PV

如果想删除某个 PV，可以使用 pvremove 命令来进行，如图 15.19 所示，原来系统有 3 个 PV，删除后剩余 2 个。

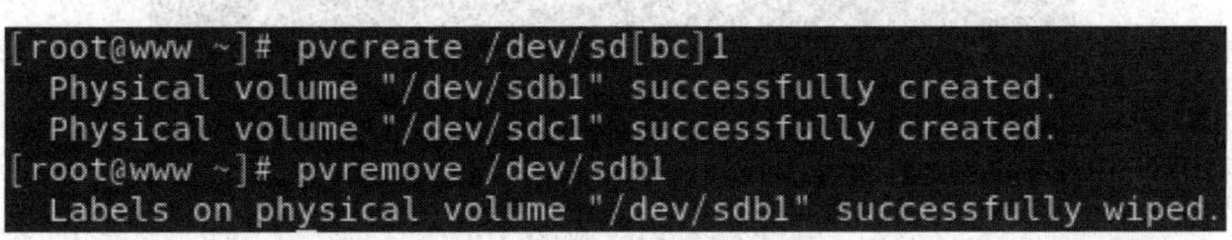

图 15.19　删除 PV

2. 管理 VG

（1）扩展 VG 容量

如果想扩展 VG 的空间，可以使用 vgextend 命令来增加该 VG 中的 PV 个数，格式为

“vgextend VG 名 PV 名”。如图 15.20 所示，原来 VGAnon 的容量是 100GB，2 个 PV；增加后容量是 140GB，3 个 PV。

```
[root@www ~]# vgs
  VG     #PV #LV #SN Attr   VSize    VFree
  VGAnon   2   1   0 wz--n-   99.99g 19.99g
  VGRoot   3   1   0 wz--n- <109.99g 29.98g
  cl_www   1   2   0 wz--n-  <19.00g      0
[root@www ~]# vgextend VGAnon /dev/sdc8
  Physical volume "/dev/sdc8" successfully created.
  Volume group "VGAnon" successfully extended
[root@www ~]# vgs
  VG     #PV #LV #SN Attr   VSize    VFree
  VGAnon   3   1   0 wz--n-  139.98g 59.98g
  VGRoot   3   1   0 wz--n- <109.99g 29.98g
  cl_www   1   2   0 wz--n-  <19.00g      0
```

图 15.20　扩展 VG 容量

（2）减少 VG 容量

如果想减小 VG 的容量，可以使用 vgreduce 命令来减少该 VG 中的 PV 个数，格式为“vgreduce VG 名 PV 名”。如图 15.21 所示，PV 数由图 15.20 中的 3 个变为 2 个，容量也恢复原状。

```
[root@www ~]# vgreduce VGAnon /dev/sdc8
  Removed "/dev/sdc8" from volume group "VGAnon"
[root@www ~]# vgs
  VG     #PV #LV #SN Attr   VSize    VFree
  VGAnon   2   1   0 wz--n-   99.99g 19.99g
  VGRoot   3   1   0 wz--n- <109.99g 29.98g
  cl_www   1   2   0 wz--n-  <19.00g      0
```

图 15.21　减少 VG 容量

（3）删除 VG

如果想删除某个 VG，可以使用 vgremove 命令来进行。如图 15.22 所示，创建一个 vg0，然后将其删除。

```
[root@www ~]# vgcreate vg0 /dev/sd[bc]1
  Volume group "vg0" successfully created
[root@www ~]# vgs
  VG     #PV #LV #SN Attr   VSize    VFree
  VGAnon   2   1   0 wz--n-   99.99g  19.99g
  VGRoot   3   1   0 wz--n- <109.99g  29.98g
  cl_www   1   2   0 wz--n-  <19.00g       0
  vg0      2   0   0 wz--n-  149.99g 149.99g
[root@www ~]# vgremove vg0
  Volume group "vg0" successfully removed
```

图 15.22　删除 VG

小提示

如果准备删除的 VG 上已经创建了 LV，删除该 VG 会把在它上面创建的所有 LV 一并删除。

3. 管理 LV

（1）扩展 LV 容量

如果想扩展 LV 的容量，可以使用 lvextend 命令来实现，格式为“lvextend -L 容量大小 LV”。如图 15.23 所示，原来 lv0 的容量是 80GB，扩展后是 90GB。

```
[root@www ~]# lvdisplay /dev/VGAnon/LVAnon
  --- Logical volume ---
  LV Path                /dev/VGAnon/LVAnon
  LV Name                LVAnon
  VG Name                VGAnon
  LV UUID                IgKUZq-qoec-wfd0-BHlu-xsYA-SI2e-kMGsMs
  LV Write Access        read/write
  LV Creation host, time www.osg.com, 2020-05-17 18:57:26 +0800
  LV Status              available
  # open                 0
  LV Size                80.00 GiB
  Current LE             20480
  Segments               2
  Allocation             inherit
  Read ahead sectors     auto
  - currently set to     8192
  Block device           253:2

[root@www ~]# lvextend -L 90G /dev/VGAnon/LVAnon
  Size of logical volume VGAnon/LVAnon changed from 80.00 GiB (20480 extents) to 90.00
GiB (23040 extents).
  Logical volume VGAnon/LVAnon successfully resized.
```

图 15.23　扩展 LV 容量

（2）减少 LV 容量

如果想减少 LV 的容量，可以使用 lvreduce 命令来实现，格式为“lvreduce -L 容量大小 LV”。如图 15.24 所示，原来 LVAnon 的容量是 90GB，减少后是 80GB。

```
[root@www ~]# lvdisplay /dev/VGAnon/LVAnon
  --- Logical volume ---
  LV Path                /dev/VGAnon/LVAnon
  LV Name                LVAnon
  VG Name                VGAnon
  LV UUID                IgKUZq-qoec-wfd0-BHlu-xsYA-SI2e-kMGsMs
  LV Write Access        read/write
  LV Creation host, time www.osg.com, 2020-05-17 18:57:26 +0800
  LV Status              available
  # open                 0
  LV Size                90.00 GiB
  Current LE             23040
  Segments               2
  Allocation             inherit
  Read ahead sectors     auto
  - currently set to     8192
  Block device           253:2

[root@www ~]# lvreduce -L 80G /dev/VGAnon/LVAnon
  WARNING: Reducing active logical volume to 80.00 GiB.
  THIS MAY DESTROY YOUR DATA (filesystem etc.)
Do you really want to reduce VGAnon/LVAnon? [y/n]: y
  Size of logical volume VGAnon/LVAnon changed from 90.00 GiB (23040 extents) to 80.00
GiB (20480 extents).
  Logical volume VGAnon/LVAnon successfully resized.
```

图 15.24　减少 LV 容量

（3）删除 LV

如果想删除某个 LV，可以使用 lvremove 命令来进行，如图 15.25 所示。

```
[root@www ~]# lvremove /dev/VGAnon/LVAnon
Do you really want to remove active logical volume VGAnon/LVAnon? [y/n]: y
  Logical volume "LVAnon" successfully removed
```

图 15.25　删除 LV

案例实施

本任务需要使用/dev/sdb1 来扩展系统原有的 LV/dev/cl_www/root，使它的空间增加 80GB。步骤是：先创建/dev/sdb1，让该 PV 加入 cl_www 的 VG 中，再扩展 root。

1. 创建 PV

创建 PV 的方法前面已经介绍，这里不再赘述。

2. 扩展 root 所在的 VG

要扩展 root 所在的 VG，首先要查看所在的 VG 名称，可使用 lvs 命令来查看，结果如图 15.26 所示。

```
[root@www ~]# lvs
  LV       VG     Attr       LSize   Pool Origin Data%  Meta%  Move Log Cpy%Sync Conver
t
  LVMirror VGRoot rwi-a-r---  40.00g                                    100.00
  root     cl_www -wi-ao---- <17.00g
  swap     cl_www -wi-ao----   2.00g
```

图 15.26　查看 lv_root 所在的 VG

从图 15.26 中可以看到，root 所在的 VG 名称为 cl_www。此时可以使用命令 vgextend 来扩展，结果如图 15.27 所示。

```
[root@www ~]# vgextend cl_www /dev/sdb1
  Volume group "cl_www" successfully extended
```

图 15.27　扩展 cl_www

3. 扩展 LV

可以使用 lvextend -L +80G /dev/cl_www/root 命令来扩展 root，结果如图 15.28 所示，空间由原来的 17GB 扩展为 97GB。

```
[root@www ~]# vgextend cl_www /dev/sdb1
  Volume group "cl_www" successfully extended
[root@www ~]# lvextend -L +80G /dev/cl_www/root
  Size of logical volume cl_www/root changed from <17.00 GiB (4351 extents) to <97.00 G
iB (24831 extents).
  Logical volume cl_www/root successfully resized.
[root@www ~]# lvs /dev/cl_www/root
  LV   VG     Attr       LSize   Pool Origin Data%  Meta%  Move Log Cpy%Sync Convert
  root cl_www -wi-ao---- <97.00g
```

图 15.28　扩展 lv_root

扩展后使用 df -h 命令查看，可以看到新的分区信息还没有应用到系统中，如图 15.29 所示。

```
[root@www ~]# df -h
文件系统                    容量  已用  可用 已用% 挂载点
devtmpfs                    888M     0  888M    0% /dev
tmpfs                       904M     0  904M    0% /dev/shm
tmpfs                       904M  9.8M  894M    2% /run
tmpfs                       904M     0  904M    0% /sys/fs/cgroup
/dev/mapper/cl_www-root      17G  4.0G   14G   23% /
/dev/sda1                   976M  133M  777M   15% /boot
```

图 15.29　使用 df -h 命令查看

系统默认的文件格式是 XFS，此时还需要使用命令“xfs_growfs 挂载点”对挂载目录在线扩容（xfs_growfs 要求 LV 必须是已经挂载的），如图 15.30 所示。本例/dev/cl_www/root 的挂载点是根目录“/”。

```
[root@www ~]# xfs_growfs /
meta-data=/dev/mapper/cl_www-root isize=512    agcount=4, agsize=1113856 blks
         =                       sectsz=512   attr=2, projid32bit=1
         =                       crc=1        finobt=1, sparse=1, rmapbt=0
         =                       reflink=1
data     =                       bsize=4096   blocks=4455424, imaxpct=25
         =                       sunit=0      swidth=0 blks
naming   =version 2              bsize=4096   ascii-ci=0, ftype=1
log      =internal log           bsize=4096   blocks=2560, version=2
         =                       sectsz=512   sunit=0 blks, lazy-count=1
realtime =none                   extsz=4096   blocks=0, rtextents=0
data blocks changed from 4455424 to 25426944
```

图 15.30　执行 xfs_growfs

小提示

早期的版本系统文件格式是 EXT4，可以使用 resize2fs 命令来让新的分区信息写入分区表，格式为“resize2fs -f LV”，其中参数-f 表示强制。

再使用 df -h 命令查看，可以看到新的磁盘空间已经应用到系统中了，如图 15.31 所示。

```
[root@www ~]# df -h
文件系统                    容量  已用  可用 已用% 挂载点
devtmpfs                    888M     0  888M    0% /dev
tmpfs                       904M     0  904M    0% /dev/shm
tmpfs                       904M  9.8M  894M    2% /run
tmpfs                       904M     0  904M    0% /sys/fs/cgroup
/dev/mapper/cl_www-root      97G  4.5G   93G    5% /
/dev/sda1                   976M  133M  777M   15% /boot
```

图 15.31　扩展后用 df -h 命令查看

任务 15.4　管理 RAID

知识指南

1. RAID

RAID 是由很多块独立的磁盘组合成一个容量巨大的磁盘组，将数据切割成许多区段，分别存放在各个硬盘上，然后利用分散读写技术所产生的加成效果提升整个磁盘系统效能，同时把多个重要数据的副本同步到不同的物理设备上，从而起到数据冗余和备份作用。RAID 还能利用同位检查（parity check）的观念，在数组中任意一个硬盘发生故障时，仍可读出数据，在数据重构时，将数据经计算后重新置入新硬盘中。其缺点也很明显，那就是利用率低。

RAID 技术有很多，常见的有 RAID0、RAID1、RAID5、RAID10 等，下面对它们进行简单介绍。

（1）RAID0 简介

RAID0 是最早出现的 RAID 模式，即数据分条（data stripping）技术。RAID0 是组建独立磁盘冗余阵列中最简单的一种形式，只需要 2 块以上的硬盘即可，成本低，可以提高整个磁盘的性能和吞吐量。RAID0 没有提供冗余或错误修复能力，但实现成本是最低的。

RAID0 可以提供更多的空间和更好的性能，但是整个系统是非常不可靠的，如果出现故障，无法进行任何补救。所以，RAID0 一般只在对数据安全性要求不高的情况下使用。

（2）RAID1 简介

RAID1 称为磁盘镜像，其原理是把一个磁盘的数据镜像到另一个磁盘上，它将数据完全一致地分别写到工作磁盘和镜像磁盘。只要系统中任何一对镜像盘中有一块磁盘可以使用，系统就可以正常运行，甚至在一半的硬盘出现问题时系统仍可以正常运行。当一块硬盘失效时，系统会忽略该硬盘，转而使用剩余的镜像盘读写数据，具备很好的磁盘冗余能力。其在不影响性能的情况下，最大限度地保证了系统的可靠性和可修复性。

RAID1 对数据来讲绝对安全，但是成本也会明显增加，磁盘利用率为 50%。另外，如果 RAID1 系统出现硬盘故障，将变得不再可靠，一定要及时更换损坏的硬盘，更换新盘后，原有数据会需要很长时间同步镜像，外界对数据的访问不会受到影响，只是这时整个系统的性能有所下降。因此，RAID1 多用在保存重要数据的场合。

（3）RAID5 简介

RAID5 是目前最常见的 RAID 等级，它的校验数据分布在阵列中的所有磁盘上，没有专门的校验磁盘。对于数据和校验数据，它们的写操作可以同时发生在完全不同的磁盘上。RAID5 还具备很好的扩展性。当阵列磁盘数量增加时，并行操作量的能力也随之增加，可支持更多的磁盘，从而拥有更多的容量及更高的性能。

RAID5 的磁盘上同时存储数据和校验数据，数据块和对应的校验信息保存在不同的磁盘上，当一个数据盘损坏时，系统可以根据同一条带的其他数据块和对应的校验数据来重建损坏的数据。与其他 RAID 等级一样，重建数据时，RAID5 的性能会受到较大的影响。

RAID5 兼顾存储性能、数据安全和存储成本等各方面因素，它可以理解为 RAID0 和 RAID1 的折中方案，是目前综合性能最佳的数据保护解决方案。RAID5 基本上可以满足大部分的存储应用需求，数据中心大多采用它作为应用数据的保护方案。

（4）RAID10 简介

RAID10 是 RAID1 与 RAID0 的组合体，利用奇偶校验实现条带集镜像，所以继承了 RAID0 的快速和 RAID1 的安全，也被称为 RAID1+0。在连续地以位或字节为单位分割数据并且并行读/写多个磁盘的同时，为每一块磁盘做磁盘镜像，进行冗余。RAID10 最少需要 4 块硬盘，虽然既快又安全，但是 CPU 占用率更高，磁盘的利用率只有 50%。

由于兼具 RAID0 极高的读写效率和 RAID1 较高的数据保护、恢复能力，RAID10 成为一种性价比较高的等级，目前几乎所有的 RAID 控制卡都支持这一等级。

2. mdadm 命令

（1）查询 mdadm 命令是否安装

Linux 默认已经安装 mdadm 命令，Rocky 9.3 中的版本是 mdadm-4.2-9.el9.x86_64，可以使用如下命令查询安装情况，如果未安装请自行安装。

```
[root@www ~]# rpm -qa |grep mdadm
```

在 Linux 系统中，目前以 MD（multiple devices）虚拟块设备的方式实现软件 RAID，利用多个底层的块设备虚拟出一个新的虚拟设备，并且利用条带化技术将数据块均匀分布到多个磁盘上来提高虚拟设备的读写性能，利用不同的数据冗余算法来保护用户数据不会因为某个块设备的故障而完全丢失，而且还能在设备被替换后将丢失的数据恢复到新的设备上。目前 MD 支持 RAID0（stripping）、RAID1（mirror）、RAID4、RAID5、RAID6 和 RAID10 等不同的冗余级别和集成方式。

（2）mdadm 命令简介

mdadm 是 multiple devices admin 的简称，它是 Linux 下的一款标准的软件 RAID 管理工具，命令格式如下：

```
mdadm [模式] [选项]
```

以下是常见选项的说明。

- -C：创建一个新的阵列。
- -l：设定 RAID 等级，如 0、1、5 等。
- -n：指定阵列中可用 device 数目。
- -x：指定初始阵列的富余 device 数目。
- -a：自动创建对应的设备，可以有 no、yes、md、mdp、part、p 等供选择。
- -D：打印一个或多个虚拟块设备（MD device）的详细信息。

- -f：使一块硬盘发生故障。
- -a：增加一块硬盘。
- -r：移除一块故障 RAID 盘。
- -s：扫描配置文件或者去/proc/mdstat 搜寻丢失的信息。
- -S：停止磁盘阵列。

案例实施

在熟悉了 mdadm 命令之后就是根据需要使用命令创建对应的 RAID，创建 RAID 要根据需要创建的 RAID 等级准备好硬盘，硬盘最好一致（除了接口类型、转速等要一致外，容量也最好一致，如果容量不同，则会自动看齐容量最小的硬盘，造成存储空间的浪费）。下面讲解创建 RAID0 和 RAID5 的详细步骤。

1. 添加硬盘

添加几块硬盘分别用来创建 RAID0 和 RAID5。选择“编辑”→“虚拟机设置”选项，在弹出的“虚拟机设置”对话框中单击“添加”按钮，在弹出的“添加硬件向导”对话框中的“硬件类型”列表框中选择“硬盘”选项，RAID0 至少添加 2 块硬盘，RAID5 至少添加 4 块硬盘，具体参考任务 15.1，这里不再赘述。

2. 格式化磁盘

使用 fdisk 命令将 2 个磁盘格式化，并创建分区（将整个磁盘空间都分配给该分区），将磁盘转化为 RAID 格式系统，Id 代码为 fd，如图 15.32 和图 15.33 所示。创建分区等操作见项目 4，此处不再赘述。

```
Command (m for help): t
Selected partition 1
Hex code (type L to list all codes): fd
Changed type of partition 'Empty' to 'Linux raid autodetect'.
```

图 15.32　将磁盘转化为 RAID 格式

```
[root@www ~]# fdisk -l /dev/sdb /dev/sdc
Disk /dev/sdb: 20 GiB, 21474836480 bytes, 41943040 sectors
Units: sectors of 1 * 512 = 512 bytes
Sector size (logical/physical): 512 bytes / 512 bytes
I/O size (minimum/optimal): 512 bytes / 512 bytes
Disklabel type: dos
Disk identifier: 0xc0862f68

Device     Boot Start      End  Sectors Size Id Type
/dev/sdb1        2048 41943039 41940992  20G fd Linux raid autodetect


Disk /dev/sdc: 20 GiB, 21474836480 bytes, 41943040 sectors
Units: sectors of 1 * 512 = 512 bytes
Sector size (logical/physical): 512 bytes / 512 bytes
I/O size (minimum/optimal): 512 bytes / 512 bytes
Disklabel type: dos
Disk identifier: 0x79c4ebeb

Device     Boot Start      End  Sectors Size Id Type
/dev/sdc1        2048 41943039 41940992  20G fd Linux raid autodetect
```

图 15.33　格式化完成的磁盘

3. 创建 RAID0

使用 mdadm 命令，将 sdb1 和 sdc1 合并为 RAID0，如图 15.34 所示。

管理 RAID0

```
[root@www ~]# mdadm -C /dev/md0 -a yes -l 0 -n 2 /dev/sd[b-c]1
mdadm: Defaulting to version 1.2 metadata
mdadm: array /dev/md0 started.
```

图 15.34　创建 RAID0

4. 查看 RAID0

创建 RAID0 结束后，可以使用 mdadm 命令搭配-D 选项，查看创建好的 RAID 的详细信息，如大小、设备数量、状态等，如图 15.35 所示。

```
[root@www ~]# mdadm -D /dev/md0
/dev/md0:
           Version : 1.2
     Creation Time : Wed May 27 13:09:51 2020
        Raid Level : raid0
        Array Size : 41906176 (39.96 GiB 42.91 GB)
      Raid Devices : 2
     Total Devices : 2
       Persistence : Superblock is persistent

       Update Time : Wed May 27 13:09:51 2020
             State : clean
    Active Devices : 2
   Working Devices : 2
    Failed Devices : 0
     Spare Devices : 0

        Chunk Size : 512K

Consistency Policy : none

              Name : www.osg.com:0  (local to host www.osg.com)
              UUID : 482acd41:07efcac9:11434f79:dc3fc55c
            Events : 0

    Number   Major   Minor   RaidDevice State
       0       8       17        0      active sync   /dev/sdb1
       1       8       33        1      active sync   /dev/sdc1
```

图 15.35　查看创建的 RAID0

5. 格式化 RAID0 并挂载

将刚创建的 RAID0 格式化，并使用 mount 命令挂载 RAID0，如图 15.36 所示。

6. 删除 RAID0

如果不想继续使用已经建立的 RAID，可以将其删除。一般来说，删除 RAID 遵循以下步骤：备份重要数据→从挂载点卸载 RAID 设备→停止该 RAID→删除成员磁盘中的超级块信息，如图 15.37 所示。

```
[root@www ~]# mkfs.xfs /dev/md0
meta-data=/dev/md0               isize=512    agcount=16, agsize=654720 blks
         =                       sectsz=512   attr=2, projid32bit=1
         =                       crc=1        finobt=1, sparse=1, rmapbt=0
         =                       reflink=1
data     =                       bsize=4096   blocks=10475520, imaxpct=25
         =                       sunit=128    swidth=256 blks
naming   =version 2              bsize=4096   ascii-ci=0, ftype=1
log      =internal log           bsize=4096   blocks=5120, version=2
         =                       sectsz=512   sunit=0 blks, lazy-count=1
realtime =none                   extsz=4096   blocks=0, rtextents=0
[root@www ~]# mkdir /mnt/md0
[root@www ~]# mount /dev/md0 /mnt/md0
[root@www ~]# df |grep md0
/dev/md0            41881600  325984  41555616   1% /mnt/md0
```

图 15.36　格式化、挂载 RAID0 并查看

```
[root@www ~]# umount /dev/md0
[root@www ~]# mdadm -S /dev/md0
mdadm: stopped /dev/md0
[root@www ~]# mdadm --zero-superblock /dev/sd[b-c]1
[root@www ~]# ll /dev/md0
ls: cannot access '/dev/md0': No such file or directory
```

管理 RAID5

图 15.37　卸载、停止 RAID0 并删除成员磁盘中的超级块信息

7. 创建 RAID5

RAID5 需要 4 块磁盘，同样要将磁盘分区格式化，并将 Id 转化为 fd，参考创建 RAID0 的相关操作，这里不再赘述，如图 15.38 所示。

```
[root@www ~]# fdisk -l |grep sd[b-e]
Disk /dev/sdc: 20 GiB, 21474836480 bytes, 41943040 sectors
/dev/sdc1        2048 41943039 41940992  20G fd Linux raid autodetect
Disk /dev/sdb: 20 GiB, 21474836480 bytes, 41943040 sectors
/dev/sdb1        2048 41943039 41940992  20G fd Linux raid autodetect
Disk /dev/sdd: 20 GiB, 21474836480 bytes, 41943040 sectors
/dev/sdd1        2048 41943039 41940992  20G fd Linux raid autodetect
Disk /dev/sde: 20 GiB, 21474836480 bytes, 41943040 sectors
/dev/sde1        2048 41943039 41940992  20G fd Linux raid autodetect
```

图 15.38　准备 4 块磁盘

使用 mdadm 命令将/dev/sd[b-e]1 共 4 块磁盘合并为 RAID。创建完成后使用 mdadm-D 命令查看 RAID5 的详细情况，如图 15.39 和图 15.40 所示，从图中可以看出激活状态的是 sdb1 和 sdc1，sdd1 是 spare rebuilding（空闲重建）状态，sde1 是 spare（空闲）状态。接下来是格式化并挂载 RAID5，RAID5 和 RAID0 的格式化和挂载方式相同，限于篇幅，这里不再赘述，如图 15.41 所示。

```
[root@www ~]# mdadm -C /dev/md5 -a yes -l 5 -n 3 -x 1 /dev/sd[b-e]1
mdadm: Defaulting to version 1.2 metadata
mdadm: array /dev/md5 started.
```

图 15.39　创建 RAID5

```
[root@www ~]# mdadm -D /dev/md5
/dev/md5:
           Version : 1.2
     Creation Time : Wed May 27 13:51:58 2020
        Raid Level : raid5
        Array Size : 41906176 (39.96 GiB 42.91 GB)
     Used Dev Size : 20953088 (19.98 GiB 21.46 GB)
      Raid Devices : 3
     Total Devices : 4
       Persistence : Superblock is persistent

       Update Time : Wed May 27 13:52:11 2020
             State : clean, degraded, recovering
    Active Devices : 2
   Working Devices : 4
    Failed Devices : 0
     Spare Devices : 2

            Layout : left-symmetric
        Chunk Size : 512K

Consistency Policy : resync

    Rebuild Status : 15% complete

              Name : www.osg.com:5  (local to host www.osg.com)
              UUID : 1b92b39d:6cf5a225:654cf55b:88f10ff5
            Events : 3

    Number   Major   Minor   RaidDevice State
       0       8       17        0      active sync   /dev/sdb1
       1       8       33        1      active sync   /dev/sdc1
       4       8       49        2      spare rebuilding   /dev/sdd1

       3       8       65        -      spare   /dev/sde1
```

图 15.40　查看 RAID5

```
[root@www ~]# mkfs.xfs -f /dev/md5
meta-data=/dev/md5               isize=512    agcount=16, agsize=654720 blks
         =                       sectsz=512   attr=2, projid32bit=1
         =                       crc=1        finobt=1, sparse=1, rmapbt=0
         =                       reflink=1
data     =                       bsize=4096   blocks=10475520, imaxpct=25
         =                       sunit=128    swidth=256 blks
naming   =version 2              bsize=4096   ascii-ci=0, ftype=1
log      =internal log           bsize=4096   blocks=5120, version=2
         =                       sectsz=512   sunit=0 blks, lazy-count=1
realtime =none                   extsz=4096   blocks=0, rtextents=0
[root@www ~]# mkdir /mnt/md5
[root@www ~]# mount /dev/md5 /mnt/md5
```

图 15.41　格式化并挂载 RAID5

8. 测试 RAID5

此处模拟 RAID5 的一个活动磁盘发生故障，查看用户保存在硬盘上的文件是否丢失，如果未丢失，并且空闲硬盘及时地变成激活状态，则表示 RAID5 在发挥作用。

01 在挂载点下创建一个文件，然后创建一个备份，注意文件的详细信息，如图 15.42 所示。

```
[root@www ~]# cd /mnt/md5
[root@www md5]# cat >raid5.txt
Hello, it's a raid5 test.
[root@www md5]# cp raid5.txt raid5.bak
[root@www md5]# ll
total 8
-rw-r--r--. 1 root root 26 May 27 14:12 raid5.bak
-rw-r--r--. 1 root root 26 May 27 14:11 raid5.txt
```

图 15.42　在挂载点下创建文件

02 使用 mdadm /dev/md5 -f /dev/sdc1 命令模拟有一个活动硬盘损坏，查看文件，并未发现异常，如图 15.43 所示。

```
[root@www md5]# mdadm /dev/md5 -f /dev/sdc1
[ 7447.504756] md/raid:md5: Disk failure on sdc1, disabling device.
[ 7447.504756] md/raid:md5: Operation continuing on 2 devices.
mdadm: set /dev/sdc1 faulty in /dev/md5
[root@www md5]# ll
total 8
-rw-r--r--. 1 root root 26 May 27 14:12 raid5.bak
-rw-r--r--. 1 root root 26 May 27 14:11 raid5.txt
```

图 15.43　模拟磁盘损坏

03 查看 RAID5 的详细信息，发现备份硬盘/dev/sde1，并且状态变为激活，已经自动替换了状态变为故障（faulty）的/dev/sdc1，RAID5 真正发挥了数据冗余和备份的作用，如图 15.44 所示。

```
[root@www md5]# mdadm -D /dev/md5
/dev/md5:
           Version : 1.2
     Creation Time : Wed May 27 13:51:58 2020
        Raid Level : raid5
        Array Size : 41906176 (39.96 GiB 42.91 GB)
     Used Dev Size : 20953088 (19.98 GiB 21.46 GB)
      Raid Devices : 3
     Total Devices : 4
       Persistence : Superblock is persistent

       Update Time : Wed May 27 14:17:18 2020
             State : clean
    Active Devices : 3
   Working Devices : 3
    Failed Devices : 1
     Spare Devices : 0

            Layout : left-symmetric
        Chunk Size : 512K

Consistency Policy : resync

              Name : www.osg.com:5  (local to host www.osg.com)
              UUID : 1b92b39d:6cf5a225:654cf55b:88f10ff5
            Events : 37

    Number   Major   Minor   RaidDevice State
       0       8       17        0      active sync   /dev/sdb1
       3       8       65        1      active sync   /dev/sde1
       4       8       49        2      active sync   /dev/sdd1

       1       8       33        -      faulty   /dev/sdc1
```

图 15.44　RAID5 发挥作用

总 结 提 高

1. 小结

LVM 是一个强大的动态磁盘管理工具，实现了在线不停机增减磁盘容量，另外还具有磁盘镜像功能，可实现数据动态热备份。

建立 LVM 有如下步骤。

1）创建 LVM 分区，把分区的标识改为 8e。

2）在物理硬盘或分区上创建 PV，可以使用 pvcreate 命令。

3）使用 PV 创建 VG，可以使用 vgcreate 命令。

4）在 VG 上创建 LV，可以使用 lvcreate 命令。

在管理 LVM 时，常用的命令如下：lvremove，即删除 LV；lvextend、lvreduce 和 lvremove 分别为增加 LV 的容量、减少 LV 的容量、删除 LV；vgextend、vgreduce 和 vgremove 分别为增加 VG 的容量、减少 VG 的容量和删除 VG。

RAID 技术提供了非常好的数据冗余备份功能，但是也提高了成本。现代企业更看重的是数据的价值，RAID 技术提供了冗余备份机制及硬盘吞吐量的提升，降低了硬盘设备损坏后丢失数据的概率，增加了硬盘设备的读写速度，因此 RAID 在绝大多数运营商或者大中型企业中被广泛部署和应用。

在 Linux 中，RAID 的创建很简单，使用 mdadm 命令配合相应的选项即可，RAID 的删除步骤是首先备份重要数据，然后从挂载点卸载 RAID 设备，再停止要删除的 RAID，最后删除成员磁盘中的超级块信息。

2. 提高

1）使用百分比来完成 LV 容量的扩展。

2）找到更快的方法来创建 LV。

3）尝试创建 RAID10，或者 RAID5+备份盘。

项 目 实 训

1. LVM 练习

1）在系统中增加两个 100GB 的磁盘并各自分出两个 50GB 的分区，使用第一个磁盘的第一个分区和第二个磁盘的第一个分区组成 VG，设定 PE 大小为 8MB，VG 名称为 VGtest，在 VGtest 上创建 10GB 的 LV，名称为 LVtest，挂载到/lvmtest 挂载点。

2）使用上述两个磁盘，把 LVtest 扩展到 180GB。

2. RAID 练习

1）在虚拟机中添加两个 50GB 的硬盘，创建 RAID0，并查看 RAID0 的详细信息。
2）删除上述 RAID0。
3）在虚拟机中添加 4 块 50GB 的硬盘，创建 RAID5，并查看 RAID5 的详细信息。
4）模拟某个活动状态硬盘故障，再次查看 RAID5 的详细信息。

项目 16

配置与管理 MariaDB 服务器

案例需求

某公司的管理员搭建了 MariaDB 服务器，用于对公司内部员工登录 OA 系统的信息进行管理。

需求分析

在 Linux 中，MariaDB 是常用的数据库服务器。MariaDB 服务器，即在互联网上提供数据管理的计算机。本项目主要介绍 MariaDB 的配置和基本管理。

中国开源分布式数据库的发展已经领先世界，比如蚂蚁金服自主研发 OceanBase 和 PolarDB。OceanBase 是金融级分布式关系数据库，广泛应用于金融业，如支付宝；PolarDB 的定位是下一代关系型分布式云原生数据库，是阿里云主推的云原生数据库。华为的 GaussDB 是一款具备分析及混合负载能力的分布式数据库，能够提供 PB（Petabyte）级数据分析能力、多模分析能力和实时处理能力，广泛应用于金融、政府、电信等行业核心系统。由于中国庞大的用户体量和数据，自研的数据库在功能、稳定性、可扩展性和性能等方面都经历了严格的检验。

知识目标

- 了解 MariaDB 的工作原理。
- 了解 MariaDB 的数据类型。
- 掌握 MariaDB 数据库的备份与还原。

技能目标

- 掌握 MariaDB 的配置和管理。
- 掌握数据库和数据表的操作。
- 掌握数据库的备份与还原操作。

思政目标

- 了解国产数据库的发展，建立科技强国的自信。
- 自觉建立良好的职业道德和操守。
- 增强数据安全意识。

任务 16.1 认识 MariaDB 服务

知识指南

MariaDB 是当今较受信任和使用较广泛的开源数据库平台，在全球 Web 服务的数据库中占有绝对的优势。MariaDB 10.5 通过提供全面的改进来建立这种势头，这些改进旨在使创新的 DBA 和开发人员能够在最新一代的开发框架和硬件上创建和部署下一代 Web、嵌入式、移动及 Cloud、SaaS、PaaS、DBaaS 应用程序平台。

认识 MariaDB 服务

1. MariaDB 的相关概念

MariaDB 为关系型数据库管理系统（relational database management system），这种所谓的“关系型”可以理解为“表格”的概念，一个关系型数据库由一个或数个表格组成。

- 表头（header）：每一列的名称。
- 列（row）：具有相同数据类型数据的集合。
- 行（col）：每一行用来描述某一条数据的具体信息。
- 值（value）：行的具体信息，每个值必须与该列的数据类型相同。
- 键（key）：表中用来识别某个特定数据的方法，键的值在当前列中具有唯一性。

2. MariaDB 脚本的基本组成

与常规的脚本语言类似，MariaDB 也具有一套对字符、单词及特殊符号的使用规定，MariaDB 通过执行 SQL 脚本来完成对数据库的操作，该脚本由一条或多条 MariaDB 语句（SQL 语句+扩展语句）组成，保存时脚本文件后缀名一般为.sql。在控制台中，MariaDB 客户端也可以对语句进行单句的执行而不用保存为.sql 文件。

3. 标识符

标识符用来命名一些对象，如数据库、表、列、变量等，以便在脚本中的其他地方引用。MariaDB 标识符的命名规则有点烦琐，这里我们使用万能命名规则：标识符由字母、数字或下划线（_）组成，且第一个字符必须是字母或下划线。

对于标识符是否区分大小写取决于当前的操作系统，Windows 下是不敏感的，但对于大多数 Linux 或 UNIX 系统来说，这些标识符大小写是敏感的。

4. 关键字

MariaDB 的关键字众多，这里不一一列出。这些关键字有自己特定的含义，尽量避免作为标识符。

5. 语句

MariaDB 语句是组成 MariaDB 脚本的基本单位，每条语句能完成特定的操作，它是由 SQL 标准语句和 MariaDB 扩展语句组成的。

6. 函数

MariaDB 函数用来实现数据库操作的一些高级功能，这些函数大致分为以下几类：字符串函数、数学函数、日期时间函数、搜索函数、加密函数、信息函数。

7. MariaDB 中的数据类型

MariaDB 主要有三大类数据类型，分别为数字类型、日期和时间类型、字符串类型，这三大类型中又更细致地划分了许多子类型。

（1）数字类型

整型，包括 tinyint、smallint、mediumint、int 和 bigint。

浮点型，包括 float、double、real 和 decimal。

（2）日期和时间类型

如 date、time、datetime、timestamp 和 year。

（3）字符串类型

字符串，包括 char 和 varchar。

文本，包括 tinytext、text、mediumtext 和 longtext。

二进制（可用来存储图片、音乐等），包括 tinyblob、blob、mediumblob 和 longblob。

数据库的数据类型很多，读者可自行根据需要查询资料。

案例实施

1. 认识 MariaDB 服务相关软件包

由于启动 MariaDB 服务时需要 mariadb-server 软件包，因此在配置使用 MariaDB 之前，先检查系统中是否已经安装了这个软件包。一般来说，MariaDB 服务器在安装系统时可以选择，不用另行安装。

（1）查询 MariaDB 是否安装

使用 rpm -qa|grep mariadb*命令查询 MariaDB 的安装情况，如图 16.1 所示。

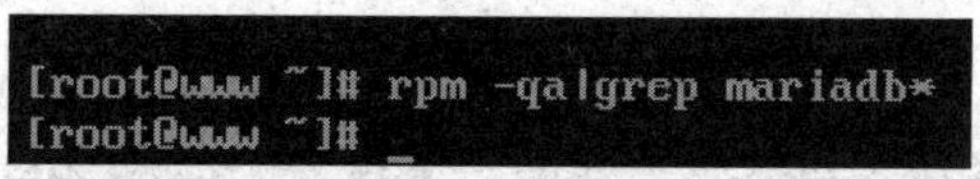

图 16.1　查询 MariaDB 是否安装

（2）MariaDB 的安装

如果查询结果是未安装，可参考前面学过的知识用 dnf install -y mariadb*命令自行安装，如图 16.2 所示。

2. MariaDB 服务的启动、关闭和重启

（1）启动 MariaDB 服务

启动 MariaDB 服务的命令如图 16.3 所示。

（2）关闭 MariaDB 服务

关闭 MariaDB 服务的命令如图 16.4 所示。

图 16.2 安装 MariaDB

图 16.3 启动 MariaDB 服务

图 16.4 关闭 MariaDB 服务

（3）重启 MariaDB 服务

重启 MariaDB 服务的命令如图 16.5 所示。

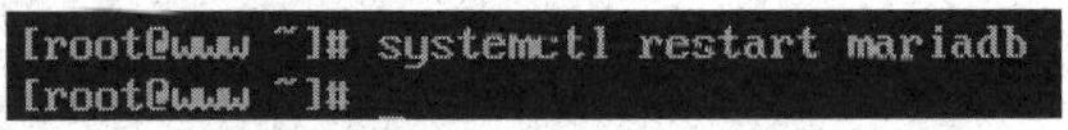

图 16.5 重启 MariaDB 服务

3. 设置 MariaDB 服务开机自启动

设置 MariaDB 服务开机自启动的命令如图 16.6 所示。

图 16.6 设置 MariaDB 服务开机自启动

任务 16.2　初始化 MariaDB 服务

知识指南

为了确保数据库的安全和正常运转，需要先对数据库程序进行初始化操作。初始化操作涉及以下 5 个步骤。

1）设置 root 管理员在数据库中的密码值（注意，该密码并非 root 管理员在系统中的密码，这里的密码值默认应该为空，可直接按 Enter 键）。

2）设置 root 管理员在数据库中的专有密码。

3）删除匿名账户，并使用 root 管理员远程登录数据库，以确保数据库上运行业务的安全性。

4）删除默认的测试数据库，取消测试数据库的一系列访问权限。

5）刷新授权列表，让初始化的设定立即生效。

初始化 MariaDB 服务

案例实施

1. MariaDB 初始化设置

使用 mysql_secure_installation 命令进行初始化设置，具体如下：

```
[root@www ~]# mysql_secure_installation

NOTE: RUNNING ALL PARTS OF THIS SCRIPT IS RECOMMENDED FOR ALL MariaDB
      SERVERS IN PRODUCTION USE!  PLEASE READ EACH STEP CAREFULLY!

In order to log into MariaDB to secure it, we'll need the current
password for the root user. If you've just installed MariaDB, and
haven't set the root password yet, you should just press enter here.

Enter current password for root (enter for none):
// 输入 root 用户密码
OK, successfully used password, moving on...

Setting the root password or using the unix_socket ensures that nobody
can log into the MariaDB root user without the proper authorisation.

You already have your root account protected, so you can safely answer 'n'.

Switch to unix_socket authentication [Y/n] y
```

```
Enabled successfully!
Reloading privilege tables..
 ... Success!

You already have your root account protected, so you can safely answer 'n'.

Change the root password? [Y/n] y
// 是否设置 root 登录数据库密码
New password:
//输入 root 用户登录 MariaDB 的密码
Re-enter new password:
//再次输入密码确认
Password updated successfully!
Reloading privilege tables..
 ... Success!


By default, a MariaDB installation has an anonymous user, allowing anyone
to log into MariaDB without having to have a user account created for
them.  This is intended only for testing, and to make the installation
go a bit smoother.  You should remove them before moving into a production
environment.

Remove anonymous users? [Y/n] y
//是否删除匿名用户（是）
 ... Success!

Normally, root should only be allowed to connect from 'localhost'.  This
ensures that someone cannot guess at the root password from the network.

Disallow root login remotely? [Y/n] y
//是否禁止远程登录（是）
 ... Success!

By default, MariaDB comes with a database named 'test' that anyone can
access.  This is also intended only for testing, and should be removed
before moving into a production environment.

Remove test database and access to it? [Y/n] y
//删除测试数据库并登录（是）
 - Dropping test database...
 ... Success!
```

```
 - Removing privileges on test database...
 ... Success!

Reloading the privilege tables will ensure that all changes made so far
will take effect immediately.

Reload privilege tables now? [Y/n] y
//是否重新加载授权信息(是)
 ... Success!

Cleaning up...

All done!  If you've completed all of the above steps, your MariaDB
installation should now be secure.

Thanks for using MariaDB!
[root@www ~]#
```

小提示

使用命令 mysql_secure_installation 对 MariaDB 进行初始化设置时，要根据实际需求进行设置。

2. 使用命令行登录与退出 MariaDB

使用命令 mysql -u root -p 进行登录，-u 参数用来指定以 root 管理员的身份登录，而-p 参数用来验证该用户在数据库中的密码值。具体操作如图 16.7 所示。

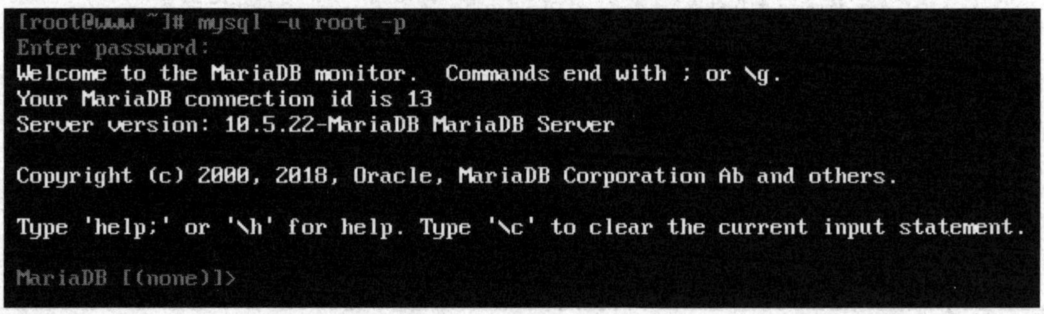

图 16.7　登录 MariaDB

使用 exit 或 quit 命令退出 MariaDB，如图 16.8 所示。

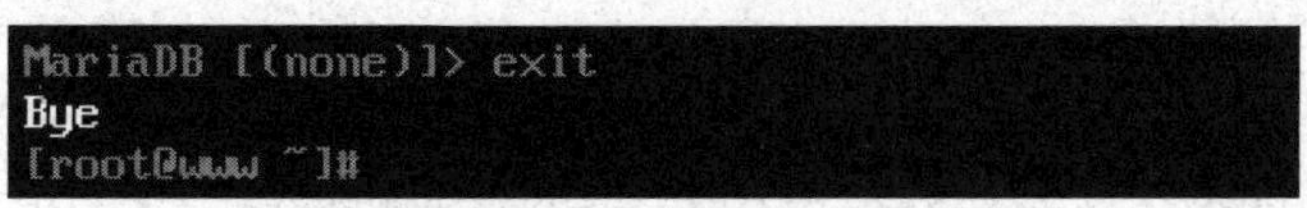

图 16.8　退出 MariaDB

小提示

在登录 MariaDB 数据库后执行数据库命令时，都需要在命令后面用分号（;）结尾。

任务 16.3　创建数据库和数据表

知识指南

在 MariaDB 数据库管理系统中，一个数据库可以存放多个数据表，数据表是数据库中最重要、最核心的内容。用户可以根据自己的需求自定义数据库表结构，方便、合理地存放数据，以便后期轻松地维护和修改。数据库和数据表常用命令如表 16.1 所示。

创建数据库和数据表

表 16.1　数据库和数据表常用命令

命令	说明
show databases;	显示当前已有的数据库
show table;	显示当前数据库中的数据表
create database 数据库名称;	创建新的数据库
create table 数据表名称(字段名称 字段类型 字段长度, ……);	创建新的数据表
drop database 数据库名称;	删除数据库
drop table 数据表名称;	删除数据表
use 数据库名称;	切换数据库
desc 数据表名称;	显示数据表的结构
insert into 数据表名称 values('数据 1', ……);	向数据表中录入一条记录
select * from 数据表名称;	查看数据表内所有记录（* 代表所有）
delete from 表单名 where 字段名称=值;	删除符合条件的记录

案例实施

1. 创建数据库

使用 create database 命令创建数据库并使用 show databases 命令查看，如图 16.9 所示。

2. 创建数据表

01 创建数据表之前要先切换到自己创建的数据库中。使用 use 命令切换数据库，如图 16.10 所示。

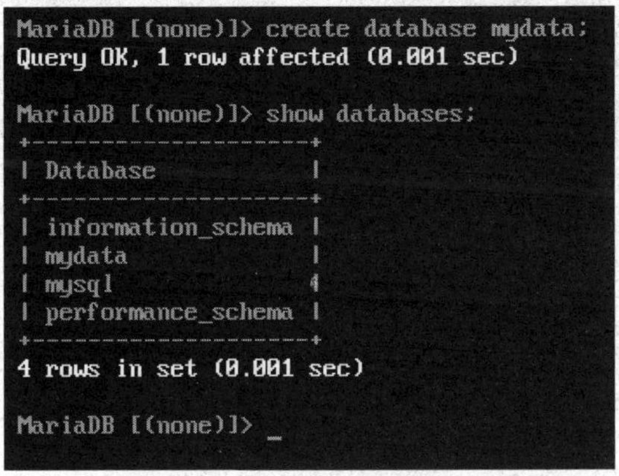

图 16.9　创建数据库并查看现有数据库

图 16.10　切换数据库

02 使用 create table 命令创建数据表，使用 desc 命令显示数据表的结构并使用 show tables 命令显示当前数据库中的数据表，如图 16.11 所示。

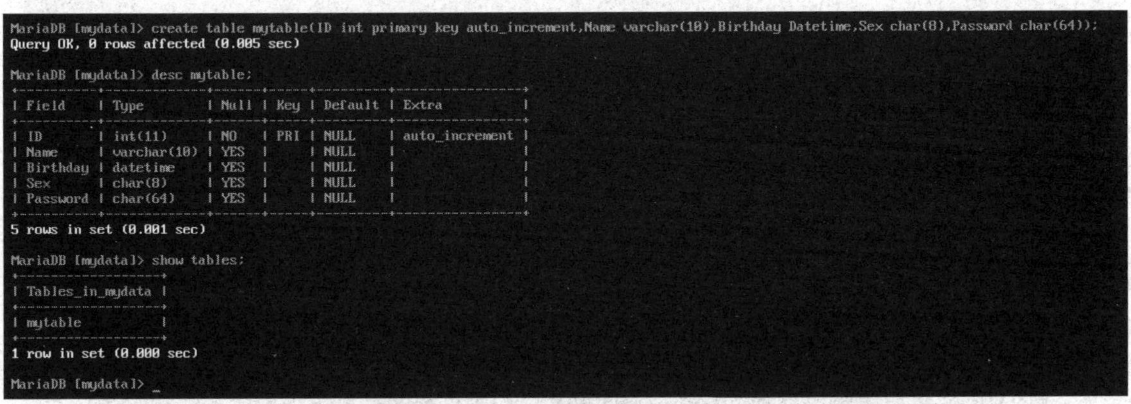

图 16.11　创建数据表、显示数据表的结构和数据库中的数据表

小提示

primary key 为主键；auto_increment 为自动填充。

03 使用 insert into 命令向数据表中插入一条记录并显示表内记录，如图 16.12 所示。

```
MariaDB [mydata]>
MariaDB [mydata]> insert into mytable values('01','myuser01','2011-10-06','male','user01pwd');
Query OK, 1 row affected (0.002 sec)

MariaDB [mydata]> select * from mytable;
+----+----------+---------------------+------+-----------+
| ID | Name     | Birthday            | Sex  | Password  |
+----+----------+---------------------+------+-----------+
|  1 | myuser01 | 2011-10-06 00:00:00 | male | user01pwd |
+----+----------+---------------------+------+-----------+
1 row in set (0.000 sec)

MariaDB [mydata]>
```

图 16.12　向数据表插入记录并显示

任务 16.4　数据库的备份与恢复

知识指南

mysqldump 命令用于备份数据库中的数据，格式为“mysqldump [参数] [数据库名称]”。其中-u 参数用于定义登录数据库的账户名称，-p 参数代表密码提示符。

数据库的备份与恢复

案例实施

1. 数据库备份

使用 mysqldump 命令把数据库导出到指定目录中保存并查看备份文件，如图 16.13 所示。

```
[root@www ~]#
[root@www ~]# mysqldump mydata -u root -p > /root/mariadbbak/mydata_bak.sql
Enter password:    输入root用户登录MariaDB密码
[root@www ~]#
[root@www ~]# ls /root/mariadbbak/
mydata_bak.sql
[root@www ~]#
```

图 16.13　备份数据库并查看备份文件

2. 删除数据库

使用 drop database 命令彻底删除数据库 mydata 并显示当前所有数据库，如图 16.14 所示。

3. 数据库恢复

登录 MariaDB 创建空数据库 mydata 并显示数据库内的数据表，如图 16.15 所示。

```
MariaDB [(none)]> show databases;
+--------------------+
| Database           |
+--------------------+
| information_schema |
| mydata             |
| mysql              |
| performance_schema |
+--------------------+
4 rows in set (0.000 sec)

MariaDB [(none)]> drop database mydata;
Query OK, 0 rows affected (0.001 sec)

MariaDB [(none)]> show databases;
+--------------------+
| Database           |
+--------------------+
| information_schema |
| mysql              |
| performance_schema |
+--------------------+
3 rows in set (0.000 sec)

MariaDB [(none)]>
```

图 16.14　删除数据库并显示当前所有数据库

```
MariaDB [(none)]> create database mydata;
Query OK, 1 row affected (0.000 sec)

MariaDB [(none)]> use mydata;
Database changed
MariaDB [mydata]> show tables;
Empty set (0.001 sec)
```

图 16.15　创建数据库并显示数据库内的数据表

使用重定向符“<”把备份的数据库文件导入 MariaDB，如图 16.16 所示。

```
[root@www ~]# mysql -u root -p mydata < /root/mariadbbak/mydata_bak.sql
Enter password:
[root@www ~]# mysql -u root -p
Enter password:
Welcome to the MariaDB monitor.  Commands end with ; or \g.
Your MariaDB connection id is 19
Server version: 10.5.22-MariaDB MariaDB Server

Copyright (c) 2000, 2018, Oracle, MariaDB Corporation Ab and others.

Type 'help;' or '\h' for help. Type '\c' to clear the current input statement.

MariaDB [(none)]> use mydata;
Reading table information for completion of table and column names
You can turn off this feature to get a quicker startup with -A

Database changed
MariaDB [mydata]> show tables;
+------------------+
| Tables_in_mydata |
+------------------+
| mytable          |
+------------------+
1 row in set (0.000 sec)
```

图 16.16　恢复数据库并显示数据库内的数据表

使用 desc 命令查看导入数据库中的数据表的结构和记录，如图 16.17 所示。

```
MariaDB [mydata]> desc mytable;
+----------+-------------+------+-----+---------+----------------+
| Field    | Type        | Null | Key | Default | Extra          |
+----------+-------------+------+-----+---------+----------------+
| ID       | int(11)     | NO   | PRI | NULL    | auto_increment |
| Name     | varchar(10) | YES  |     | NULL    |                |
| Birthday | datetime    | YES  |     | NULL    |                |
| Sex      | char(8)     | YES  |     | NULL    |                |
| Password | char(64)    | YES  |     | NULL    |                |
+----------+-------------+------+-----+---------+----------------+
5 rows in set (0.001 sec)

MariaDB [mydata]> select * from mytable;
+----+----------+---------------------+------+-----------+
| ID | Name     | Birthday            | Sex  | Password  |
+----+----------+---------------------+------+-----------+
|  1 | myuser01 | 2011-10-06 00:00:00 | male | user01pwd |
+----+----------+---------------------+------+-----------+
1 row in set (0.001 sec)

MariaDB [mydata]>
```

图 16.17　查看数据表的结构和数据记录

总 结 提 高

1. 小结

MariaDB 是当前 Web 服务器的主流数据库。本项目主要学习 MariaDB 的基本知识、安装方法，以及创建数据库和数据表，并对数据表进行添加记录和查询等操作。

2. 提高

1）修改 root 用户登录 MariaDB 的密码。

2）根据条件查询数据表记录，修改数据表记录，修改数据表结构。

3）创建数据库用户并对新用户进行授权。

项 目 实 训

1）安装和初始化 MariaDB。

2）创建属于自己的数据库 SoPV，并在数据库内创建数据表 sopv，如表 16.2 所示。

表 16.2　sopv 数据表

操作系统	所占比例
Windows 10	48.86%
Windows 7	31.83%
macOS X 10.14	5.38%
Windows 8.1	5.29%
macOS X 10.13	1.70%
Windows XP	1.68%

3）在自己创建的数据表中插入以下记录，并进行查询操作。

Linux	1.66%

4）修改数据表内的记录，并进行查询操作。

参 考 文 献

红帽软件（北京）有限公司，2012．Red Hat Enterprise Linux 系统管理[M]．北京：电子工业出版社．

刘猛，张文库，2021．Linux 网络操作系统（CentOS 8.0）[M]．北京：科学出版社．

刘遄，2021．Linux 就该这么学[M]．2 版．北京：人民邮电出版社．

鸟哥，2012．鸟哥的 Linux 私房菜：服务器架设篇[M]．3 版．北京：机械工业出版社．

鸟哥，2018．鸟哥的 Linux 私房菜：基础学习篇[M]．4 版．北京：人民邮电出版社．